普通高等教育人工智能与机器人工程专业系列教材

四足机器人控制算法

——建模、控制与实践

杭州宇树科技有限公司 ◎ 组编
卞泽坤　王兴兴 ◎ 编著

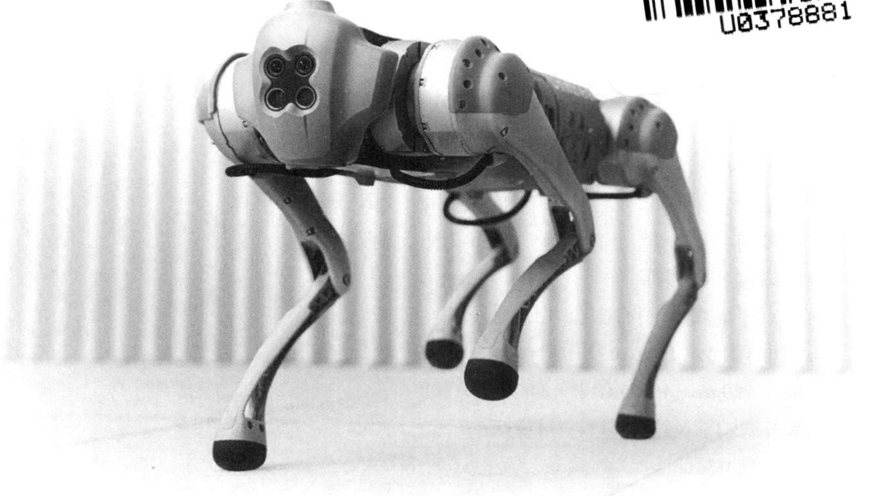

机械工业出版社
CHINA MACHINE PRESS

本书系统地介绍了四足机器人的相关技术，从最基础的机器人关节电机和仿真环境开始逐步深入，介绍了机器人的运动学与动力学，讲解了四足机器人的状态估计器与行走控制器，最后还给出了四足机器人通过雷达或视觉传感器实现导航避障的实例。书中大部分章节都搭配有实践环节，方便读者深入理解相关算法。

本书配套有完整的开源代码，读者可以从零开始完成四足机器人的行走控制程序。

本书可作为机器人相关专业的本科生和硕士研究生的教学用书，也可供足式机器人领域的博士研究生和研发人员参考。

图书在版编目（CIP）数据

四足机器人控制算法：建模、控制与实践/杭州宇树科技有限公司组编；卞泽坤，王兴兴编著. —北京：机械工业出版社，2022.10（2025.4 重印）
普通高等教育人工智能与机器人工程专业系列教材
ISBN 978-7-111-71474-3

Ⅰ.①四… Ⅱ.①杭… ②卞… ③王… Ⅲ.①机器人控制-算法-高等学校-教材 Ⅳ.①TP24

中国版本图书馆 CIP 数据核字（2022）第 154790 号

机械工业出版社（北京市百万庄大街 22 号 邮政编码 100037）
策划编辑：刘琴琴　　责任编辑：刘琴琴　章承林
责任校对：陈　越　王　延　封面设计：袁孙杰
责任印制：单爱军
河北京平诚乾印刷有限公司印刷
2025 年 4 月第 1 版第 10 次印刷
184mm×260mm · 10.25 印张 · 248 千字
标准书号：ISBN 978-7-111-71474-3
定价：49.00 元

电话服务
客服电话：010-88361066
010-88379833
010-68326294

网络服务
机　工　官　网：www.cmpbook.com
机　工　官　博：weibo.com/cmp1952
金　书　网：www.golden-book.com
机工教育服务网：www.cmpedu.com

前 言 PREFACE

近年来，以四足机器人为代表的足式机器人得到了大量的关注，并且随着技术的成熟，四足机器人也在逐渐走向实际应用。在可以预测的未来，与四足机器人相关的产业会有一轮高速发展。但是当前适合初学者学习四足机器人控制算法的入门书籍较少，许多机器人爱好者只能从零散的论文和开源项目中学习相关知识，这无疑提高了系统掌握四足机器人技术的门槛。

为了方便广大机器人爱好者学习四足机器人控制算法，也为了各大高校开展相关的教学、实践活动，我们着手编写了这本面向理工科本科生的四足机器人入门书，并在编写过程中逐步认识到四足机器人是非常适合理工科学生的实践项目。首先，四足机器人非常新奇，无论是实践过程还是最后让机器人成功行走都充满趣味，给参与者带来成就感。其次，四足机器人涉及的技术领域很广，从硬件层面的伺服电机、网络通信、传感器，到控制理论层面的机器人运动学与静力学、机械臂的位置控制与力控制、最优控制、卡尔曼滤波，再到软件层面的面向对象程序设计、有限状态机、ROS 系统等领域均有覆盖。相比于普通的机械臂，四足机器人包含了与移动机器人相关的内容；而相比于普通的轮式移动机器人，四足机器人又包含了与机械臂相关的内容。因此，本书非常适合作为机器人学的通识入门教材。

在我们的目标中，本书应该易懂，起点足够低，对于有基本线性代数、力学和 C++编程基础的本科生，可以在不借助其他参考书的前提下顺畅地阅读。为了便于理解，本书的理论部分甚至有些冗余，对很多推导的细节都做了细致的解释。同时，本书的上限也要足够高，不但包含能够让机器人稳定地行走起来的基础内容，还要覆盖四足机器人主流控制算法的组成部件。当然，作为一本入门书，追求广度的同时就不能追求深度，所以本书中的大部分算法都是比较基础的，但是当读者们学习到更先进的算法时，应该能找到本书的影子。为了让读者成功实践本书中的算法，本书配套控制算法的开源代码，保证让每位读者都能完成对四足机器人的控制编程。本书是基于杭州宇树科技有限公司（简称宇树科技）的 A1 机器人和 Go1 教育版机器人编写的。本书的配套代码会在 GitHub 上发布，网址为 https://github.com/unitreerobotics/unitree_guide。如果读者发现代码中存在缺陷或错误，欢迎在该网页上提交反馈意见。同时如果在后续有针对本书的勘误，也会在该网页上发布。

本书的完成离不开许多科研前辈的工作，尤其本书的理论部分参考了不少相关文献，同时宇树科技的田园、张阳光、张春阳、翟伟伟、梁炜和朱弘博等同事为本书的编写提供了大量帮助，在此一并表示感谢。

限于作者水平，错误和欠妥之处在所难免，敬请广大读者批评指正。

卞泽坤　王兴兴

目 录 CONTENTS

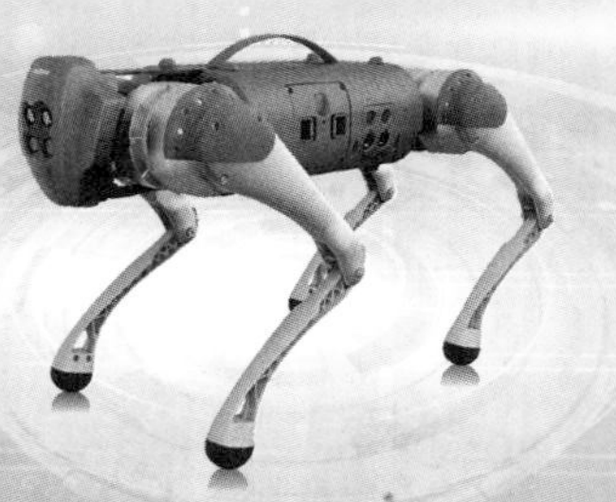

第 1 章 四足机器人概述及实践准备

1.1 四足机器人发展现状

每隔一段时间，就会有新的足式机器人的视频在网络上广泛传播，同时各大公司也开始了足式机器人的开发。这背后的基础，就是最近十几年间足式机器人领域的巨大进展。下面简要介绍目前全世界知名的四足机器人研究组织，以及它们的代表机器人。

美国的波士顿动力（Boston Dynamics）公司在足式机器人领域具有深厚的技术积淀。其创始人 Marc Raibert 在创立波士顿动力公司之前，在麻省理工学院（MIT）组建了 MIT Leg 实验室，并且在足式机器人动态平衡方面做出了突出贡献，其中很多成果目前仍在足式机器人上使用。该实验室先后完成了平面单腿弹跳机器人、空间单腿弹跳机器人以及空间四足机器人。在成立波士顿动力公司之后，又发布了多款经典的足式机器人，其中著名的有双足机器人 Atlas、轮足机器人 Stretch 以及四足机器人 Spot。并且波士顿动力公司也在推动四足机器人走向实用，Spot 机器人已经在一些应用场景下开展了应用测试。

另一个十分知名的组织是麻省理工学院的 Biomimetic Robotics 实验室，其指导教授为 Sangbae Kim。该实验室近年来发布了 MIT Cheetah 3 和 Mini Cheetah 两款机器人。这两款机器人的运动性能都非常优异，尤其是其中的小型化机器人 Mini Cheetah，是世界上首款实现后空翻的四足机器人。并且 Biomimetic Robotics 实验室开源了 Mini Cheetah 的硬件设计，又在 2019 年底开源了控制算法。

苏黎世联邦理工学院（ETH）的 Robotic Systems 实验室也在四足机器人的理论研究方面做出了许多突出贡献，并且推出了四足机器人 ANYmal。意大利技术研究院（IIT）的 Dynamic Legged System 实验室发布了使用液压动力的四足机器人 HyQ。宾夕法尼亚大学（UPenn）的 GRASP 实验室与 Ghost Robotics 公司也公布了多款四足机器人，并且开始了商业化。

2017 年，宇树科技开始公开出售四足机器人 Laikago，成为世界上首台公开零售的高性能四足机器人。在这之后，又陆续发布了 Aliengo、A1、Go1 机器人。宇树科技机器人发展史如图 1.1 所示。依靠出色的性能和极高的性价比，宇树科技的机器人获得了市场的认可。本书也选用宇树科技的机器人作为实践对象，如果没有机器人的话，读者也可以学习本书中的算法并在配套的仿真环境下实践。

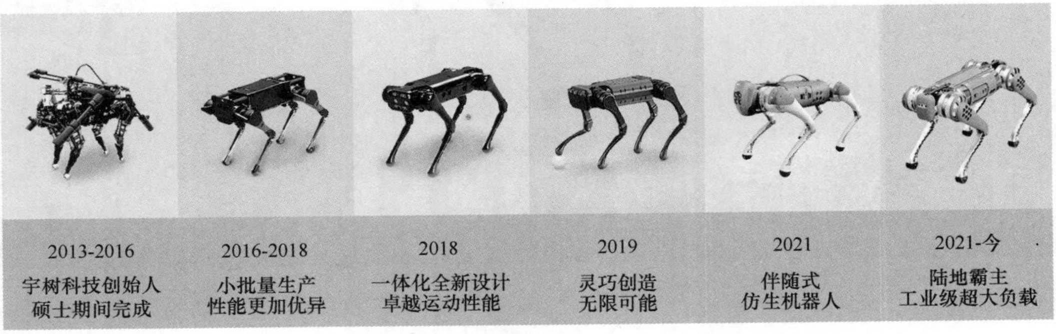

图 1.1　宇树科技机器人发展史

1.2　四足机器人的组成

四足机器人是由多个机电系统组成的一个整体，主要由动力系统、控制系统、通信系统和能源系统组成。

动力系统的核心就是机器人的关节电机，宇树科技的四足机器人都有 12 个关节电机，这样可以保证每条腿的足端都能够在三维空间中运动。这些关节电机不仅要同时满足大转矩和较大转速，也就是很高的关节功率密度，还要能够对关节的力矩与角度进行精确的控制，因此选择永磁同步电机作为关节电机。

控制系统的硬件就是机器人上的多台计算机，这些计算机之间利用通信系统融合为一个整体。控制系统的关键是在计算机上运行的软件，本书的重点就是控制软件的算法。控制软件分为规划器和运动控制器，规划器能够根据用户命令、障碍物信息等生成机器人的目标路径，运动控制器则会根据目标路径计算得到各个关节需要执行的命令。

通信系统可以将各个关节电机、传感器、遥控手柄的信息发送给控制系统，并且能够完成控制系统的内部通信，最终将控制系统的控制命令发送给各个关节。

能源系统通常为机器人的电池，它能够给上述所有系统提供电能。当不使用电池供能时，宇树科技的四足机器人也支持使用外部的直流电源。

1.3　课程准备

1.3.1　硬件准备

虽然本书的所有算法都可以在配套的仿真环境下实践，但是为了体验真实的机器人操作，还是推荐读者准备一台四足机器人。本书的示例代码支持两种型号的机器人，即宇树科技的 A1 机器人和 Go1 教育版机器人。这两款机器人都支持第 3～10 章的机器人相关算法实践，但是因为 A1 机器人缺少相关的传感器，所以只有 Go1 教育版机器人支持第 11 章的感知与导航算法实践。需要注意的是，Go1 机器人的其他版本并不支持二次开发，所以无法用于本书的实践环节。

在第 2 章中，对机器人的关节电机进行了单独操作，因此最好能够准备一个单独的机器人关节电机，以及配套的通信硬件模块。不过这部分实践内容比较简单，即使没有准备关节电机，也不影响后续在机器人上的算法实践。

除此之外，还需要 一台安装 Ubuntu18.04 操作系统以及对应 ROS 系统的计算机，一台至少有两个 LAN 口的路由器，以及能够连接到互联网的网络环境。关于操作系统，不建议使用虚拟机来安装 Ubuntu 系统，由于虚拟机的网络、硬件管理和直接安装系统有一定区别，所以在虚拟机上安装 Ubuntu 系统往往会发生意料之外的错误。

1.3.2　控制器简介及操作

A1 机器人手柄键位如图 1.2 所示。在后续的实践环节中，需要使用手柄来控制机器人做出各种动作。

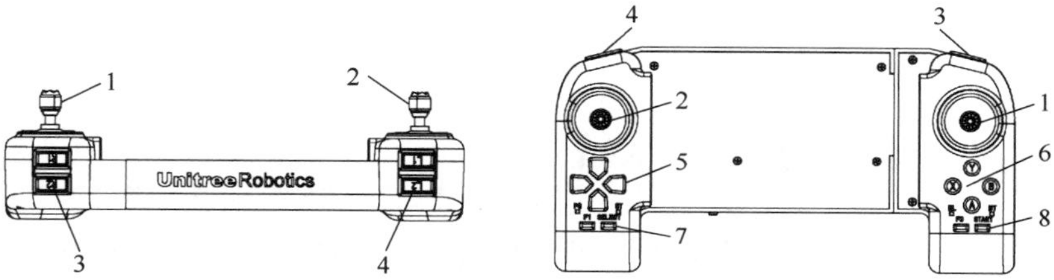

图 1.2　A1 机器人手柄键位

1—右摇杆　2—左摇杆　3—<R1/R2>键　4—<L1/L2>键　5—左方向按键　6—右字母按键　7—<SELECT>键　8—<START>键

1.3.3　配套示例代码

为了保证读者在阅读本书后能够完成四足机器人的控制，我们提供了仿真环境以及控制程序的示例源代码，读者可以在这个基础上进行修改。示例代码的下载地址为 https://github.com/unitreerobotics，读者可以根据后续章节的要求下载对应的代码。

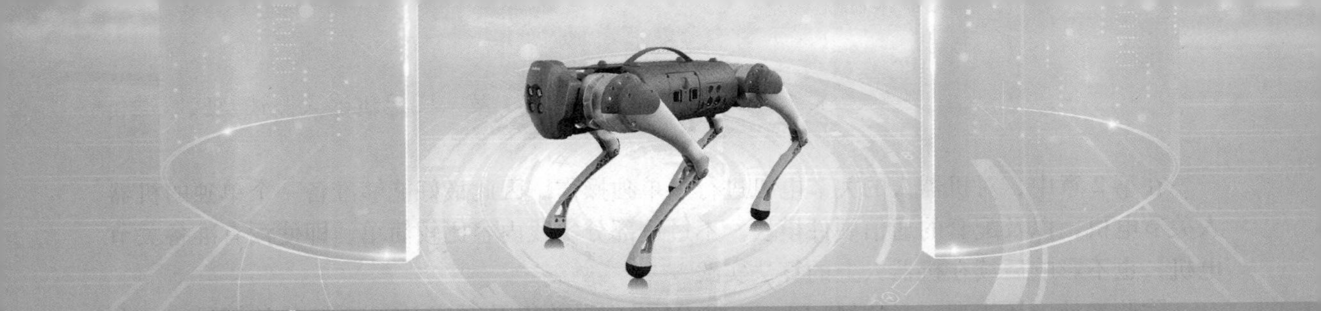

第 2 章 关节电机

A1 机器人上共安装有 12 个关节电机，关节电机是机器人实现复杂运动的基础。后续开发的所有算法，最终结果都是生成发送给这 12 个关节电机的命令，因此需要熟悉关节电机及其控制。

2.1 四足机器人的动力系统

从四足机器人控制系统的角度来看，该系统的输入量是每个关节的力矩。因此一个理想的机器人关节能够准确地输出人们希望的力矩，也就是力矩源。这个需求看似简单，但是实际上许多电机并不能做精确的控制（如异步电机），或者只能对角度做精确控制（如步进电机）。因此在四足机器人上，选用了一种特殊的电机——永磁同步电机（Permanent-Magnet Synchronous Motor，PMSM）。

2.1.1 永磁同步电机概述

永磁同步电机的定子是一个三相对称正弦波线圈，转子上粘贴有永磁体。众所周知，在一个固定的磁场中，永磁体会旋转到平行于磁场的方向，并保持在该方向。一个典型的例子就是在地球磁场中的指南针，指南针会转动到指向地磁南北极的方向。同样地，如果这个固定的磁场开始转动，那么永磁体也会跟着转动，尽量跟随平行磁场方向，这样就可以通过旋转磁场使永磁体旋转到指定角度。同时，永磁体在磁场中产生的力矩大小和永磁体与磁场方向的夹角有关，所以也可以通过控制永磁体与磁场方向的夹角来控制永磁体产生的力矩。

回到电机的角度来说，就是可以通过控制定子上三个线圈电流的大小与方向，来控制转子的角度位置和输出力矩。而这种控制方法就是永磁同步电机的矢量控制（Field-Oriented Control，FOC）。

2.1.2 永磁同步电机的 FOC 简介

FOC 有许多独特的优势，它可以对永磁同步电机进行“像素级”的控制，实现很多传统电机控制方法所无法达到的效果：

1）可以在低转速下保持精确控制。

2）可以很好地实现电机换向旋转。

3）能够对电机进行力矩、速度、位置三个闭环控制。

4）永磁同步电机噪声较小。

正如 2.1.1 节所述，FOC 的基础是旋转磁场。在图 2.1 中，电机定子的三个线圈 a、b、c 可以产生三个方向的磁场 $\boldsymbol{B}_a$、$\boldsymbol{B}_b$、$\boldsymbol{B}_c$，它们能合成电机中的磁场 B。FOC 控制器根据当前永磁体转子的角度、角速度、期望的输出力矩以及采样测量得到的 a、b、c 三个线圈的电流，计算得到三个线圈的电压通断状态与通断时间，进而通过 MOS 管来控制三个线圈的电压通断。这样就可以合成期望的磁场 B，进而拖动电机转子按照期望的方式运动。

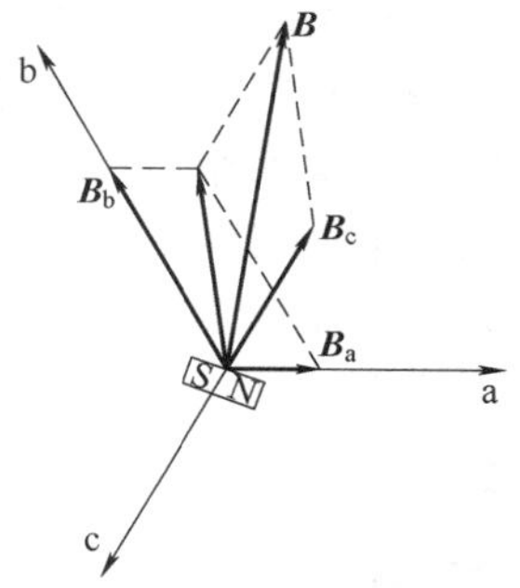

图 2.1 FOC 的磁场矢量

2.2 关节电机硬件概述

2.2.1 关节电机基本结构

机器人关节电机的核心构件是电机驱动板、定子、转子和行星减速器。因为电机适合在高转速、低力矩的工况下工作，而机器人需要的是低转速、高力矩，所以电机转子需要通过一个减速器减速之后，再输出力矩。以 A1 机器人的关节电机为例，其主要构件如图 2.2 所示。

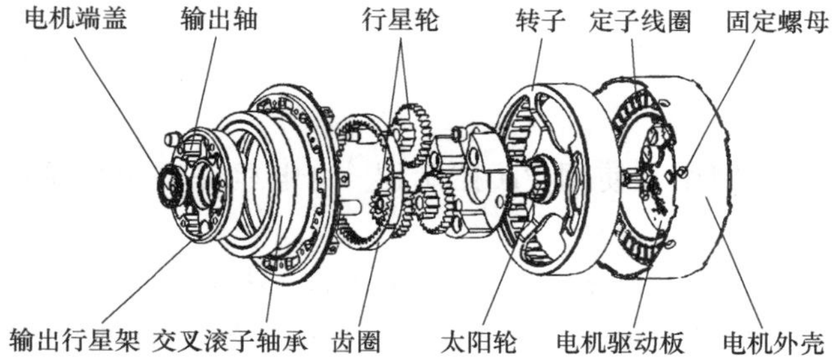

图 2.2 A1 机器人关节电机的主要构件

2.2.2 单圈绝对位置编码器

编码器（encoder）是用来测量旋转角度的传感器。编码器分为增量编码器、多圈绝对位置编码器和单圈绝对位置编码器等多种。这里只介绍关节电机实际应用的单圈绝对位置编码器。

关节电机的单圈绝对位置编码器安装在电机转子上。对于单圈绝对位置编码器（以下简称编码器），可以将它当作一个“时钟表盘”。我们每次看表的时候，都可以读到当前的日期和时间，例如 4 月 1 日 23 点。如果时间经过了 2 个小时，那么时钟首先转过了 4 月 1 日 24 点，日期会增加 1 天变成 4 月 2 日，时间重新从 0 点开始计，最终变成了 4 月 2 日 1 点。为了方便计算经过的时间，也可以说现在是 4 月 1 日 25 点。看上去 25 点超过了一天 24 个小时的范围，实际上是因为日期增加了 1 天。

单圈绝对位置编码器也是同样的道理。每次开机上电后，转子可能处于任意位置，编码器会告诉我们转子所处的角度位置（0 至 2π 之间的某个值）。如果转子转过了 2π 这个角度位置，则编码器记录转过的圈数增加了 1，从而输出一个超出 0 至 2π 范围的角度位置。看上去编码器也能够输出超过一圈的角度位置，那么为什么叫它“单圈”绝对位置编码器呢？原因在于这种编码器在断电之后不能存储之前旋转的圈数，下面举例说明。假设当前编码器输出的角度值为 2.3π，这意味着编码器在开机之后经过了 2π，旋转圈数从 0 变为 1，同时编码器当前位于 0.3π 这个位置。此刻如果将编码器关机，不做任何旋转，再将编码器开机，那么编码器输出的角度值就会变为 0.3π。因为关机之后旋转圈数重置为 0，所以编码器只会输出当前位置 0.3π。

2.3 关节电机的混合控制

关节电机作为一个高度集成的动力单元，其内部已经封装了电机底层的控制算法。作为用户，只需要给关节电机发送相关的命令，电机就能完成从接收命令到关节力矩输出的全部工作。

对于电机的底层控制算法，唯一需要的控制目标就是输出力矩。可是对于机器人，通常需要给关节设定位置、速度和力矩，这时就需要对关节电机进行混合控制。

宇树科技的关节电机包含以下 5 个控制指令：

1）前馈力矩：τ_{ff}。

2）期望角度位置：p_{des}。

3）期望角速度：ω_{des}。

4）位置刚度：k_p。

5）速度刚度（阻尼）：k_d。

在关节电机的混合控制中，使用 PD 控制器[⊖]将电机在输出位置的偏差反馈到力矩输出上：

$$\tau=\tau_{ff}+k_p(p_{des}-p)+k_d(\omega_{des}-\omega) \tag{2.1}$$

式中，τ 为关节电机的电机转子输出力矩；p 为当前电机转子的角度位置；ω 为当前电机转子的角速度。在实际使用关节电机时，需要注意将电机输出端的控制目标量与发送的电机转子的指令进行换算。

2.4 关节电机的线路连接

为了将上述 5 个控制指令发送给关节电机，需要通过串口将指令下发。宇树科技的关节电机通过 RS-485 接口与上位机进行通信，其固定波特率（baud rate）为 4.8Mbit/s。为了方便使用，用户应提前准备 USB 转 RS-485 的转接器。

以四足机器人 A1 的关节电机为例，其线路连接如图 2.3 所示。提供给用户的接口共有 3 个，

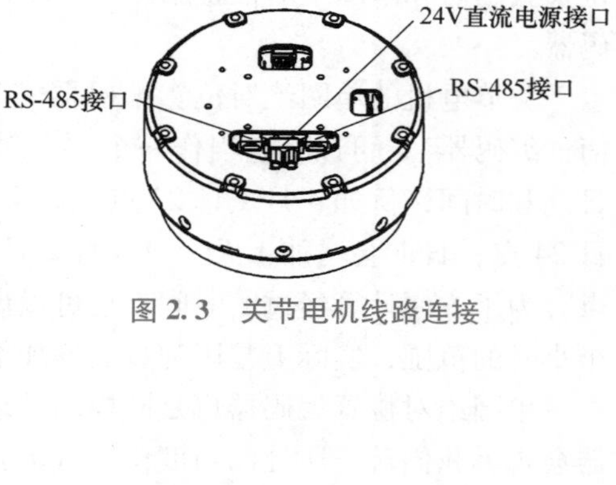

图 2.3　关节电机线路连接

⊖ 即比例-微分控制器。

其中中间的接口为24V 直流电源接口，两侧的为 RS-485 接口，而且两个 RS-485 接口的引脚是连通的，因此可以使用 RS-485 线将电机串联（最多串联 3 个）同时控制。

当使用自己的计算机作为上位机来控制关节电机时，为了将指令从上位机发送到关节电机，需要将 RS-485 接口通过 USB 转 RS-485 的转接器连接到上位机。在接通 24V 直流电源后，电机绿色指示灯开始闪烁，说明电机已开机。

2.5 关节电机的配置

由于所有的电机底层控制算法都已经整合在电机内部，因此上位机（通常为用户的计算机）只需要完成上层控制和 RS-485 串口的数据收发。为了方便用户对关节电机的操作，宇树科技可提供 RS-485 串口收发的软件开发工具包（Software Development Kit，SDK），即 unitree_actuator_sdk，该 SDK 位于配套代码的同名文件夹下。

unitree_actuator_sdk 支持以下平台与系统：

1）x86/x64 平台下的 Linux 系统。

2）ARM32/ARM64 平台下的 Linux 系统。

3）x64 平台下的 Windows 系统。

在每一个支持的系统下，unitree_actuator_sdk 都提供 C、C++、Python 以及 ROS 的代码实例，用户只需要仿照实例就能完成对电机的控制。下面以 Linux 系统为例，演示如何控制电机。

2.5.1 查看串口名

将 USB 转 RS-485 转接口连接在上位机上时，上位机会为这个串口分配一个串口名。在 Linux 系统中，该串口名一般以“ttyUSB”开头；在 Windows 系统中，该串口名往往以“COM”开头。

在 Linux 系统中，一切外接设备都是以文件形式存在的。USB 转 RS-485 转接口也可以被视为/dev 文件夹下的一个“文件”。打开任意一个终端窗口（在 Linux 系统下快捷键为<Ctrl+Alt+t>组合键），运行如下命令：

```
cd /dev
ls |grep ttyUSB
```

其中，cd /dev 命令将当前文件夹切换为/dev，ls |grep ttyUSB 命令显示当前文件夹下所有文件名包含“ttyUSB”的文件，其中的“|”符号在键盘的回车键上方。运行如上命令后，即可得到上位机当前连接的串口名。如图 2.4 所示，当前上位机连接的串口名为 ttyUSB0。考虑到串口所在的文件夹路径，其完整的串口名为/dev/ttyUSB0。

2.5.2 修改电机 ID

每一个电机都需要分配一个 ID，同时上位机发送的每一条控制命令也包含一个 ID。电机只会执行 ID 与自己一致的控制命令。因此，当多个关节电机串联在同一条 RS-485 线路中

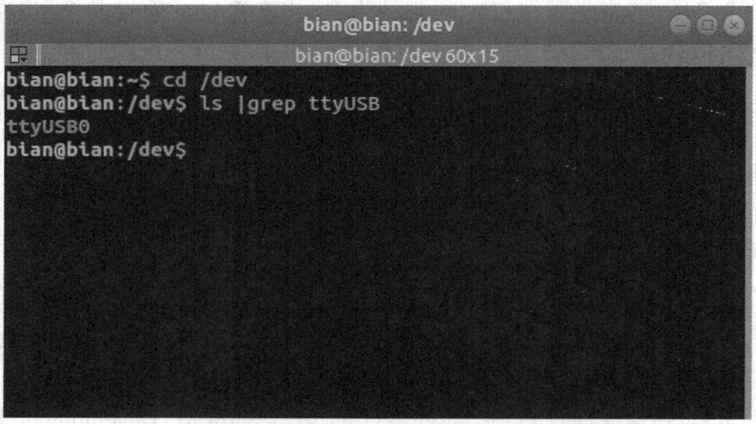

图 2.4　Linux 系统查看串口名

时，为了分别控制其中的每一个电机，必须给每一个电机分配唯一的 ID。

在此说明一下修改电机 ID 的流程。首先通过上位机的广播模式，将 RS-485 串口下的所有关节电机切换到修改 ID 模式。此时所有电机的输出轴都变成了电子棘轮，所谓电子棘轮，即在旋转输出轴时，能感受到类似棘轮的明显的顿挫感。这时通过旋转输出轴，就能够将电机的 ID 设置为对应的值。最后由上位机 给电机发送保存 ID 的指令，即可完成电机 ID 的修改。

为了在上位机发送上述指令，宇树科技可提供电机 ID 修改程序，该程序在 unitree_actuator_sdk 中的 ChangeID_Tools 文件夹下。电机 ID 修改程序有 Linux 版与 Windows 版，下面演示如何在 Linux 系统下修改电机的 ID。

首先在管理员权限下运行 Linux 文件夹下的可执行文件 ChangeID：

```
sudo ./ChangeID
```

其中，sudo 的含义为以管理员权限运行，因此在按下回车键之后需要输入管理员密码。请注意在 Linux 系统中，输入密码时并不会显示“＊＊＊”等标识，只需要在密码输入完毕后按下回车键即可。后面的./ChangeID 表示执行当前文件夹(./)下的可执行文件 ChangeID。Linux 系统下执行修改 ID 程序如图 2.5 所示。

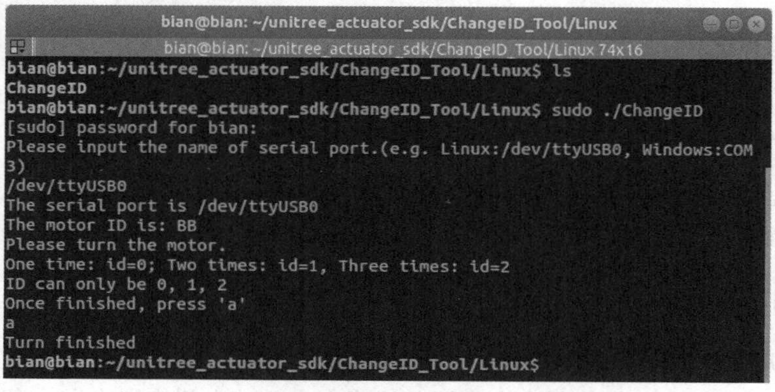

图 2.5　Linux 系统下执行修改 ID 程序

开始执行 ChangeID 程序后，第一步为输入当前的串口名。正如上文所述，在本实例中该串口名为/dev/ttyUSB0，输入后按下回车键，所有电机都会进入修改 ID 模式。

由于电机输出轴的电子棘轮刚度较大，所以建议操作者按照图 2.6 所示方法安装工装螺钉，并使用杠杆旋转电机输出轴。需要注意的是，工装螺钉为 M4 螺钉，且旋入深度不可超过 5mm，否则会卡住电机减速器。正如图 2.5 中的程序所示，转动输出轴一次，电机的 ID 被设置为 0，转动两次 ID 被设置为 1，转动三次 ID 被设置为 2，且 ID 只能为 0、1 和 2。转动完每个电机的输出轴后，在终端窗口输入 a 并且按下回车键，即完成电机 ID 的修改。

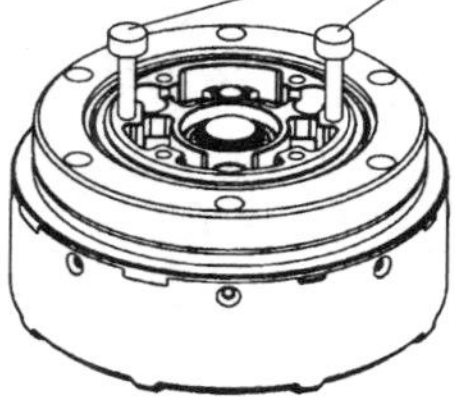

图 2.6 电机输出轴安装工装螺钉

2.6 Python 范例试运行

下面检验一下电机 ID 修改的结果，让电机转起来。因为 Python 是一种脚本语言，修改源代码后，不需要编译即可直接运行，所以为了操作简便，这里使用 unitree_actuator_sdk 中的 Python 示例代码。

首先打开 script 文件夹下的 check.py 文件，第一步要做的就是修改串口名。如果只在一个系统下运行，那么只修改这一系统下的串口名即可：

```
fd = c.open_set(b'\\\\.\\COM4')      \\Windows 系统下
...
fd = c.open_set(b'/dev/ttyUSB0')      \\Linux 系统下
```

接下来是声明发送给电机的命令和从电机接收回来的状态：

```
motor_s = MOTOR_send()
motor_s1 = MOTOR_send()
motor_r = MOTOR_recv()
```

其中，motor_s 与 motor_s1 为发送给电机的数据包，它们都是 MOTOR_send 类型的结构体。所谓结构体，即包含了许多不同类型数据的数据包。motor_r 是接收电机返回命令的数据包，它是一个 MOTOR_recv 类型的结构体。关于这两个结构体的具体内容，可以参考 script/typedef.py 文件，在此不再赘述。

然后修改 motor_s 与 motor_s1。MOTOR_send 类型的结构体包含以下数据：

1）id：当前控制命令的目标电机 ID。

2）mode：目标电机运行模式。0 为停转，5 为开环缓慢转动，10 为闭环伺服控制。

3）T：前馈力矩 τ_{ff}。

4）W：指定角速度 ω_{des}。

5）Pos：指定角度位置 p_{des}。

6）K_P：位置刚度 k_p。

7）K_W：速度刚度（阻尼）k_d。

当 mode 的值为 0 或 5 时，后面的 5 个控制参数并没有任何作用。为了安全起见，首次运转令 mode=5。当给电机发送这一命令后，电机会持续执行这一命令，即开环缓慢转动。为了让电机停下来，还需要创建一个使电机停止运转的命令：

```
motor_s.id = 0
motor_s.mode = 5
...
motor_s1.id = 0
motor_s1.mode = 0
```

在上述代码中，motor_s 命令电机开环缓慢转动，motor_s1 命令电机停止运转。在将 motor_s 与 motor_s1 发送给电机之前，需要先将它们的数据进行处理，即根据通信协议，将数据编码为电机能够接收的格式：

```
c.modify_data(byref(motor_s))
c.modify_data(byref(motor_s1))
```

下面即可给电机发送命令，下列代码通过 send_recv( ) 函数每秒给电机发送一次 motor_s 命令，并且用 motor_r 接收电机当前状态，持续 5s：

```
i = 0
while(i < 5):
    c.send_recv(fd,byref(motor_s),byref(motor_r))
    c.extract_data(byref(motor_r))
    print('* * * * * * * * * * * * * * * * * * * * *')
    print('Motor torque:',motor_r.T)
    print('Motor position:',motor_r.Pos)
    print('Motor velocity:',motor_r.W)
    time.sleep(1)
    i = i + 1

c.send_recv(fd,byref(motor_s1),byref(motor_r))
```

实际上，如果只是要让电机持续运转，并不需要持续发送同一条命令。之所以这么做，是为了持续获取电机当前的状态，如力矩、位置、速度等。因为电机只有在接收到命令后，才会返回自身的状态，所以需要持续发送命令。电机返回的状态是经过通信协议压缩编码的，因此需要通过函数 extract_data( ) 将其解码。解码之后就可以通过 Python 的 print( ) 函数将各个状态打印出来。在完成循环之后，向电机发送 motor_s1 命令，电机停止运转。

因为串口通信需要 root 权限，所以需要在 script 文件夹下用 sudo python3 check.py 命令来执行 check.py。当电机在 mode = 5 的模式下运行时，并不返回当前的状态数据，因此程序显示的当前力矩、角度、角速度等状态都是 0。而当电机处于 mode = 10 的伺服模式下时，才能正确地返回当前的电机状态。

2.7 电机控制模式

在 2.3 节曾提到，可以修改电机的 5 个控制参数。这 5 个参数的不同搭配组合能够形成不同的控制模式。下面继续以示例代码 check.py 为例来介绍。

首先必须切换到 mode = 10 的伺服模式下：

```
motor_s.mode = 10
```

接下来将展示不同控制模式的参数设置。

笔记　此处需要特别注意的是，给电机发送的命令都是针对减速器之前的电机转子，即图 2.7 中的转轴，而不是经过减速之后的输出轴。所以在实际控制的过程中，一定要考虑电机的减速比。在 A1 机器人的电机中，其减速比为 9.1。

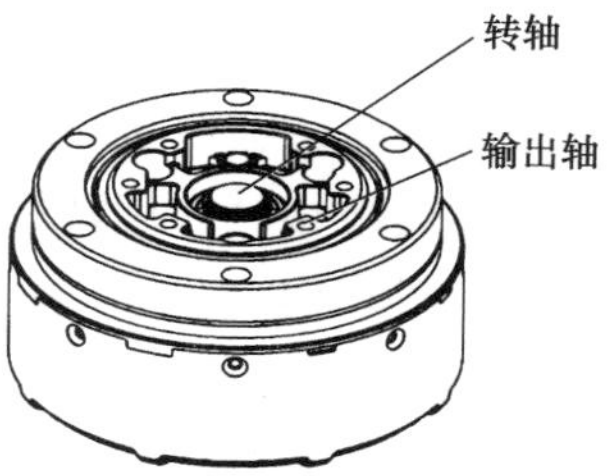

图 2.7　电机输出端

2.7.1　位置模式

在位置模式下，电机的输出轴将会稳定在一个固定的位置。例如，如果希望电机输出端固定在 3.14rad 的位置，则可以将控制参数设置如下：

```
motor_s.T = 0.0              # 单位: Nm, |T|<128
motor_s.W = 0.0              # 单位: rad/s, |W|<256
motor_s.Pos = 3.14 * 9.1     # 单位: rad, |Pos|<823549
motor_s.K_P = 0.2            # 0<K_P<16
motor_s.K_W = 3.0            # 0<K_W<32
```

在上述参数设置中，将 T 与 W 设置为 0，即可成为针对 Pos 的 PD 控制（即比例-微分控制）。其中 K_P 为比例系数，K_W 为微分系数，9.1 为减速比。各个参数的单位见注释（“#”后的内容），并且由于参数压缩算法的要求，各个参数的绝对值必须小于限制值。

完成上述修改后，运行 check.py，即可从电机返回的状态看出，电机转子的位置稳定在 3.14×9.1rad，即电机输出端固定在 3.14rad 的位置。由式（2.1）可知，如果目标位置和当前位置之间差距很大，那么电机产生的力矩 τ 也会很大，从而产生一个很大的电流。如果给电机供电的电源的输出电流上限较小，则可能会出现电源保护，即电机停止运转。此时就需要考虑让 motor_s.Pos 缓慢变化，避免产生瞬间的极大力矩。

2.7.2　速度模式

在速度模式下，电机的输出轴将会稳定在一个固定的速度。令电机输出轴角速度稳定在

5rad/s：

```
motor_s.T = 0.0              # 单位: Nm, |T|<128
motor_s.W = 5.0 * 9.1        # 单位: rad/s, |W|<256
motor_s.Pos = 0.0            # 单位: rad, |Pos|<823549
motor_s.K_P = 0.0            # 0<K_P<16
motor_s.K_W = 3.0            # 0<K_W<32
```

速度模式下 T 和 K_P 必须为 0，这样就构成了对 W 的 P 控制（即比例控制）。其中 K_W 为速度的比例系数。

2.7.3 阻尼模式

阻尼模式是一种特殊的速度模式。当令 W=0.0 时，电机保持转轴速度为 0。并且在被外力旋转时，会产生一个阻抗力矩。该阻抗力矩的方向与旋转方向相反，大小与旋转速度成正比。当停止外力旋转后，电机会静止在当前位置。因为这种状态和线性阻尼器类似，所以被称为阻尼模式。

2.7.4 力矩模式

在力矩模式下，电机会持续输出一个恒定力矩。但是当电机空转时，如果给一个较大的目标力矩，则电机会持续加速，直到最大速度，这时也仍然达不到目标力矩。

下面提供一个无负载情况下比较安全的力矩模式参数设置：

```
motor_s.T = 0.05             # 单位: Nm, |T|<128
motor_s.W = 0.0              # 单位: rad/s, |W|<256
motor_s.Pos = 0.0            # 单位: rad, |Pos|<823549
motor_s.K_P = 0.0            # 0<K_P<16
motor_s.K_W = 0.0            # 0<K_W<32
```

在上述参数下，可以观察到电机在恒定力矩下逐渐加速的过程。因为各个电机之间存在细微差异，如果电机无法顺利旋转，则可以适量增大 T 的数值。

2.7.5 零力矩模式

零力矩模式是一种特殊的力矩模式。当令 T=0.0 时，电机保持转轴的力矩为 0。在零力矩模式下，尝试转动输出轴，会感觉到输出轴的阻力明显小于未开机时的阻力。

2.7.6 混合模式

在四足机器人的实际控制中，机器人运动控制器往往会给关节同时发送前馈力矩 τ_{ff}、目标角度 p_{des} 和目标角速度 ω_{des}。这时的控制模式就是混合控制，这也是实际应用中使用最多的一种控制模式。

2.8 移植到其他上位机平台

考虑到部分用户会使用特殊的上位机平台来控制电机，因此这里介绍如何编写自己的电机控制程序。根据本节所述的方法，读者可以在任意满足硬件要求的平台上 给电机发送控制命令并接收电机状态。这部分内容只面向少数有需求的读者，大部分读者可以直接略过。

2.8.1 通信配置

A1 机器人的电机采用串口通信，通信标准为 RS-485，波特率为 4.8Mbit/s。串口的数据位为 8bit，无奇偶校验位，停止位为 1bit。需要注意的是，为了提高电机的通信频率，这里使用 4.8Mbit/s 这一很高的波特率，用户需要检查自己的硬件是否支持这么高的波特率。

根据 RS-485 标准，串口的通信线需要有两根，分别为 A 线和 B 线，同时还增加了一根地线 GND。电机的 RS-485 接口线序如图 2.8 所示。

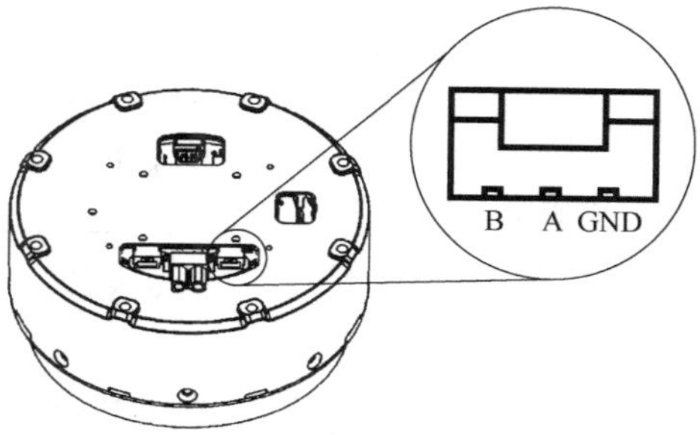

图 2.8　电机的 RS-485 接口线序

2.8.2 电机收发报文格式

在控制电机时，一般通过串口给电机发送一个长度为 34 字节的命令，之后电机会返回一个长度为 78 字节的状态。如果不给电机发送命令，那么电机也不会返回状态。给电机发送命令的报文格式见表 2.1，电机接收状态的报文格式见表 2.2。这两个表详细介绍了收发报文中各个字节表示的含义，下面解释其中的部分细节。

表 2.1　给电机发送命令的报文格式

报文	字节	变量名	说明
数据包头 COMHead	1	start［0］	包头，固定为 0xFE
	2	start［1］	包头，固定为 0xEE
	3	motorID	电机编号，可以为 0、1、2、0xBB，0xBB 代表向所有电机广播
	4	reserved	预留位，可忽略
数据体 Master ComdV3	5	mode	电机运行模式，可为 0（停转）、5（开环缓慢转动）、10（闭环伺服控制）
	6	ModifyBit	电机内部控制参数修改位，为 0xFF
	7	ReadBit	电机内部控制参数发送位，为 0xFF
	8	reserved	预留位，可忽略
	9	Modify	电机参数修改数据，可忽略
	10		
	11		
	12		

（续）

报文	字节	变量名	说明
数据体 Master ComdV3	13	T	电机前馈力矩 τ_{ff}，×256 倍描述
	14		
	15	W	电机角速度命令 ω_{des}，×128 倍描述
	16		
	17	Pos	电机角度位置命令 p_{des}，$\times\frac{16384}{2\pi}$倍描述
	18		
	19		
	20		
	21	K_P	电机位置刚度 k_p，×2048 倍描述
	22		
	23	K_W	电机速度刚度 k_d，×1024 倍描述
	24		
	25	LowHzMotor CmdIndex	电机低频率控制命令的索引，可忽略
	26	LowHzMotor CmdByte	电机低频率控制命令，可忽略
	27	Res [0]	预留位，可忽略
	28		
	29		
	30		
CRC 校验	31	CRCdata	CRC 校验位
	32		
	33		
	34		

表 2.2　电机接收状态的报文格式

报文	字节	变量名	说明
数据包头 COMHead	1	start [0]	包头，固定为 0xFE
	2	start [1]	包头，固定为 0xEE
	3	motorID	电机编号，可以为 0、1、2。不会为 0xBB，因为广播模式下电机不会返回状态
	4	reserved	预留位，可忽略

（续）

报文	字节	变量名	说明
数据体 Servo ComdV3	5	mode	电机当前的运行模式
	6	ReadBit	表示电机内部控制参数是否修改成功，可忽略
	7	Temp	电机当前平均温度
	8	MError	电机报错信息
	9	Read	读取电机内部控制参数，可忽略
	10		
	11		
	12		
	13	T	当前电机输出力矩，×256 倍描述
	14		
	15	W	当前电机实际转速，×128 倍描述
	16		
	17	LW	也表示当前电机实际转速，但是已经过滤波，所以会有延迟，不推荐使用
	18		
	19		
	20		
	21	W2	为关节编码器预留，可忽略
	22		
	23	LW2	为关节编码器预留，可忽略
	24		
	25		
	26		
	27	Acc	当前电机转动加速度，×1 倍描述
	28		
	29	OutAcc	为关节编码器预留，可忽略
	30		
	31	Pos	当前电机角度位置，$\times\frac{16384}{2\pi}$倍描述
	32		
	33		
	34		
	35	Pos2	为关节编码器预留，可忽略
	36		
	37		
	38		

（续）

报文	字节	变量名	说明
数据体 ServoComdV3	39	gyro［0］	电机控制板上 IMU 在 x 轴的角速度，乘 $\frac{2000}{2^{15}}\cdot\frac{2\pi}{360}$ 后可以换算为 rad/s
	40		
	41	gyro［1］	电机控制板上 IMU 在 y 轴的角速度
	42		
	43	gyro［2］	电机控制板上 IMU 在 z 轴的角速度
	44		
	45	acc［0］	电机控制板上 IMU 在 x 轴的线加速度，乘 $8\times\frac{9.80665}{2^{15}}$ 后可以换算为 m/s^2
	46		
	47	acc［1］	电机控制板上 IMU 在 y 轴的线加速度
	48		
	49	acc［2］	电机控制板上 IMU 在 z 轴的线加速度
	50		
	51	Fgyro［0］	为足端 IMU 预留，可忽略
	52		
	53	Fgyro［1］	
	54		
	55	Fgyro［2］	
	56		
	57	Facc［0］	
	58		
	59	Facc［1］	
	60		
	61	Facc［2］	
	62		
	63	Fmag［0］	
	64		
	65	Fmag［1］	
	66		
	67	Fmag［2］	
	68		
	69	Ftemp	足端传感器温度，可忽略
	70	Force16	足端力传感器高 16 位数据，可忽略
	71		

（续）

报文	字节	变量名	说明
数据体 Servo ComdV3	72	Force8	足端力传感器低 8 位数据，可忽略
	73	FError	足端力传感器错误标识，可忽略
	74	Res［0］	预留位，可忽略
CRC 校验	75	CRCdata	CRC 校验位
	76		
	77		
	78		

首先是给电机发送命令中的第 13、14 字节，这两个字节表示电机前馈力矩 τ_{ff}，显然前馈力矩 τ_{ff}是一个浮点数，即 float 型，但是在大多数平台下，一个 float 型浮点数需要占用 4 个字节。为了用 2 个字节来表示浮点数，采用的方法是移位操作，在此不对具体原理进行介绍。从应用的角度，读者可以认为对前馈力矩乘了 256，之后赋值给一个 2 字节的 signed short int 型，即带符号的短整形变量。在这个赋值过程中会强制取整，这样就可以只用 2 个字节来发送前馈力矩 τ_{ff}，当电机接收到这个数据后，只需要除以 256，就能获得前馈力矩 τ_{ff}的数值。这种操作虽然会丧失一些精度，但是对于实际应用是完全足够的。另外需要注意的是，对于一个长度为 2 字节的变量，共有 16 个字符，即 16 位。其中 1 位用来表示正负，是符号位，所以只有 15 位用于表示数值的大小，这意味着命令中 T 的数值不能大于 2^{15}。考虑到曾经对原始数据 τ_{ff}乘了 256，所以其绝对值存在上限：

$$|\tau_{ff}|<\frac{2^{15}}{256}=128 \tag{2.2}$$

同时需要注意的是，由于在赋值过程中存在强制取整，所以 τ_{ff}的数值越大，保存的小数精度越低。表 2.1 中，变量 T 的说明“×256 倍描述”指的就是上文所述的乘 256，其他变量的说明“某某倍描述”也与之同理。并且，对于 2 个字节的 T 变量来说，它的低位在前，即第 13 字节，高位在后，即第 14 字节。

在发送命令和接收状态的末尾，均有一个 4 字节的 CRC 校验。在命令发送之前，会计算这些命令字节的发送前 CRC 校验值，并且和命令一起发送给电机。当电机收到命令之后，还会根据收到的命令计算发送后 CRC 校验值。如果数据传输过程中没有发生任何错误，那么发送前 CRC 校验值等于发送后 CRC 校验值。如果在数据传输过程中出现了数据错误，那么发送后 CRC 校验值的计算结果就与发送前 CRC 校验值不相等，关节电机就能够知道数据发生了损坏，并且忽略这一条错误的命令，从而帮助我们避免错误数据。在此不对 CRC 校验的算法展开具体介绍，读者可以直接参考如下代码：

```
uint32_t crc32_core(uint32_t* ptr,uint32_t len){
    uint32_t xbit=0;
    uint32_t data=0;
    uint32_t CRC32=0xFFFFFFFF;
    const uint32_t dwPolynomial=0x04c11db7;
```

```
    for (uint32_t i = 0; i < len; i++){
        xbit = 1 << 31;
        data = ptr[i];
        for (uint32_t bits = 0; bits < 32; bits++){
            if (CRC32 & 0x80000000){
                CRC32 <<= 1;
                CRC32 ^= dwPolynomial;
            }
            else
                CRC32 <<= 1;
            if (data & xbit)
                CRC32 ^= dwPolynomial;
            xbit >>= 1;
        }
    }
    return CRC32;
}
```

可见 crc32_core 函数的第一个参数是 uint32_t 型的指针 ptr，uint32_t 型即是 4 字节长度的无符号整形数，ptr 即表示需要进行 CRC 校验的数据指针。而另一个参数 len 则表示需要进行 CRC 校验的数据长度，由于发送的命令有 30 个字节（不包含最后 CRC 校验位），也就是包含 7 个完整的 uint32_t 型，所以在计算发送命令的 CRC 时需要令 len=7，这也意味着最后两个字节并没有被包含在 CRC 校验的范围之内，好在最后两个字节属于预留位，因此并不影响电机的控制。

至于表中说明“可忽略”的项目，读者不需要在意它们的具体含义，可以令其为任意值，或者在初始化变量之后不对其进行任何赋值操作。

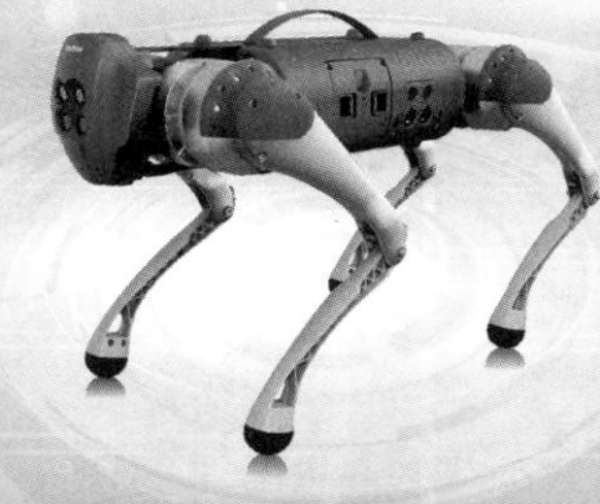

第 3 章 机器人仿真与控制框架

一个方便准确的仿真平台能够大大地提高机器人研发效率，尤其方便于没有机器人硬件的机器人爱好者。本书使用免费开源的 Gazebo 仿真平台进行动力学仿真计算。Gazebo 是 ROS（Robot Operation System，机器人操作系统）下自带的仿真平台，虽然本书的前十章中只在动力学仿真和导航上使用 ROS 和 Gazebo，但是 ROS 和 Gazebo 的功能远远超出动力学仿真，例如在第 11 章利用 ROS 实现了机器人的导航避障，所以说学习 ROS 对入门机器人学是一个不错的选择。ROS 下常用的编程语言有 C++和 Python，出于计算效率的考虑，本书提供的示例代码均为 C++语言。如果读者之前没有编程基础，那么建议先学习一些经典的 C++入门教材，至少对基础的语法和类（class）有所了解。

在机器人控制程序的开发中，有一种非常适合的程序结构，即有限状态机（Finite State Machine，FSM）。它能够将机器人的不同操作功能抽象为一个“状态”，并且操作机器人在各个状态之间互相切换。而有限状态机的基础就是大名鼎鼎的面向对象程序设计（Object Oriented Programming，OOP），在此简单地介绍面向对象程序设计和有限状态机。

3.1 ROS 与 Gazebo 简介

ROS 是一个用于编写机器人软件的灵活框架，它集成了大量的工具，并且每一个开发者都可以把自己的代码封装成独立的功能包（package），从而方便与他人分享。例如宇树科技就为开发者们提供了 unitree_ros 软件包。

ROS 将每一个进程都视作一个节点（node），而节点之间则通过话题（topic）、服务（service）和参数（parameter）进行通信。在本书中，机器人控制器（controller）与仿真平台 Gazebo 就是两个节点，它们之间利用 topic 进行通信。控制器从 Gazebo 读取机器人各个关节的角度、角速度、力矩以及惯性测量单元（Inertial Measurement Unit，IMU）等的数值，然后将计算得到的控制量，如目标力矩、目标关节角度等发送给 Gazebo。

Gazebo 利用 unitree_ros 软件包提供的仿真模型，可以对宇树科技的所有机器人产品进行动力学仿真。这样就可以专注于控制算法的开发，而不需要重复建模。除了 unitree_ros 软件包之外，我们还开发了专门与本书配套的 unitree_guide 软件包，该软件包中包含本书中与机器人控制器相关的部分。如果没有特殊说明，本书均在 unitree_guide 软件包下进行操作。上述的两个软件包都可以在宇树科技的 GitHub 主页（https://github.com/unitreerobotics）下载。限于篇幅，这里不再重复介绍 ROS 和 Gazebo 的安装。推荐安装版本为 Ubuntu18.04 下的 ROS melodic 与 Gazebo9。

3.2 面向对象程序设计

面向对象程序设计的核心思想是数据抽象、继承和动态绑定。这里以控制器的输入输出接口为例，展示面向对象程序设计的强大之处。

控制器是一个可执行程序，它既可以与 Gazebo 进行交互，控制仿真环境下的机器人，也可以与实际的机器人交互，控制真实环境下的机器人。因为交互对象不同，所以需要分别有两个不同的程序接口，从而和不同的交互对象收发信息。

下面介绍如何利用面向对象程序设计的三个核心思想来实现上述需求。

3.2.1 核心思想 1：数据抽象

控制器的关键是控制算法，而接口只需要简单可靠地收发信息即可，用户并不在乎交互接口的实现方法。所以可以将接口设计成一个类，同时把这个类的数据抽象化，让用户只需要使用一个函数来收发数据，不需要关心收发数据的实现方法。

在头文件 unitree_guide/include/interface/IOROS.h 中，可以看到对 ROS Gazebo 仿真使用的接口类 IOROS：

```
class IOROS : public IOInterface{
public:
IOROS();      // 构造函数
~IOROS();     // 析构函数
void sendRecv(const LowlevelCmd *cmd,LowlevelState *state);
              // 收发数据函数
private:
...
}
```

除了 IOROS 类自身的构造函数和析构函数，开放给用户（即 public 下）的只有成员函数 sendRecv。打开接口类 IOROS 的实现文件 unitree_guide/src/interface/IOROS.cpp，会发现接口类 IOROS 背后还有许多代码。如果不使用数据抽象的思想，这些代码就会混杂在算法中，导致程序难以阅读和修改。但是通过数据抽象，只需要使用一个成员函数 sendRecv 就能够完成数据收发。

读者可能会觉得这有些小题大做，因为不使用类而单纯地使用函数，也可以做到用一个函数完成复杂操作。那么来思考这样一个问题：如果把控制器从仿真环境移植到真实的机器人，需要怎么做呢？

假如只是使用普通的函数，那么需要有两个负责收发数据的函数，分别为仿真模型和真实机器人使用。这就意味着，如果在仿真环境下完成了程序的开发，准备将控制程序移植到真实机器人上时，需要将所有的仿真模型收发函数都替换为真实机器人对应的收发函数。这显然不是一个高效且稳定的程序设计方案。

理想的程序应该是，只做一次修改，就能够直接将控制器从仿真模型切换到真实机器人。为了实现这个设想，还需要利用面向对象程序设计的另外两个核心思想——继承和动态绑定。

3.2.2　核心思想 2：继承

针对仿真模型和真实机器人有两个接口类，分别为 IOROS 类和 IOSDK 类。它们使用不同的方法完成同一个任务，即收发数据。因此可以将它们视为一对“兄弟”，而它们的共通之处就是它们有同一个“父亲”，即 IOInterface 类。IOROS 类和 IOSDK 类两兄弟都从父亲那里继承了它们的相似之处，即数据收发函数 sendRecv。IOROS 类、IOSDK 类和 IOInterface 类之间的关系如图 3.1 所示。

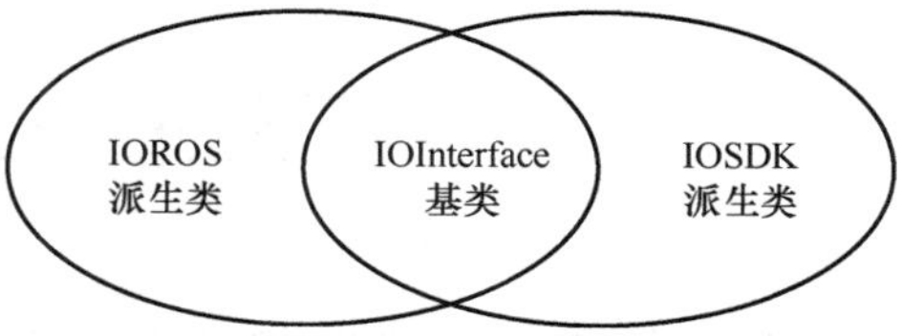

图 3.1　基类与派生类的继承关系

在头文件 IOInterface.h 中，可以看到基类 IOInterface 的声明：

```
class IOInterface{
public:
IOInterface(){}
~IOInterface(){}
virtual void sendRecv(const LowlevelCmd * cmd,LowlevelState * state)
= 0;
};
```

其中函数 sendRecv 定义为一个纯虚函数，即函数 sendRecv 在基类 IOInterface 下只声明而没有具体实现。

与 IOROS 类似，在头文件 IOSDK.h 中，可以看到派生类 IOSDK 对基类 IOInterface 的继承：

```
class IOSDK : public IOInterface{
public:
IOSDK();
~IOSDK(){}
void sendRecv(const LowlevelCmd *cmd,LowlevelState *state);
};
```

派生类 IOROS 和 IOSDK 在声明时指定继承了基类 IOInterface，并且在对应的.cpp 文件中分别以不同的方式完成了函数 sendRecv 的具体实现。现在有了两个接口类，即 IOROS 类和 IOSDK 类，下一步就可以简洁快速地将控制器从仿真模型切换到真实机器人。

3.2.3 核心思想 3：动态绑定

现在已经有了针对仿真环境的 IOROS 接口以及针对真实机器人的 IOSDK 接口。一个理想的控制程序如图 3.2 所示，可以简单快速地在两个接口之间切换，而这就需要用到动态绑定。

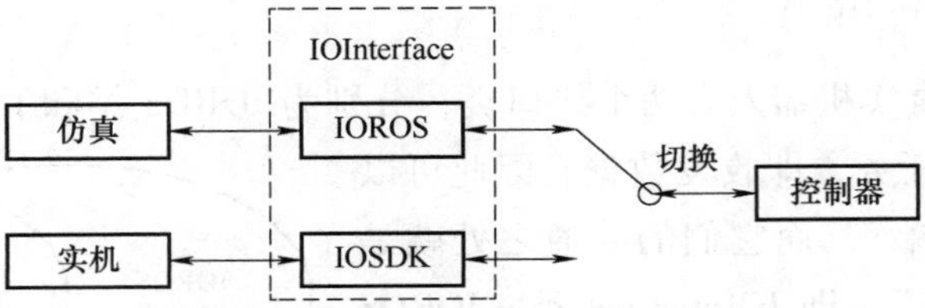

图 3.2 动态绑定

在文件 unitree_guide/src/main.cpp 中，main 函数下有如下代码：

```
IOInterface *ioInter;
#ifdef COMPILE_WITH_SIMULATION
    ioInter = new IOROS();
#endif
#ifdef COMPILE_WITH_REAL_ROBOT
    ioInter = new IOSDK();
#endif
```

可见声明了一个基类 IOInterface 的指针 ioInter，但是却可以给指针赋值为派生类 IOROS 或 IOSDK 的值。当指针 ioInter 指向一个 IOROS 类时，调用 ioInter 下的 sendRecv 函数会与 Gazebo 仿真之间进行数据收发。同理，如果指针 ioInter 指向一个 IOSDK 类，控制器就会和真实的机器人之间进行数据收发。这样就可以方便地将控制器从仿真平台切换到真实机器人。

从这个案例可以体会到面向对象程序设计的强大，但是这还不是它的全部能力。接下来介绍一种基于面向对象程序设计的程序结构：有限状态机。

3.3 有限状态机

机器人的运行过程中需要经常在各个状态之间切换，如机器人匍匐待命时的阻尼模式、起身时的固定站立模式、运动时的行走模式等。为了让各个状态之间可以顺畅切换，没有互相干扰，以及方便增删状态，在设计机器人控制系统时往往使用有限状态机。

有限状态机并不是一个真实硬件，而是一种抽象的概念。图 3.3 所示就是我们将要完成的控制器。整个控制器就是一个有限状态机，该有限状态机由一些状态组成，同时可以在特定的手柄或键盘触发条件下切换状态。例如，按下手柄的<L2+A>键或键盘上的<2>键，就能够从初始的 Passive 状态切换到 FixedStand 状态。

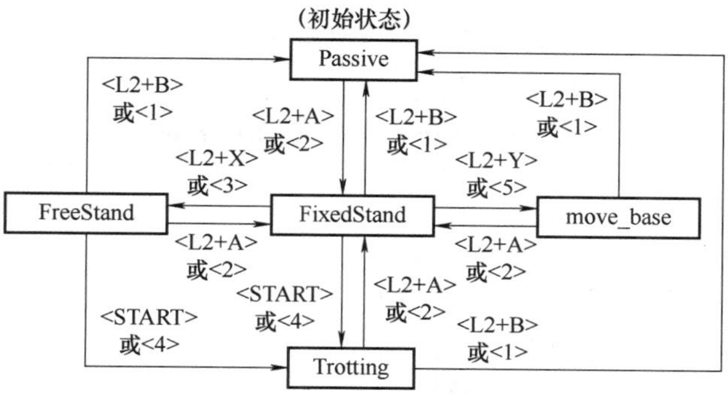

图 3.3　有限状态机的状态切换

图 3.3 中各个状态的介绍如下：

1）Passive：阻尼模式，机器人的各个关节都会进入阻尼模式，机器人会缓慢趴下。

2）FixedStand：固定站立，机器人的各个关节会逐渐转动到一个给定值并锁死，这时机器人能保持固定站立。

3）FreeStand：自由站立，此时机器人虽然保持站立，但是可以根据手柄或键盘的命令改变机身姿态与高度。

4）Trotting：对角步态，此时机器人会使用对角步态行走。

5）move_base：导航避障模式，机器人会根据 ROS move_base 发布的命令运动。

在示例代码中，与有限状态机相关的头文件都在文件夹 unitree_guide/include/FSM 中，而实现代码在文件夹 unitree_guide/src/FSM 中。

3.3.1　状态的成员函数

机器人的各个状态都有相似性，因此可以让它们继承同一个基类。在头文件 FSMState.h 中，可以看到基类 FSMState 下有四个关键的函数，这些函数的功能如下：

1）enter：切换进入该状态时被调用执行一次。

2）run：保持在当前状态时，会被循环调用执行。run 函数是每个状态的主要功能。

3）exit：退出该状态时被调用执行一次。

4）checkChange：检查是否需要切换至其他状态。

四个状态都继承自基类 FSMState，通过对上述四个函数的不同程序实现，做到各个状态的不同功能。

3.3.2　组合成为有限状态机

有限状态机也是以类的形式出现在程序中的，即 FSM 类。在文件 FSM.cpp 中，有成员函数 run。当控制器运行时，成员函数 run 会以一个固定的频率被反复调用。成员函数 run 的核心算法如下：

```
if(_mode == FSMMode::NORMAL){
    _currentState->run();
    _nextStateName = _currentState->checkChange();
```

```
    if(_nextStateName != _currentState->_stateName){
        _mode = FSMMode::CHANGE;
        _nextState = getNextState(_nextStateName);
    }
}
else if(_mode == FSMMode::CHANGE){
    _currentState->exit();
    _currentState = _nextState;
    _currentState->enter();
    _mode = FSMMode::NORMAL;
    _currentState->run();
}
```

为了方便读者理解有限状态机的执行流程，在此解释上述代码的含义：

```
if 当前{FSM}的{任务}为{重复运行当前状态}
    执行{当前状态}的 run 函数
    执行{当前状态}的 checkChange 函数,得到下次循环时需要运行的{未来状态}
    if {未来状态}不等于{当前状态}
        将{FSM}的{任务}改变为{切换状态}
        获取{未来状态}的指针
else if 当前{FSM}的{任务}为{切换状态}
    执行{当前状态}的 exit 函数
    将{当前状态}赋值为{未来状态}
    执行新的{当前状态}的 enter 函数
    将{FSM}的{任务}改变为{重复运行当前状态}
    执行新的{当前状态}的 run 函数
```

有限状态机的两种任务如下：

1）重复运行当前状态：此时有限状态机只会重复执行当前状态的 run 函数，由于未来状态始终等于当前状态，所以不会有其他操作。

2）切换状态：如果有限状态机发现未来状态不等于当前状态，就会将有限状态机的任务修改为切换状态。这样，在下一轮执行本函数时，有限状态机就会执行当前状态的 exit 函数，并且切换到新的状态。

在后面的实践中，将有限状态机的五个状态，即阻尼模式、固定站立、自由站立、对角步态和导航避障一个个地完成。正是因为有限状态机，才能将一个复杂的机器人控制程序分解为五个独立的模块，从而分别独立实现。

3.4 实践：让机器人站起来

四足机器人具有天然的稳定性，只要将四只脚固定在同一个平面上，且不共线，就能保持稳定。例如家里的桌子，就可以认为是一个固定站立的四足“机器人”。下面介绍如何让机器人实现固定站立。

3.4.1 机器人的关节控制

首先打开文件 FSMState.h。FSMState 类是有限状态机四个状态的基类，因此每个状态都继承了如下变量：

```
CtrlComponents *_ctrlComp;      // 包含大多数控制所需的类与状态变量
LowlevelCmd *_lowCmd;           // 发送给各个电机的命令
LowlevelState *_lowState;       //从各个电机接收的状态
```

CtrlComponents 是一个结构体，在 C++中，结构体和类没有本质区别，所以可以把它作为一个类看待。CtrlComponents 中包含了大量与控制相关的类和状态变量，如数据收发接口、输入输出命令、估计器、平衡控制器、控制频率、控制器运行的平台等，读者可以在头文件 CtrlComponents. h 中查看具体内容。CtrlComponents 中的类和变量都是在 main. cpp 文件的主函数 main 中初始化的，因此在对控制器进行整体修改时，只需在主函数 main 下进行一次操作即可。

LowlevelCmd 是控制器发送给机身 12 个电机的命令，LowlevelState 则包含机身 12 个电机返回的状态以及 IMU 的状态。在控制器的每一个控制周期中，数据收发接口（即前面介绍的 IOROS 类和 IOSDK 类）都会发送一次 LowlevelCmd，并且将最新的状态读取到 LowlevelState 中。所以在每一个有限状态机的状态下，只需根据 LowlevelState 计算 LowlevelCmd，具体的通信操作都可以交给底层代码完成。

在 LowlevelCmd 和 LowlevelState 中，电机的命令和状态都保存在数组中，因此需要了解数组的序号 ID 与机器人每个关节之间的对应关系。顾名思义，四足机器人有四条腿，同时每条腿上都有三个关节，如图 3.4 所示，自上而下的三个关节分别为机身关节（abduction/adduction joint，ab/ad joint）、大腿关节（hip joint）和小腿关节（knee joint），并且它们的序号分别为 0、1、2，也是自上而下的。

对于机器人的四条腿，也有一个固定的顺序。如图 3.5 所示，四条腿按照右前腿、左前腿、右后腿、左后腿的顺序排列。于是，控制中使用的 12 个关节的顺序也被定义为：

```
0:0 号腿 0 号关节,即右前腿机身关节
1:0 号腿 1 号关节,即右前腿大腿关节
2:0 号腿 2 号关节,即右前腿小腿关节
3:1 号腿 0 号关节,即左前腿机身关节
```

```
4:1 号腿 1 号关节,即左前腿大腿关节
5:1 号腿 2 号关节,即左前腿小腿关节
6:2 号腿 0 号关节,即右后腿机身关节
7:2 号腿 1 号关节,即右后腿大腿关节
8:2 号腿 2 号关节,即右后腿小腿关节
9:3 号腿 0 号关节,即左后腿机身关节
10:3 号腿 1 号关节,即左后腿大腿关节
11:3 号腿 2 号关节,即左后腿小腿关节
```

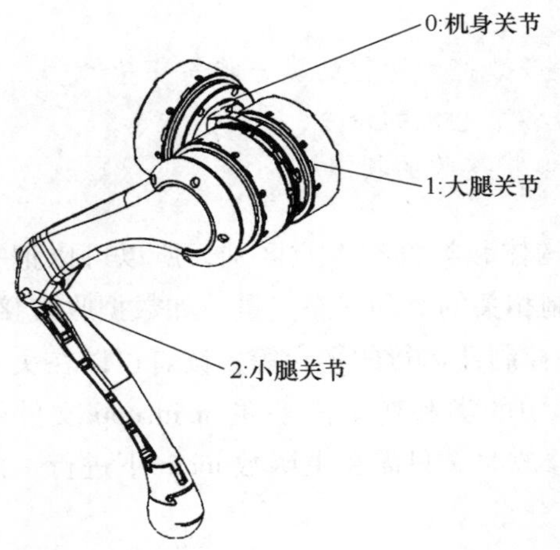

图 3.4　机器人单条腿关节编号

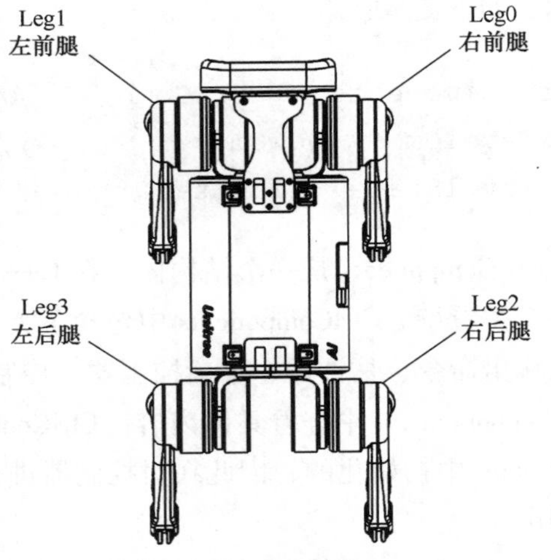

图 3.5　机器人四条腿编号

3.4.2　机器人的阻尼模式

虽然我们的目标是固定站立，但是要首先完成阻尼模式（即 Passive）。因为出于安全考虑，一般机器人在开机时默认进入阻尼模式。而且阻尼模式是有限状态机四个状态中最简单的一个，通过它可以清晰地了解如何控制机器人的各个关节。

12 个电机的命令都保存在一个长度为 12 字节的数组中，该数组中的每个元素都是一个 MotorCmd 结构体。打开文件 include/message/LowlevelCmd.h，可以看到结构体 LowlevelCmd 和 MotorCmd 的详细内容。其中 MotorCmd 下的内容和 2.6 节所述基本一致，只是变量名略有不同：

```
unsigned int mode;      // 电机运行模式
float q;                // 指定角度位置
float dq;               // 指定角速度
float tau;              // 前馈力矩
float Kp;               // 位置刚度
float Kd;               // 速度刚度(阻尼)
```

因此在文件 src/FSM/State_Passive.cpp 的函数 enter 中，12 个电机都被设置为 2.7.3 节中介绍的阻尼模式：

```
if(_ctrlComp->ctrlPlatform == CtrlPlatform::GAZEBO){
    for(int i = 0; i<12; i++){
        _lowCmd->motorCmd[i].mode = 10;
        _lowCmd->motorCmd[i].q = 0;
        _lowCmd->motorCmd[i].dq = 0;
        _lowCmd->motorCmd[i].Kp = 0;
        _lowCmd->motorCmd[i].Kd = 8;
        _lowCmd->motorCmd[i].tau = 0;
    }
}
else if(_ctrlComp->ctrlPlatform == CtrlPlatform::REALROBOT){
    ...
}
```

上述代码对机器人控制器当前运行的平台进行了判断，其中 CtrlPlatform::GAZEBO 表示控制器正在控制 Gazebo 仿真中的机器人，而 CtrlPlatform::REALROBOT 表示控制器正在控制真实的机器人。之所以需要判断当前的控制器运行平台，即变量_ctrlComp->ctrlPlatform 的值，是因为在仿真环境和真实机器人上，电机的位置刚度 Kp 和速度刚度 Kd 往往是不同的。因此需要根据情况设定不同的数值。

笔记　需要注意的是，在第 2 章中，电机设置的参量都是针对转子的，所以需要考虑减速比。而在后续的关节命令收发中，所有的物理量都是针对关节的，不需要考虑减速比的影响，可以直接认为是对机器人的关节进行控制。

将各个关节参数的设置放在函数 enter 中，这意味着只在有限状态机进入阻尼模式状态时，LowlevelCmd 才修改一次。而函数 run 和函数 exit 均为空函数，说明没有其他需要的操作。但是有限状态机在运行时会不停地发送 LowlevelCmd 给电机，所以机器人会持续收到阻尼模式的命令。

需要注意的是，当机器人处于倒地、倾覆等危险状态时，必须立刻将机器人切换到阻尼模式以保证安全，因此在有限状态机中添加了自动保护功能。读者可以打开 src/FSM/FSM.cpp 文件，其中 checkSafty 函数进行了机身姿态的判断，当 checkSafty 函数返回 false 时，机器人就处于危险姿态，此时会让机器人的所有关节进入阻尼模式。

3.4.3　机器人各个关节的坐标系与零角度点

机器人的每个关节都需要一个坐标系和零角度点，坐标系规定了关节的旋转正方向，而零角度点规定了关节在任意位置的角度数值。图 3.6 所示状态即为机器人所有关节角度都等于零的姿态。需要注意的是，小腿关节由于限位，实际上并不能到达零角度点。同时，机器人上所有的坐标系都是右手系，而且互相平行。坐标系的方向都是 x 轴朝向机器人的前方，y 轴朝向机器人的左侧，z 轴竖直向上。

机身关节的旋转轴为 x 轴，大腿关节和小腿关节的旋转轴为 y 轴。旋转正方向符合右手定则，并且所有与角度有关的数值均使用弧度制。有了这些规定，就能够读出机器人固定站立时各个关节的角度。在此先提供一组参考数值，当机器人各个关节处于如下位置时，机器人可以稳定地站立。当读者学习完 5.2 节的逆向运动学后，也可以根据自己期望的机器人姿态简单地自行计算各个关节角度。

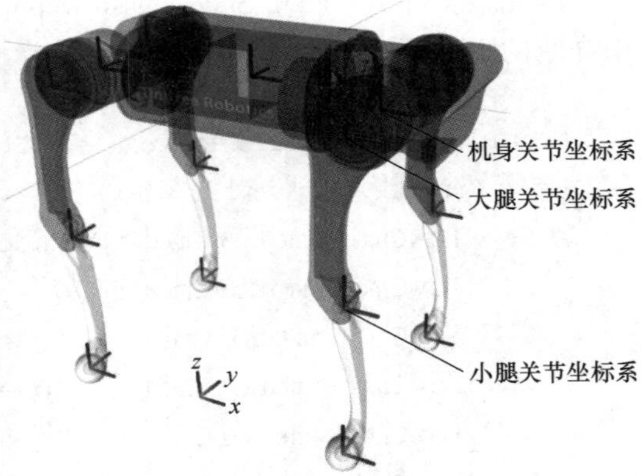

图 3.6　机器人关节坐标系

```
机身关节：0.00
大腿关节：0.67
小腿关节：-1.30
```

打开文件 include/FSM/State_FixedStand.h，可以看到全部 12 个关节的目标关节角度：

```
float _targetPos[12] = {0.0,0.67,-1.3,0.0,0.67,-1.3,
                        0.0,0.67,-1.3,0.0,0.67,-1.3};
```

3.4.4　机器人的固定站立模式

打开文件 src/FSM/State_FixedStand.cpp，查看函数 enter、run 和 exit 是如何共同实现固定站立的。首先 enter 函数的关键代码如下：

```
void State_FixedStand::enter(){
    for(int i=0; i<4; i++){
        if(_ctrlComp->ctrlPlatform == CtrlPlatform::GAZEBO){
            _lowCmd->setSimStanceGain(i);
        }
        ...
        _lowCmd->setZeroDq(i);
        _lowCmd->setZeroTau(i);
    }
    for(int i=0; i<12; i++){
        _lowCmd->motorCmd[i].q=_lowState->motorState[i].q;
        _startPos[i]=_lowState->motorState[i].q;
    }
}
```

在上述代码中，第一个 for 循环遍历了机器人的四条腿，通过_lowCmd 下的 setSimStanceGain 函数将第 i 条腿上各个关节的刚度设定为仿真环境下的站立腿（stance leg）刚度。之后再利用 setZeroDq 函数和 setZeroTau 函数将第 i 条腿上每个关节的期望转速与期望力矩设置为 0。为了加深理解，可以打开 include/message/LowlevelCmd.h 文件来查看 setSimStanceGain 函数的详情：

```
void setSimStanceGain(int legID){
    motorCmd[legID*3+0].mode = 10;
    motorCmd[legID*3+0].Kp = 180;
    motorCmd[legID*3+0].Kd = 8;
    motorCmd[legID*3+1].mode = 10;
    motorCmd[legID*3+1].Kp = 180;
    motorCmd[legID*3+1].Kd = 8;
    motorCmd[legID*3+2].mode = 10;
    motorCmd[legID*3+2].Kp = 300;
    motorCmd[legID*3+2].Kd = 15;
}
```

在固定站立模式下，每个电机都处于 2.7.1 节所介绍的位置模式。当机器人站立时，每条腿上的三个关节负载并不相等，所以在 setSimStanceGain 函数中，要给机身关节、大腿关节和小腿关节发送不同的位置刚度 Kp 和速度刚度 Kd。由于在当前关节角度站立时，小腿关节的力臂最大，所以负载也最大，需要提高小腿关节的位置刚度 Kp，同时为了保持稳定性，也要相应地提高它的速度刚度 Kd。

在 2.7.1 节操作单个电机运行位置模式时，如果角度发生突变，那么电机会产生剧烈的冲击，在机器人控制中应尽量避免这种情况。所以在 enter 函数中，给每个电机设定的第一个目标角度都是它本身目前所处的角度，同时将机器人刚切入固定站立模式时各个关节的角度保存至变量_startPos 中。

为了让机器人的每个关节都能连续稳定地旋转到固定站立模式，在函数 run 中进行了线性插值：

```
void State_FixedStand::run(){
    _percent += (float)1/_duration;
    _percent = _percent > 1 ? 1 : _percent;
    for(int j=0; j<12; j++){
        _lowCmd->motorCmd[j].q=(1 - _percent)*_startPos[j] + _percent*_
            targetPos[j];
    }
}
```

由于有限状态机是以固定时间间隔循环运行的，所以线性插值也是离散的。因此设计目标是，在给定的循环次数内，通过线性插值，将所有关节从初始角度连续地旋转到目标角度，并且在到达给定的循环次数之后，将关节锁定在目标角度。具体的实现方式是，让变量_percent 从 0 开始一步步增长到 1，然后根据_percent 的值插值得到当前时刻关节的目标角度。

最后，最简单的函数 exit 如下：

```
void State_FixedStand::exit(){
    _percent = 0;
}
```

函数 exit 唯一的作用就是在退出固定站立状态时，将变量_percent 还原为 0。这样，当再次切换到固定站立模式时，函数 run 中的线性插值才能够正常运行。

至此已经完成了阻尼模式和固定站立模式这两个功能。接下来要做的就是将 C++源代码编译为可执行文件。

3.5 编译源代码

由于本书使用 C++语言进行编程，所以运行之前必须先将源代码编译成可执行文件。根据 ROS 对 C++编译的规定，需要使用 CMake 辅助编译工具。如果想要使用配套算法的全部功能，则读者需要保证 CMake 的版本高于或等于 3.14。打开任意终端，输入 cmake --version 并执行，如果已经安装了 CMake，则会显示 CMake 的版本；如果没有安装 CMake 或版本低于 3.14，那么需要安装或升级 CMake。

3.5.1 条件编译

由于我们的程序需要支持许多不同的场景，例如既需要支持 A1 机器人，也需要支持 Go1 机器人，既可以在 ROS 下编译，也可以不依赖 ROS 编译等。为了方便地切换这些需求，需要依靠条件编译，通过简单的设置让编译器编译我们想要的内容。

关于 CMake 编译的设置都在 unitree_guide/CMakeLists.txt 文件中，打开该文件，其开头处就是用来配置条件编译的：

```
set(ROBOT_TYPE Go1)          # 机器人型号，目前支持 Go1 和 A1
set(PLATFORM amd64)          # 程序编译平台，目前支持 amd64 和 arm64
set(CATKIN_MAKE ON)          #是否使用 ROS 的 catkin_make,ON 或 OFF
set(SIMULATION ON)           # 用于 Gazebo 仿真环境,ON 或 OFF
set(REAL_ROBOT OFF)          # 用于真实机器人控制,ON 或 OFF,必须和上一条不同
set(DEBUG ON)                #是否开启 Debug 调试,ON 或 OFF
set(MOVE_BASE ON)            #是否开启 move_base 导航功能,ON 或 OFF
```

上述代码的第一行可以认为是将变量 ROBOT_TYPE 赋值为字符串"Go1"，第三行可以认为是将变量 CATKIN_MAKE 赋值 为布尔量 true，OFF 对应的自然就是布尔量 false。在完成赋值之后，就可以在后续的代码中实现判断功能：

```
if(${ROBOT_TYPE} STREQUAL "A1")
    add_definitions(-DROBOT_TYPE_A1)
elseif(${ROBOT_TYPE} STREQUAL "Go1")
    add_definitions(-DROBOT_TYPE_Go1)
else()
    message(FATAL_ERROR "[CMake ERROR] The ROBOT_TYPE is error")
endif()
```

其中 add_definitions 函数的作用是给编译器生成一个宏，例如当 ROBOT_TYPE 为"Go1"时，就会定义一个名为 ROBOT_TYPE_Go1 的宏。打开 unitree_guide/src/main.cpp 可以找到如下代码：

```
#ifdef ROBOT_TYPE_Go1
    ctrlComp->robotModel=new Go1Robot();
#endif
```

上述代码中的#ifdef 就是用于条件编译的语句，它的含义是如果定义了 ROBOT_TYPE_Go1 宏，就会编译从#ifdef 到#endif 之间的代码。CMakeLists.txt 中的其他配置项也是通过这种方式实现条件编译的，因此当需要修改控制程序的应用条件时，只要在 CMakeLists.txt 中修改即可。

3.5.2　编译的依赖项

除了用于辅助编译的 CMake 之外，控制程序还需要一些其他的依赖项，用户应提前在计算机上安装。

首先需要安装的是 Eigen，Eigen 是进行矩阵运算的工具，当前版本为 Eigen3。在任意终端输入命令 cd /usr/include/Eigen 或 cd /usr/local/include/Eigen 并执行，如果存在上述任一路径则说明已经安装了 Eigen，否则需要安装 Eigen3。

其次是 Python2，如果读者将 CMakeLists.txt 中的 DEBUG 设置为 ON，那么可以使用一个能够绘制折线图的辅助调试工具。由于该绘图工具中用到了 Python 中的画图工具 Matplotlib，所以需要安装 Python2。在任意终端输入 Python 并执行，如果显示 Python 的版本并且可以输入 Python 语句，那么说明已经安装了 Python2，接下来在这个终端窗口分别输入并执行以下两个 Python 语句：

```
import matplotlib
import numpy
```

如果这两个语句执行后都没有报错，则说明计算机中已经安装了 matplotlib 和 numpy 这两个 Python 库。如果报错说缺少某个库，则可以通过 pip 命令安装相应 Python 库。需要注意的是，Python2 与 Python3 并不兼容，因此如果只安装了 Python3，那么还需要专门安装 Python2。当然，如果读者安装 Python2 失败，那么可以在 CMakeLists. txt 中将 DEBUG 设置为 OFF，这样也可以成功编译，只是不能使用绘图调试工具。

再次是 LCM（Lightweight Communications and Marshalling，轻量级通信与数据封送库），这是用于通信的一个库。同样在任意终端，运行 lcm-tester 命令，如果可以正常运行，则说明 LCM 已经成功安装，否则需要手动安装 LCM。

最后是用于多线程的 pthread 库，这个库通常都已经和 Ubuntu 系统一起安装完成，在任意终端输入命令 getconf GNU_LIBPTHREAD_VERSION 并执行，如果可以显示版本信息，则说明 pthread 库已经成功安装。

3.5.3 在 Gazebo 中验证控制算法

因为是在 Gazebo 仿真环境中应用，所以读者应将 CMakeLists.txt 文件中的 ROBOT_TYPE 设置为自己的机器人型号，并且将 SIMULATION 设置为 ON，REAL_ROBOT 设置为 OFF。

ROS 针对 C++的辅助编译工具是 catkin_make，它能够根据配置的 CMakeLists.txt 来编译程序。读者只需要进入 ROS 工作空间，如 catkin_ws，然后输入 catkin_make 并运行。如果像图 3.7 那样编译进度进行到 100%且没有报错，则意味着编译成功。

笔记　有时因为 catkin_make 的软件包编译顺序没有配置，会导致找不到依赖项的报错。这时再次执行 catkin_make 即可解决。

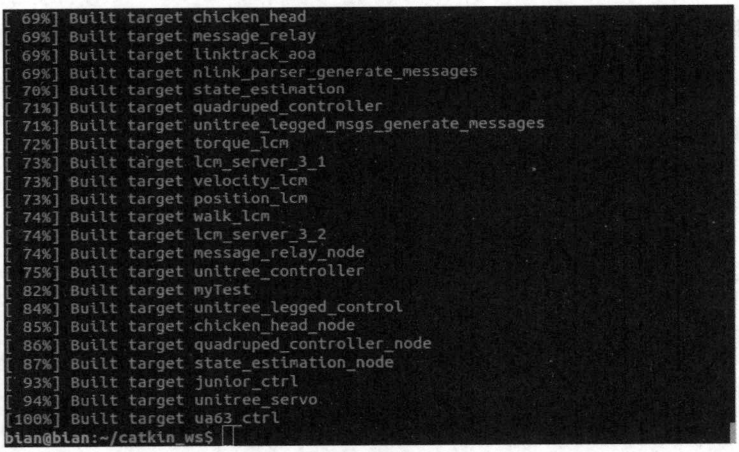

[69%] Built target chicken_head
[69%] Built target message_relay
[69%] Built target linktrack_aoa
[69%] Built target nlink_parser_generate_messages
[70%] Built target state_estimation
[71%] Built target quadruped_controller
[71%] Built target unitree_legged_msgs_generate_messages
[72%] Built target torque_lcm
[73%] Built target lcm_server_3_1
[73%] Built target velocity_lcm
[73%] Built target position_lcm
[74%] Built target walk_lcm
[74%] Built target lcm_server_3_2
[74%] Built target message_relay_node
[75%] Built target unitree_controller
[82%] Built target myTest
[84%] Built target unitree_legged_control
[85%] Built target chicken_head_node
[86%] Built target quadruped_controller_node
[87%] Built target state_estimation_node
[93%] Built target junior_ctrl
[94%] Built target unitree_servo
[100%] Built target ua63_ctrl
bian@bian:~/catkin_ws$

图 3.7　ROS 编译成功

完成编译之后，重新打开一个终端，运行以下命令来开始 Gazebo 仿真：

```
roslaunch unitree_guide gazeboSim.launch rname:=a1
```

之后即可看到在 Gazebo 仿真环境下的四足机器人 A1，如图 3.8 所示。上述命令中的 rname 用于设置仿真环境下的机器人型号，如果读者使用的是 A1 机器人，则令 rname:=a1；如果读者使用的是 Go1 机器人，则令 rname:=go1。在执行该命令时，可以省略 rname 的配置，此时 rname 会等于默认值 go1。为了方便后面的操作，用户可以在 unitree_guide/launch/gazeboSim.launch 中修改 rname 的默认值为自己使用的机器人型号。

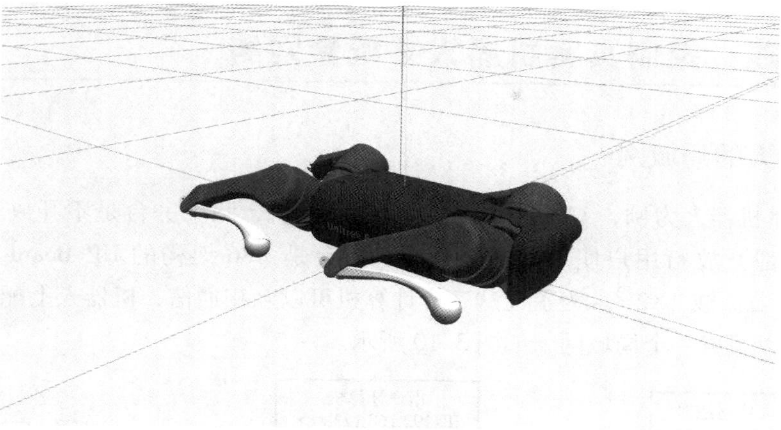

图 3.8　Gazebo 仿真环境下的 A1

开始运行 Gazebo 仿真后，再重新打开一个终端，执行以下命令来打开控制器：

```
rosrun unitree_guide junior_ctrl
```

控制器的初始状态是阻尼模式，此时机器人只是趴在地面上。根据图 3.3，在当前键盘控制的模式下，按下数字键<2>即可切入到固定站立模式，如图 3.9 所示。这时再按下数字键<1>，即可返回阻尼模式，机器人会缓慢趴下。

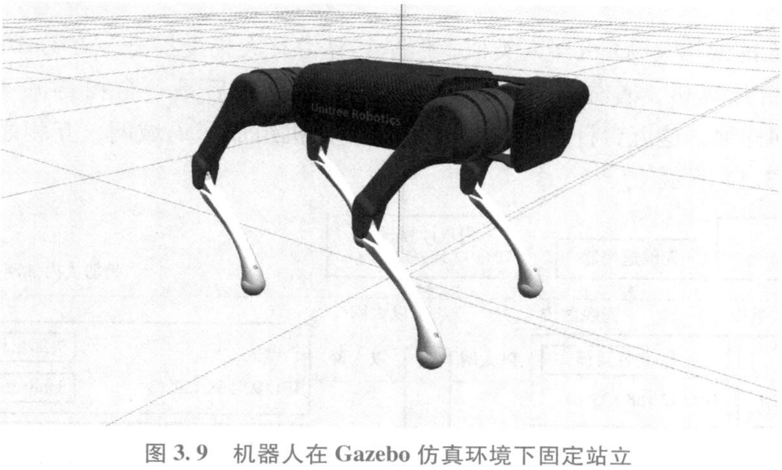

图 3.9　机器人在 Gazebo 仿真环境下固定站立

当执行控制器程序后，终端界面会显示如下警告信息：

```
[ERROR] Function setProcessScheduler failed.
```

该警告信息意味着没有成功将控制器程序设置为实时进程，若将控制器程序设置为实时进程，则可以保证控制器程序稳定高效地运行。不过这一操作需要在管理员权限下运行，而在 ROS 下使用管理员权限的方法比较烦琐，所以前面几章可忽略该警告信息。关于这部分的内容，在后续的 10.3 节中有详细的介绍。

3.6 实践：控制真实机器人并配置网络

3.6.1 机器人的局域网

首先以 A1 机器人为例，A1 机器人上有三台计算机，除了一台是不开放给用户的主控板，另外两台都开放给用户使用。这两台中，一台是 X86 架构的 UP Board，而另一台是 ARM 架构的树莓派或 TX2㊀。为了让这三台计算机可以互相通信，机器人上配备了一台交换机，这样就可以组成一个局域网，如图 3.10 所示。

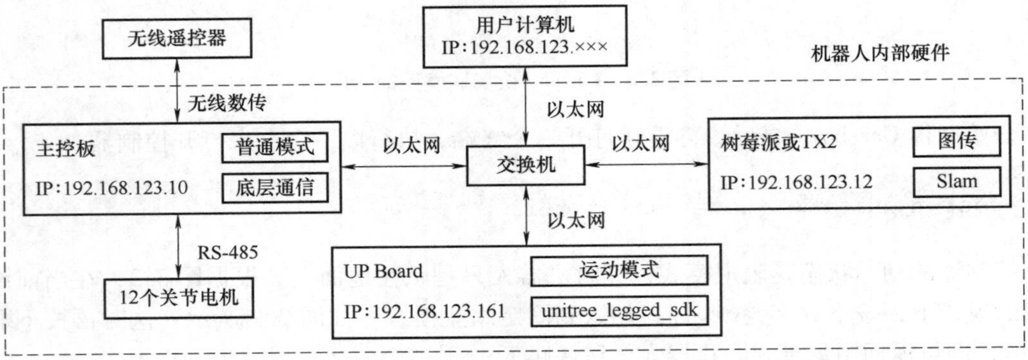

图 3.10 A1 机器人通信框架

Go1 机器人的架构与 A1 机器人类似，但是其算力有大幅度提升。在 Go1 教育版机器人中，一共有五台计算机，首先是与 A1 相同的主控板，然后是一台树莓派 4B，以及三台 Jetson nano。同样地，这五台计算机之间也通过交换机组成了局域网，互相之间可以通信，具体框架如图 3.11 所示。

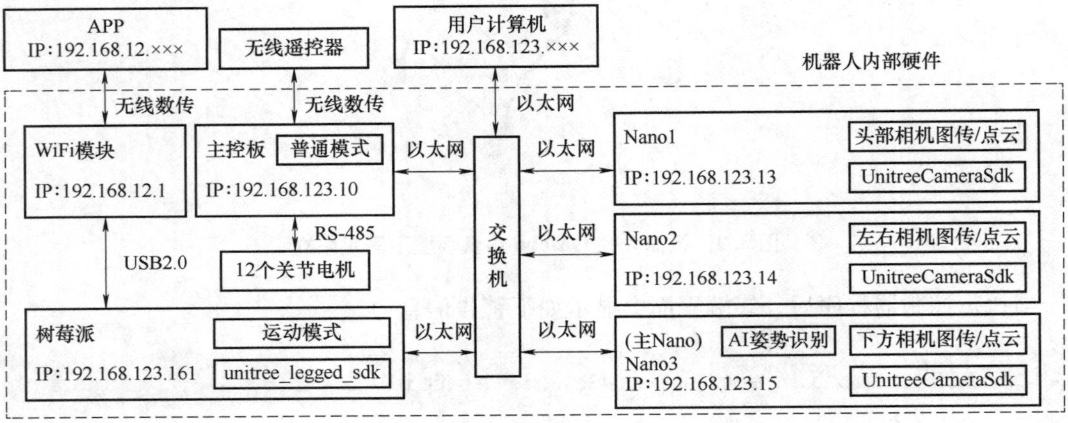

图 3.11 Go1 机器人通信框架

㊀ 标准版配备的为树莓派，探索版为 TX2。

3.6.2　机器人的控制程序

以 A1 机器人的运动模式为例，介绍机器人的控制程序是如何控制机器人的。由图 3.10 可知，机器人的运动模式程序在 UP Board 上运行，但是 UP Board 与关节电机之间没有 RS-485 通信相连，所以不能将运动模式计算得到的关节命令直接发送给电机。这就需要在 UP Board 和主控板之间使用交换机来建立以太网通信，再使用 unitree_legged_sdk 库将关节命令从 UP Board 发送给主控板，主控板就可以把命令通过 RS-485 分发给各个电机，然后将各个电机的当前状态以及无线遥控器的命令返回 UP Board。

为了测试本章介绍的控制程序，一种可行的方法是将代码复制到 UP Board 上，再编译运行。但是这个流程比较烦琐，不利于频繁修改调试代码。另一种更好的方法就是将用户计算机加入到图 3.10 所示的局域网中，直接与主控板通信，发送控制命令。

3.6.3　将用户计算机加入局域网

如图 3.12 所示，A1 机器人的背部开放了许多供用户使用的接口：

① 树莓派或 TX2 的 HDMI 视频输出接口。
② 树莓派或 TX2 的 USB3.0 接口。
③ 树莓派或 TX2 的 USB2.0 接口。
④ 以太网接口。
⑤ 电源输入 24V。
⑥ 电源输入 24V（与⑤等价）。
⑦ 底层串口（不开放使用）。
⑧ 底层串口（不开放使用）。
⑨ 电源输出 5V，2A。
⑩ 电源输出 12V，2A。
⑪ 电源输出 19V，2A。
⑫ 以太网接口（与④等价）。
⑬ UP Board 的 USB2.0 接口。
⑭ UP Board 的 USB3.0 接口。
⑮ UP Board 的 HDMI 视频输出接口。

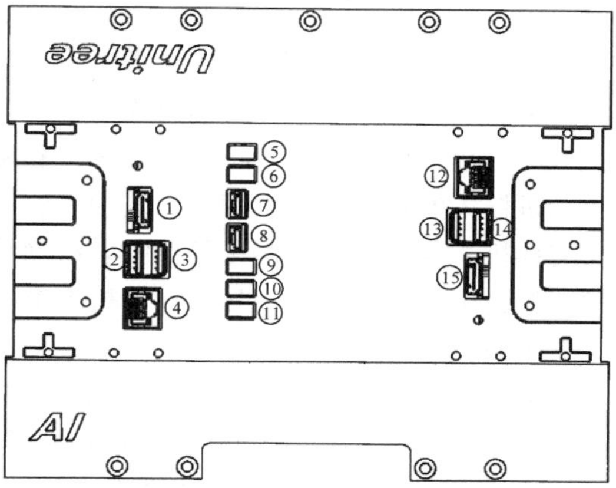

图 3.12　A1 机器人背部接口

同样地，Go1 机器人的背部也开放了一些接口，如图 3.13 所示：

① 以太网接口。
② 树莓派 USB 接口。
③ 树莓派 HDMI 接口。
④ Nano3（主 Nano）USB 接口。
⑤ Nano3（主 Nano）HDMI 接口。
⑥ Nano2 USB 接口。
⑦ Nano2 HDMI 接口。
⑧ 外部拓展机身接口。
⑨ Type-C 接口（不开放使用）。

⑩ Type-C 接口（不开放使用）。

⑪ 电源输入 24V。

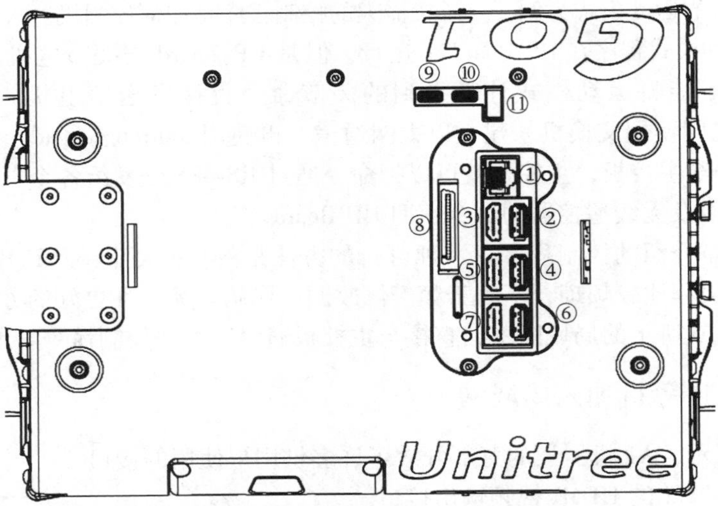

图 3.13　Go1 机器人背部接口

将用户计算机加入局域网分为两步：

第一步，用一根网线将用户计算机和机器人的交换机连接起来。如图 3.12 和图 3.13 所示，机器人的背部有以太网口。其中 A1 机器人有两个以太网口，这两个以太网口都可直接与交换机相连，所以它们是等价的。将网线的一端与机器人背部的任意一个以太网口相连，另一端连接在计算机上。如果计算机上唯一的网口已经被有线网络占用，那么推荐选择一个 USB 千兆网口来连接机器人。

第二步，配置用户计算机网口的 IP 地址。机器人上的局域网属于 123 网段，在当前交换机的网络设置下，局域网内的设备 IP 地址都应是 192. 168. 123. ×××的格式。在配置用户计算机的 IP 地址时，还需要注意不要和机器人上计算机的 IP 地址重复，这里建议将用户计算机的 IP 地址设置为固定的：192. 168. 123. 162。

首先查看当前计算机上网口的设备名。打开一个终端，输入 ifconfig 命令并执行，即可获得类似图 3.14 所示的结果。

```
enx000ec6612921: flags=4099<UP,BROADCAST,MULTICAST>  mtu 1500
        inet 192.168.123.162  netmask 255.255.255.0  broadcast 192.168.123.255
        ether 00:0e:c6:61:29:21  txqueuelen 1000  (Ethernet)
        RX packets 0  bytes 0 (0.0 B)
        RX errors 0  dropped 0  overruns 0  frame 0
        TX packets 0  bytes 0 (0.0 B)
        TX errors 0  dropped 0 overruns 0  carrier 0  collisions 0
```

图 3.14　用 ifconfig 命令查看网口设备名

笔记　运行 ifconfig 命令后，终端可能会提示当前计算机没有安装 ifconfig，此时就需要将计算机连接到互联网，并且按照终端提示信息安装 ifconfig。

ifconfig 命令可以查看当前计算机上所有网口的设备名以及网络设置。以图 3.14 所示的网口为例，应关注以下三个属性：

1）网口的设备名：enx000ec6612921。

2）IP 地址（inet）：192.168.123.162。

3）子网掩码（netmask）：255.255.255.0。

其中不同计算机的网口设备名并不相同，用户以自己计算机上的网口设备名为准。而且 IP 地址和子网掩码的值可能与图 3.14 中不一致，这是正常现象，接下来运行以下命令来配置网口的 IP 地址和子网掩码：

```
sudo ifconfig enx000ec6612921 down
sudo ifconfig enx000ec6612921 up 192.168.123.162 netmask 255.255.255.0
```

注意：命令中的设备名应该替换为用户自己计算机的网口设备名。运行之后再执行 ifconfig 命令查看，应该能看到 IP 地址和子网掩码的值与图 3.14 一致。这样用户计算机即可连入机器人的局域网。

为了让计算机每次开机时都能够自动配置网口的设置，通过修改 Ubuntu 系统下的/etc/network/interfaces 可保持该网口的设置。首先运行如下命令来打开并修改文件：

```
sudo gedit /etc/network/interfaces
```

在 interfaces 文件的末尾添加如下四行命令（注意网口设备名需要替换为用户自己计算机的网口设备名）：

```
auto enx000ec6612921
iface enx000ec6612921 inet static
address 192.168.123.162
netmask 255.255.255.0
```

3.6.4 与网络相关的 Linux 功能

发明计算机网络的初衷就是为了解决多个计算机之间协同工作的问题，机器人上有许多计算机，再加上用户计算机，它们之间的协作就非常依赖网络，在此介绍三个常用的网络相关命令：ping、ssh 和 scp。

1. ping 命令

ping 命令的作用是测试能否与指定 IP 地址之间建立通信，在完成用户计算机的网口设置后，可以使用 ping 命令来测试网络通信是否连通：

```
ping 192.168.123.161
```

如果执行该命令后显示如图 3.15 所示的结果，则说明当前计算机与 IP 地址为 192.168.123.161 的网络设备之间通信成功。

```
bian@bian:~$ ping 192.168.123.161
PING 192.168.123.161 (192.168.123.161) 56(84) bytes of data.
64 bytes from 192.168.123.161: icmp_seq=1 ttl=64 time=1.65 ms
64 bytes from 192.168.123.161: icmp_seq=2 ttl=64 time=1.01 ms
64 bytes from 192.168.123.161: icmp_seq=3 ttl=64 time=0.859 ms
64 bytes from 192.168.123.161: icmp_seq=4 ttl=64 time=0.833 ms
```

图 3.15　用 ping 命令检测网络连通情况

当同时操作机器人上的多台计算机时，有时会非常手忙脚乱，需要反复地插拔显示器的 HDMI 信号线、鼠标键盘的 USB 线，传输文件时也需要将 U 盘插来插去。并且在 Go1 机器人头部的 Jetson nano 没有对外开放的 HDMI 视频输出接口和 USB 接口，这导致无法通过常用的手段来操作这台 Jetson nano。其实机器人上的计算机以及用户计算机已经连在同一个局域网下，那么可不可以利用局域网来操控其他计算机，并且传输文件呢？那自然是可以的，方法就是使用 ssh 命令和 scp 命令。

2. ssh 命令

ssh（Secure Shell，安全外壳协议）命令可以用于远程登录，即在用户计算机上登录机器人上的计算机，然后就可以在用户计算机上编辑机器人计算机上的文件，或者调用命令。下面介绍如何用 ssh 命令远程登录机器人的树莓派、UP Board 和 Jetson nano，以 Go1 机器人为例，首先使用 ping 命令来检测 网络是否能够连接到 Go1 机器人的树莓派上：

```
ping 192.168.123.161
```

确认网络连接正常后，在终端运行以下命令来远程登录：

```
ssh pi@ 192.168.123.161
```

其中，pi 是树莓派的用户名，如图 3.16 所示，运行上述命令后，需要用户输入树莓派的密码，Go1 机器人上树莓派的初始密码是 123，输入密码并回车后，可见用户名变为 pi。这说明已经远程登录到了树莓派上，此时可以在这个终端执行树莓派上的命令，例如运行 ifconfig 来查看树莓派的 IP 地址，或者使用 vim 等基于终端窗口的文本编辑器来编辑代码。在树莓派上操作完成后，在终端输入 exit 并执行，即可退出远程登录回到用户计算机。

```
bian@bian:~$ ssh pi@192.168.123.161
pi@192.168.123.161's password:
Linux raspberrypi 5.4.81-rt45-v8+ #9 SMP PREEMPT_RT Mon Dec 28 00:13:29 PST 2020 aarch64

The programs included with the Debian GNU/Linux system are free software;
the exact distribution terms for each program are described in the
individual files in /usr/share/doc/*/copyright.

Debian GNU/Linux comes with ABSOLUTELY NO WARRANTY, to the extent
permitted by applicable law.
Last login: Fri Sep 10 21:41:33 2021 from 192.168.123.162
pi@raspberrypi:~ $
```

图 3.16　用 ssh 命令远程登录

需要注意的是，Go1 机器人上 Jetson nano 和 A1 机器人上 UP Board 的用户名是 unitree，所以如果想要远程登录到 Go1 机器人头部的 Jetson nano 和 A1 机器人上的 UP Board，就需要执行如下命令：

```
ssh unitree@ 192.168.123.13
```

3. scp 命令

scp（Secure Copy，安全复制）命令可以在多个计算机之间复制文件，使用起来很像 cp 复制命令。例如将 test. txt 发送至 Go1 机器人头部的 Jetson nano，可执行如下命令：

```
scp test.txt unitree@ 192.168.123.13:/home/unitree
```

该命令执行后效果如图 3. 17 所示。

图 3. 17　用 scp 命令发送文件

上述命令中，:/home/unitree 的含义是将 test. txt 文件发送到 Jetson nano 的/home/unitree 文件夹，即默认的 home 文件夹。用户只需 ssh 远程登录到 Go1 机器人头部的 Jetson nano 上，即可看到 test.txt 文件已经发送到 home 文件夹。如果要发送文件夹或多个文件，则可以增加-r 标志：

```
scp -r test/ unitree@ 192.168.123.13:/home/unitree
```

3. 6. 5　将机器人接入互联网

机器人上的计算机应能够连接到互联网，例如需要在机器人的计算机上安装软件时，如果能够连上互联网，那么可以轻松地使用 apt-get 来安装；如果没有互联网，就得寻找合适版本的程序安装包，再复制到机器人的计算机上手动安装。并且在第 11 章中，需要使用 ntpdate 功能来校准机器人的时钟，这也需要连接互联网。所以这里介绍一种简便易行的将机器人接入互联网的方法。

首先应对交换机和路由器有一个大致的了解，可以很简单地认为交换机只能组建局域网，让几台计算机之间互相通信，而路由器能够帮助计算机寻找连入互联网的路径（route），因此路由器可以帮助机器人上的计算机接入互联网。目前绝大多数路由器都包含路由器与交换机 两部分功能，所以一台路由器既可以组建局域网，也可以帮助其局域网内的计算机接入互联网。路由器上负责局域网的网口为 LAN（Local Area Network，局域网）网口，负责接入互联网（广域网）的网口是 WAN（Wide Area Network，广域网）网口。如图 3. 18 所示，将用户计算机和机器人都通过网线连接到路由器的 LAN 网口，这样就能把用户计算机和机器人上所有的计算机组成同一个局域网，它们之间可以互相通信。然后把路由器的 WAN 网口接入上一层网络设备，例如在实验室中，通常会有一台路由器负责整个实验室计算机的网络，此时就可以将路由器的 WAN 网口连到实验室路由器的 LAN 网口。如果是通过调制解调器（modem，简称“猫”）上网，那么需要将路由器的 WAN 网口连到调制解调器上。

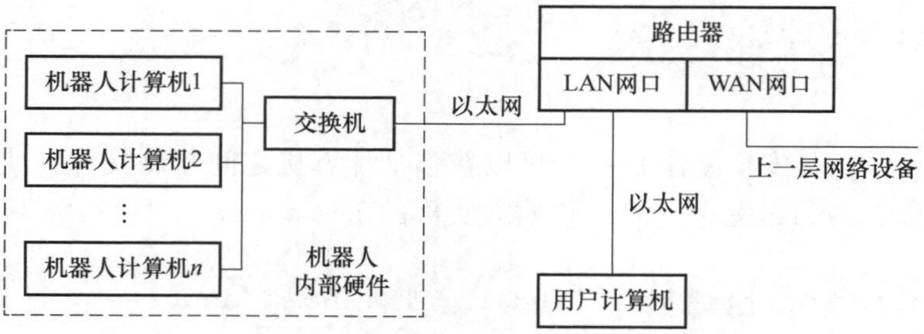

图 3.18　机器人与路由器网络结构

在完成线路连接之后，还需要进行网络的设置。首先是保证局域网的连通，由于机器人以及用户计算机都设置成了固定 IP，所以需要对路由器的 LAN 网口进行配置。在浏览器中打开路由器的设置界面，然后直接在浏览器最上方的地址栏中输入路由器在局域网中的 IP。如果是一台没有配置过的新路由器，那么这个 IP 通常为 192.168.0.1；如果该路由器的 LAN 网口之前已经成功配置为 123 网段，则应该在浏览器中输入 192.168.123.1。

进入路由器的设置界面后，需要修改路由器的 LAN 网口设置。将 LAN 网口的 IP 设置为手动，IP 地址改为 192.168.123.1，子网掩码改为 255.255.255.0。完成修改并保存后，即可使用 ping 命令来检测局域网内部的通信是否正常：

```
ping 192.168.123.1        # 检测能否连接到路由器
ping 192.168.123.161      # 检测能否连接到机器人上的计算机
```

在完成局域网的配置之后，应使路由器能够连接到互联网，这部分的配置取决于用户所在实验室的网络设置。不过对于大部分情况，只需要将 WAN 网口设置为自动获取 IP 地址即可。

如果想要计算机连接到互联网，则需要配置它的网关（gateway）。在此可以简单地认为网关就是路由器在局域网中的 IP 地址，当计算机想要连接互联网时，它就会向网关（即路由器）发送通信请求。所以需要将机器人上计算机的默认网关设置为路由器的 IP 地址，即 192.168.123.1。

用户计算机和机器人上的计算机已连接在同一局域网下，所以可用 ssh 命令远程登录机器人上的计算机。登录之后运行 route 命令查看机器人当前的网关，以 Go1 机器人的树莓派为例，其运行结果如图 3.19 所示。

```
pi@raspberrypi:~ $ route
Kernel IP routing table
Destination     Gateway         Genmask         Flags Metric Ref    Use Iface
default         192.168.123.1   0.0.0.0         UG    202    0        0 eth0
default         192.168.12.1    0.0.0.0         UG    304    0        0 wlan1
192.168.12.0    0.0.0.0         255.255.255.0   U     304    0        0 wlan1
192.168.123.0   0.0.0.0         255.255.255.0   U     202    0        0 eth0
224.0.0.0       0.0.0.0         240.0.0.0       U     0      0        0 lo
```

图 3.19　机器人计算机的网关

图 3.19 中最后一列的 Iface 指的是网口的名称，其中 eth0 就是在 123 网段的以太网口设备名，可以看到它的默认（default）网关是 192.168.123.1，即路由器在局域网中的 IP 地

址。如果默认网关不正确，则可以运行以下命令来修改默认网关：

```
route add default gw 192.168.123.1
```

完成网关的配置后，可以尝试连接互联网下的公网 IP：

```
ping 202.38.64.1            # 中科大 DNS 服务器 IP 地址
```

可见上述的 IP 地址和前面使用的局域网 IP 地址 192.168.123.×××明显不同，这是一个互联网下的公网 IP 地址。如果能顺利地连通这一 地址，则说明已经接入该互联网。下面尝试连接域名：

```
ping www.baidu.com          # 百度域名
```

部分用户可能会发现能够连通公网 IP 地址，但是不能连通域名。这是因为 IP 地址和域名有一定的区别，在网络连接中，IP 地址是关键，只需要确定 IP 地址就能够连接到指定的服务器，打开指定的网页或者下载资源。但是 IP 地址有四组数字，非常不便于记忆，因此为了方便记住网站的 IP 地址，域名应运而生。域名远比 IP 地址好记，可以认为域名是 IP 地址的一个别名，不过路由器等网络设备并不认识域名，它们只认识 IP 地址。为了得到域名对应的 IP 地址，需要求助 DNS（Domain Name System，域名系统）服务器，其作用是将域名翻译成 IP 地址。如果不能连接到 DNS 服务器，就会出现这种能够连通公网 IP 地址，却不能连通域名的情况。此时需要先确认能够连接上哪些 DNS 服务器：

```
ping 202.38.64.1            # 中科大 DNS 服务器
ping 114.114.114.114        # 我国常用 DNS 服务器
ping 8.8.8.8                # Google DNS 服务器
```

通常上述三个 DNS 服务器都可以连通，并且可用的 DNS 服务器有很多，在此只是提供几个例子，用户可自行选择安全免费的 DNS 服务器。在选好能够连通的 DNS 服务器之后，可将其加入网络设置中，首先打开文件：

```
sudo vim /etc/network/interfaces
```

需要注意的是，这里用于文本编辑的程序不再是 gedit，而是 vim。因为通过 ssh 命令远程登录到机器人上的计算机，不能使用 gedit 这种基于窗口的应用程序，而只能使用 vim 这类基于终端命令行的应用程序。vim 的操作逻辑和 gedit 完全不同，如果用户在使用过程中遇到了问题可以搜索相关的 vim 入门教程。下面简单介绍修改 interfaces 文件的操作。

在使用 vim 打开文件后，可以使用上下左右的方向键移动光标位置，将光标移动到文件末尾后，按下键盘上的<o>键即可另起一行并进入输入模式，在 interfaces 文件的末尾输入：

```
dns-nameservers 8.8.8.8
```

其中的 IP 地址就是 Google DNS 服务器的 IP 地址，完成输入之后，按下键盘左上角的<Esc>键就能退出输入模式。退出输入模式后，可以给 vim 输入命令，命令都是以英文冒号开始的，此时可以输入:wq，其中 w 代表 write，即写入保存修改，q 代表退出，输入:wq 并回车之后就能保存并退出 interfaces 文件。

完成编辑之后，只需要重启就可以让 DNS 服务器的配置生效。重启之后再使用 ssh 命令远程登录到该计算机，输入以下命令：

```
cat /etc/resolv.conf
```

其中，cat 的作用是显示文件内容，运行后可见新增的 DNS 服务器 IP 地址已加入，这样机器人上的计算机就能够连通域名。后续如果出现能够连通公网 IP 地址却无法打开网页的情况，用户可以先尝试更换 DNS 服务器。

3.6.6 将代码切换为真实机器人模式

打开 CMakeLists.txt 文件，将其中的 SIMULATION 改为 OFF，REAL_ROBOT 改为 ON，这样就不会定义 COMPILE_WITH_SIMULATION 宏，而是定义 COMPILE_WITH_REAL_ROBOT 宏。打开 src/main.cpp 文件可见，通过改变宏的定义，控制程序的输入输出接口 ioInter 从一个面向 ROS 中 Gazebo 仿真的 IOROS 类改为一个面向真实机器人通信的 IOSDK 类。之所以能这么简单地切换，归功于 3.2.3 节介绍的动态绑定。在完成修改后，只需要重新使用 catkin_make 编译即可。

首先关闭所有和 ROS 有关的程序，如 Gazebo 仿真和控制程序，然后用网线连接计算机与机器人，再将机器人开机。需要注意的是，在本书的实践中，推荐使用电池为机器人供电。因为在机器人剧烈运动时，外接电源可能无法满足机器人的需求。待机器人开机自动站立后，打开一个终端，直接运行和 Gazebo 仿真时相同的启动命令：

```
rosrun unitree_guide junior_ctrl
```

这时机器人就会和仿真中一样，首先进入默认的阻尼模式状态，缓慢趴下。

笔记 需要注意的是，虽然使用 rosrun 命令启动控制程序，但是此时的控制程序中已经不包含任何与 ROS 相关的内容。rosrun 只是根据之前保存的路径打开控制程序的可执行文件而已。

这时可以打开机器人的遥控器手柄，待手柄上的数传信号灯变为常亮时，即可使用遥控器来控制机器人。首先按下<L2+A>组合键，机器人将切入到固定站立模式，逐渐站立起来。同时也可以按下<L2+B>组合键进入阻尼模式，让机器人缓慢趴下，机器人可以在这两个状态之间反复切换。

至此，已经完成了有限状态机五个状态中的两个，即阻尼模式和固定站立模式，并且成功地让它们在仿真环境和真实机器人上运行。后续章节会完成剩下的模式，让机器人可以改变姿态并且行走，不过在这之前，需要先补充一些理论知识。

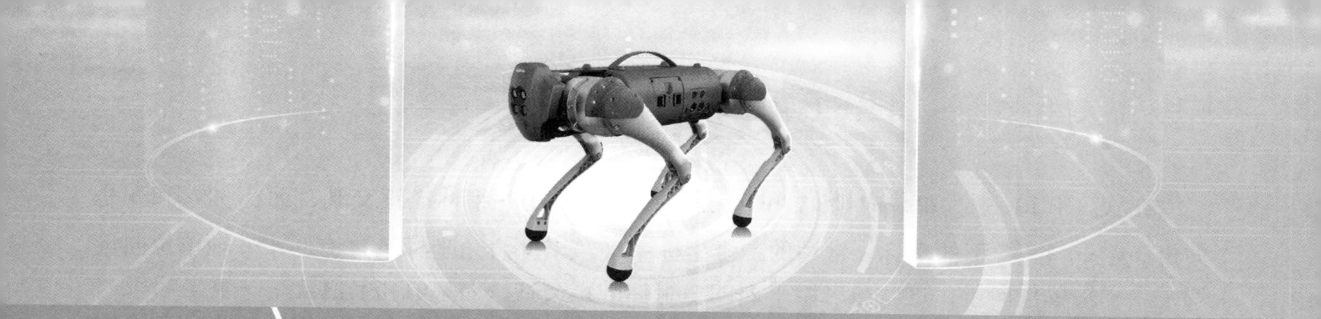

第 4 章 刚体运动学

刚体是形状与大小始终不变的物体，即“不会变形的物体”。在四足机器人的研究中，一般将机器人的大腿、小腿和躯干都视为刚体，因此需要研究刚体的运动学。

4.1 二维平面旋转矩阵

如图 4.1 所示，$\{s\}$ 和 $\{b\}$ 分别为固定的世界坐标系和跟随三角形构件转动的局部坐标系。在初始状态，坐标系 $\{s\}$ 和 $\{b\}$ 重合，此时已知三角形构件上 P_0 点在坐标系 $\{s\}$ 中的坐标为 (x_b, y_b)。将三角形构件沿逆时针方向旋转 θ 后，点 P_0 移动到了点 P，那么如何计算点 P 在坐标系 $\{s\}$ 的坐标 (x_s, y_s) 呢？要解决这个问题，就需要运用二维平面的旋转矩阵。

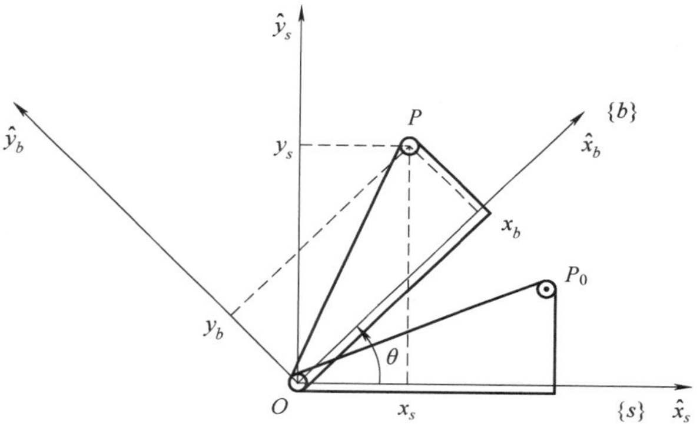

图 4.1 坐标系的平面旋转

什么是矩阵？表面看，矩阵就是堆成方形的一群数字，还能够做一些奇怪的计算。但从几何的角度审视矩阵，应记住这样一句话：“**矩阵就是坐标变换。**”在一个坐标系中的所有操作都是坐标变换，如平移一个点，旋转一个物体，甚至缩放，而矩阵可以很好地描述这些坐标变换。

4.1.1 标准正交基与坐标

此处我们可以先回忆一下线性代数中的标准正交基与坐标。在二维平面中，如图 4.2 所示，任意两个互相垂直的单位向量 $\hat{w}_1$ 和 $\hat{w}_2$ 都可以用来描述任意二维向量 v，即

$$v = a\hat{w}_1 + b\hat{w}_2 \tag{4.1}$$

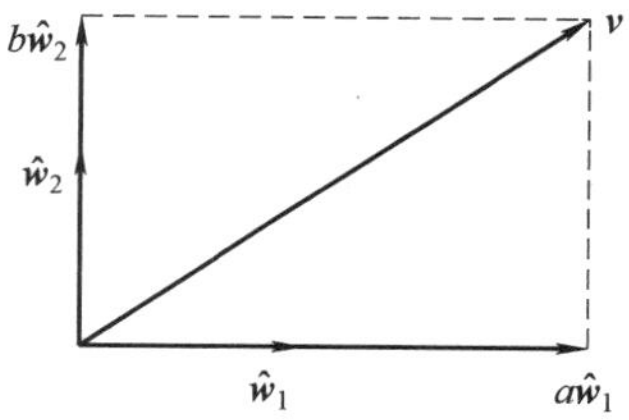

图 4.2 标准正交基与坐标

笔记 本书中，如果没有特殊说明，则加粗大写字母代表矩阵，加粗小写字母代表向量，同时^代表单位向量。

在式（4.1）中，单位向量 $\hat{w}_1$ 和 $\hat{w}_2$ 是二维平面中的一组标准正交基，而标量 a 和 b 是向量 v 在 $\hat{w}_1$ 和 $\hat{w}_2$ 下的坐标。常用的二维坐标系（笛卡儿直角坐标系）有一个 x 轴单位向量和一个 y 轴单位向量，这就是二维平面的一组标准正交基，而 x 值和 y 值就是一组坐标。

在二维平面中，标准正交基并不唯一，坐标系也不是唯一的。例如在图 4.1 中，可以定义世界坐标系 $\{s\}$ 与局部坐标系 $\{b\}$。世界坐标系 $\{s\}$ 是固定不动的惯性系[⊖]，而局部坐标系 $\{b\}$ 固定在三角形构件上，跟随三角形构件一起转动。其中 $\hat{x}_s$ 与 $\hat{y}_s$ 分别是坐标系 $\{s\}$ 的 x 轴单位向量与 y 轴单位向量，$\hat{x}_b$ 与 $\hat{y}_b$ 分别是坐标系 $\{b\}$ 的 x 轴单位向量与 y 轴单位向量。

因为局部坐标系 $\{b\}$ 相对三角形构件静止，所以点 P 在局部坐标系 $\{b\}$ 中的坐标始终是常数 (x_b, y_b)。那么如何计算点 P 在世界坐标系 $\{s\}$ 中的坐标 (x_s, y_s) 呢?

4.1.2 坐标系之间的坐标变换

在图 4.1 中，首先分别使用世界坐标系 $\{s\}$ 与局部坐标系 $\{b\}$ 这两个坐标系的标准正交基来描述向量 $\overrightarrow{OP}$：

$$\overrightarrow{OP} = x_s \cdot \hat{\boldsymbol{x}}_s + y_s \cdot \hat{\boldsymbol{y}}_s = x_b \cdot \hat{\boldsymbol{x}}_b + y_b \cdot \hat{\boldsymbol{y}}_b \tag{4.2}$$

式中，$\hat{\boldsymbol{x}}_s$ 和 $\hat{\boldsymbol{y}}_s$ 分别代表世界坐标系 $\{s\}$ 下 x、y 方向的单位向量；x_s 和 y_s 分别代表向量 $\overrightarrow{OP}$ 在世界坐标系 $\{s\}$ 中的坐标。同理，$\hat{\boldsymbol{x}}_b$、$\hat{\boldsymbol{y}}_b$ 和 x_b、y_b 分别代表局部坐标系 $\{b\}$ 下的对应物理量。将式（4.2）整理成向量点乘的格式，得

$$\overrightarrow{OP} = [\hat{\boldsymbol{x}}_s \quad \hat{\boldsymbol{y}}_s] \cdot \begin{bmatrix} x_s \\ y_s \end{bmatrix} = [\hat{\boldsymbol{x}}_b \quad \hat{\boldsymbol{y}}_b] \cdot \begin{bmatrix} x_b \\ y_b \end{bmatrix} \tag{4.3}$$

对于世界坐标系 $\{s\}$，有

$$\hat{\boldsymbol{x}}_s = \begin{bmatrix} 1 \\ 0 \end{bmatrix}, \hat{\boldsymbol{y}}_s = \begin{bmatrix} 0 \\ 1 \end{bmatrix}, [\hat{\boldsymbol{x}}_s \quad \hat{\boldsymbol{y}}_s] = \boldsymbol{I} \tag{4.4}$$

$\boldsymbol{I}$ 为 2×2 单位矩阵。因此式（4.3）可化简为

$$\begin{bmatrix} x_s \\ y_s \end{bmatrix} = [\hat{\boldsymbol{x}}_b \quad \hat{\boldsymbol{y}}_b] \cdot \begin{bmatrix} x_b \\ y_b \end{bmatrix} = \boldsymbol{R}_{sb} \cdot \begin{bmatrix} x_b \\ y_b \end{bmatrix} \tag{4.5}$$

由式（4.5）可见，通过左乘 $\boldsymbol{R}_{sb}$ 矩阵可以将局部坐标系 $\{b\}$ 中的坐标变换到世界坐标系 $\{s\}$ 中，可以认为是把第二个下标 b 对应的坐标系 $\{b\}$ 中的坐标向量变换为第一个下标坐标系 $\{s\}$ 中的坐标向量。从图 4.1 中的几何角度来看，可以认为左乘 $\boldsymbol{R}_{sb}$ 矩阵是把三角形构件沿正方向（即逆时针）旋转了 θ，所以 $\boldsymbol{R}_{sb}$ 被称为旋转矩阵。

现在已经可以解决本节开始的那个问题，即三角形构件旋转 θ 角度后，如何计算三角形构件上点 P 在坐标系 $\{s\}$ 的坐标。其方法是计算旋转矩阵 $\boldsymbol{R}_{sb}$，然后对原来点 P 的坐标左乘旋转矩阵 $\boldsymbol{R}_{sb}$。由图 4.1 可见，向量 $\hat{\boldsymbol{x}}_b$ 与 $\hat{\boldsymbol{y}}_b$ 在世界坐标系 $\{s\}$ 的坐标分别为

$$\hat{\boldsymbol{x}}_b = \begin{bmatrix} \cos\theta \\ \sin\theta \end{bmatrix}, \hat{\boldsymbol{y}}_b = \begin{bmatrix} -\sin\theta \\ \cos\theta \end{bmatrix} \tag{4.6}$$

⊖ 本书中，只考虑在地球表面低速运动的机器人，所以惯性系默认选择为固定于地面的坐标系。

所以二维平面中的旋转矩阵 $\boldsymbol{R}_{sb}$ 为

$$\boldsymbol{R}_{sb}=\begin{bmatrix}\cos\theta & -\sin\theta\\ \sin\theta & \cos\theta\end{bmatrix} \tag{4.7}$$

4.2 三维空间旋转矩阵

在式（4.5）中，对于二维平面中的旋转矩阵，可认为是把局部坐标系{b}的 x 轴和 y 轴在世界坐标系{s}中的坐标列向量分别列在矩阵的第一列和第二列。同理，三维空间中的旋转矩阵也是把局部坐标系{b}的 x 轴、y 轴和 z 轴的单位向量 $\hat{\boldsymbol{x}}_b$、$\hat{\boldsymbol{y}}_b$ 和 $\hat{\boldsymbol{z}}_b$ 分别列在矩阵的第一列、第二列和第三列。所以三维空间中的旋转矩阵是一个 3×3 矩阵：

$$\boldsymbol{R}_{sb}=[\hat{\boldsymbol{x}}_b \quad \hat{\boldsymbol{y}}_b \quad \hat{\boldsymbol{z}}_b] \tag{4.8}$$

4.2.1 关于坐标轴的三维空间旋转矩阵

本书中的坐标系都是右手系[⊖]，其旋转的正方向也满足右手定则。例如在图 4.3 中，将右手大拇指指向 x 轴正方向，那么四指握拳旋转方向就是绕 x 轴旋转的正方向，y 轴和 z 轴同理。

以关于 x 轴旋转为例，在图 4.4a 中，x 轴垂直纸面向外，坐标系绕 x 轴旋转 θ 角度，可见 y 轴、z 轴的单位向量 $\hat{\boldsymbol{y}}$、$\hat{\boldsymbol{z}}$ 分别旋转到了 $\hat{\boldsymbol{y}}'$、$\hat{\boldsymbol{z}}'$，x 轴的单位向量 $\hat{\boldsymbol{x}}$ 保持不变。

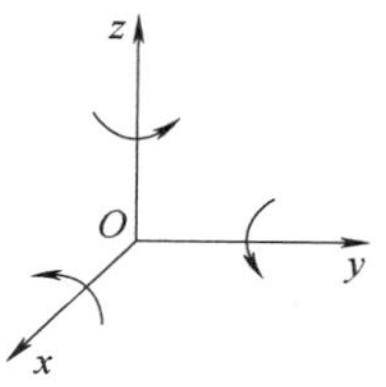

图 4.3 右手系旋转正方向

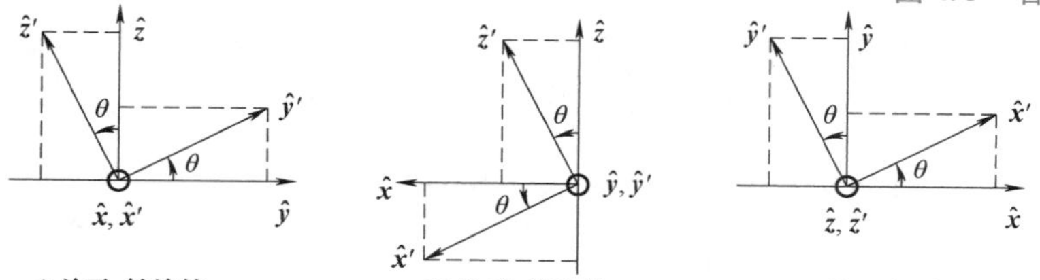

a) 关于x轴旋转 b) 关于y轴旋转 c) 关于z轴旋转

图 4.4 关于 x、y、z 轴旋转

根据式（4.8），绕 x 轴旋转 θ 角度的旋转矩阵 $\boldsymbol{R}_x(\theta)$ 为

$$\boldsymbol{R}_x(\theta)=[\hat{\boldsymbol{x}}' \quad \hat{\boldsymbol{y}}' \quad \hat{\boldsymbol{z}}']=\begin{bmatrix}1 & 0 & 0\\ 0 & \cos\theta & -\sin\theta\\ 0 & \sin\theta & \cos\theta\end{bmatrix} \tag{4.9}$$

由于 $\hat{\boldsymbol{x}}'$ 仍然与 x 轴重合，所以 $\hat{\boldsymbol{x}}'=[1 \quad 0 \quad 0]^{\mathrm{T}}$。对于 $\hat{\boldsymbol{y}}'$ 和 $\hat{\boldsymbol{z}}'$，绕 x 轴转动之后仍然在 yz 平面中，因此 $\hat{\boldsymbol{y}}'$ 和 $\hat{\boldsymbol{z}}'$ 向量的 x 值仍然为 0。至于 $\hat{\boldsymbol{y}}'$ 和 $\hat{\boldsymbol{z}}'$ 的 y 值和 z 值，可以在图 4.4 中简单地读取得到，方法和式（4.6）中计算二维平面旋转矩阵相同。

⊖ 所谓右手系，即首先将右手四指伸向 x 轴方向，然后握拳指向 y 方向，此时大拇指指向的就是 z 轴方向，即 z 轴方向与向量叉乘 $\boldsymbol{x}\times\boldsymbol{y}$ 一致。

$$R_y(\theta)=\begin{bmatrix}\cos\theta & 0 & \sin\theta\\ 0 & 1 & 0\\ -\sin\theta & 0 & \cos\theta\end{bmatrix},\ R_z(\theta)=\begin{bmatrix}\cos\theta & -\sin\theta & 0\\ \sin\theta & \cos\theta & 0\\ 0 & 0 & 1\end{bmatrix} \tag{4.10}$$

4.2.2 三维空间中旋转矩阵的性质

1. 正交性

由式（4.8）可见，旋转矩阵 $\boldsymbol{R}_{sb}$ 的三个列向量是一组标准正交基，所以矩阵 $\boldsymbol{R}_{sb}$ 的每一个列向量都是单位向量，并且互相正交。因此旋转矩阵 $\boldsymbol{R}_{sb}$ 是一个正交矩阵，即具有正交性。

矩阵的正交性是一个非常有用的性质，也是其他各个性质的基础。

2. 行列式

三维空间正交矩阵的行列式为±1，而在规定的右手系下，三维空间正交矩阵的行列式恒等于1：

$$\det(\boldsymbol{R}_{sb})=1 \tag{4.11}$$

式中，det 代表对矩阵求行列式。从几何角度来看，矩阵行列式有一个很直观的几何意义。以三维空间为例，3×3 矩阵 $\boldsymbol{A}$ 描述了一个三维空间中的坐标变换，那么矩阵 $\boldsymbol{A}$ 的行列式 $\det(\boldsymbol{A})$ 就是三维空间中立方体体积的缩放比例。

关于这个性质不做严格证明，这里仅举一个简单例子，以便于理解。如图 4.5 所示，在三维空间中有一个边长为 1 的正方体（图中虚线），体积为 1。假设矩阵 $\boldsymbol{A}$ 使这个正方体的边长缩小为原来的三分之一，那么正方体的体积变为$\frac{1}{27}$，缩放系数为$\frac{1}{27}$。

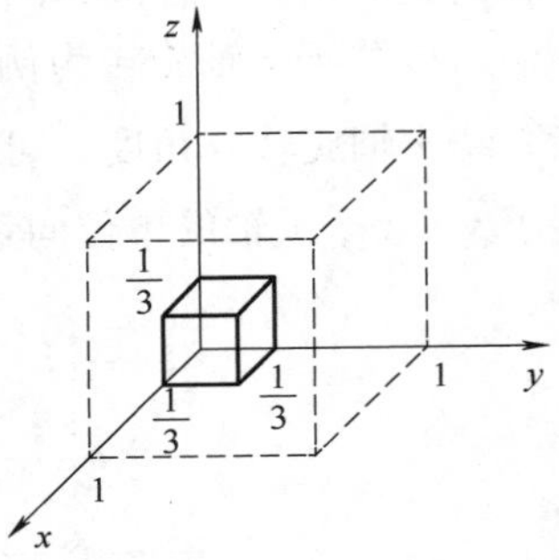

图 4.5 坐标变换中的缩放

将正方体的边长缩小为原来的三分之一，可以认为是把 x 轴的单位向量 $[1\quad 0\quad 0]^{\mathrm{T}}$ 变为原长度的三分之一，即 $\begin{bmatrix}\frac{1}{3} & 0 & 0\end{bmatrix}^{\mathrm{T}}$，对于 y 轴和 z 轴同理。根据式（4.8），可得

$$\boldsymbol{A}=\begin{bmatrix}\frac{1}{3} & 0 & 0\\ 0 & \frac{1}{3} & 0\\ 0 & 0 & \frac{1}{3}\end{bmatrix},\ \det(\boldsymbol{A})=\frac{1}{27} \tag{4.12}$$

可见矩阵 $\boldsymbol{A}$ 的行列式 $\det(\boldsymbol{A})$ 确实等于立方体体积的缩放系数，即缩小为原来的$\frac{1}{27}$。

前面所说的旋转矩阵行列式恒等于 1，其背后有一个很重要的性质：旋转矩阵不会缩放物体。

笔记　行列式 $\det(\boldsymbol{A})$ 恒等于 1，只能说明旋转矩阵不会缩放物体的体积。若要严格地证明旋转矩阵对物体的各个方向都没有缩放，则需要对旋转矩阵的特征值和特征向量进行分析，有兴趣的读者可以查阅线性代数相关书籍。

3. 可逆性

当一个矩阵存在逆矩阵时，则说明这个矩阵具有可逆性。从几何的角度来说，如果旋转矩阵 $\boldsymbol{R}_{sb}$ 的作用是将坐标系沿逆时针方向旋转 θ 角度，那么它的逆矩阵 $\boldsymbol{R}_{sb}^{-1}$ 的作用就是将坐标系沿反方向转回去，即沿顺时针方向旋转 θ 角度。显然这个“转回去”的矩阵是存在的，因此可以说旋转矩阵都是可逆的。

另外，也可以从坐标变换的角度来理解旋转矩阵的逆矩阵。例如在式（4.5）中，可以认为左乘旋转矩阵 $\boldsymbol{R}_{sb}$ 会将坐标系 $\{b\}$ 中的坐标变换到坐标系 $\{s\}$ 中，那么旋转矩阵 $\boldsymbol{R}_{sb}$ 的逆矩阵自然就是将坐标系 $\{s\}$ 中的坐标变换到坐标系 $\{b\}$ 中：

$$\boldsymbol{R}_{sb}^{-1}=\boldsymbol{R}_{bs} \tag{4.13}$$

从比较严谨的数学角度分析，旋转矩阵的行列式恒等于 1，因为行列式不等于 0，所以旋转矩阵可逆。旋转矩阵作为一种正交矩阵，其最大的便利之处在于它的逆矩阵等于转置矩阵：

$$\boldsymbol{R}_{sb}^{-1}=\boldsymbol{R}_{sb}^{\mathrm{T}} \tag{4.14}$$

在计算机上计算逆矩阵非常消耗计算量，并且有可能出错。因此一定要记住旋转矩阵的逆矩阵等于转置矩阵，不要使用数学工具中的矩阵求逆函数来求旋转矩阵的逆矩阵。

4. 封闭性

所谓封闭性，就是说旋转矩阵乘旋转矩阵，结果还是一个旋转矩阵。

在图 4.6 中，空间中固定点 P 在坐标系 $\{s\}$、$\{a\}$ 和 $\{b\}$ 中的坐标分别为 $\boldsymbol{p}_s$、$\boldsymbol{p}_a$ 和 $\boldsymbol{p}_b$。

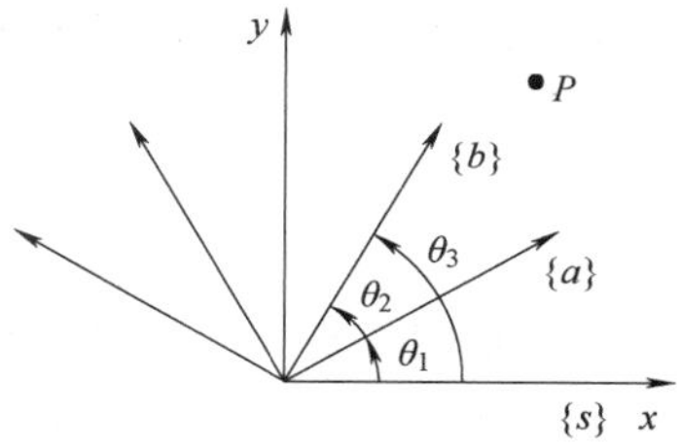

图 4.6　旋转矩阵的分步旋转

由式（4.5），可得如下等式关系：

$$\boldsymbol{p}_a=\boldsymbol{R}_{ab}\cdot\boldsymbol{p}_b \tag{4.15}$$

$$\boldsymbol{p}_s=\boldsymbol{R}_{sa}\cdot\boldsymbol{p}_a \tag{4.16}$$

$$\boldsymbol{p}_s=\boldsymbol{R}_{sb}\cdot\boldsymbol{p}_b \tag{4.17}$$

将式（4.15）代入式（4.16）可得

$$\boldsymbol{p}_s=\boldsymbol{R}_{sa}\cdot\boldsymbol{R}_{ab}\cdot\boldsymbol{p}_b \tag{4.18}$$

因为点 P 是任意的，所以将式（4.17）和式（4.18）比较可得

$$\boldsymbol{R}_{sb}=\boldsymbol{R}_{sa}\cdot\boldsymbol{R}_{ab} \tag{4.19}$$

由这个例子可见，旋转矩阵的乘积还是旋转矩阵。

这里发现一个辅助记忆公式的规律：下标消去原则。所谓下标消去，就是当两个旋转矩阵相乘时，如果第一个矩阵的第二个下标和第二个矩阵的第一个下标一致，则这两个相同的下标可以消去。例如式（4.19）中：

$$\boldsymbol{R}_{sa}\cdot\boldsymbol{R}_{ab}=\boldsymbol{R}_{s\not{a}}\cdot\boldsymbol{R}_{\not{a}b}=\boldsymbol{R}_{sb} \tag{4.20}$$

从几何的角度分析，下标消去原则更加直观。例如式（4.20）的等式右侧 $\boldsymbol{R}_{sb}$，其作用是把坐标系 $\{b\}$ 中的坐标变换到坐标系 $\{s\}$ 中。如果从右向左依次计算乘法，则式（4.19）的等式右侧的含义是，首先将坐标系 $\{b\}$ 中的坐标变换到坐标系 $\{a\}$ 中，再从坐标系 $\{a\}$ 变换到坐标系 $\{s\}$。可见坐标系 $\{a\}$ 只是起了一个中转的作用，并不影响结果，所以可以消去。

除了旋转矩阵相乘时可以进行下标消去，在旋转矩阵与坐标向量相乘时也可以进行下标消去，例如：

$$\boldsymbol{R}_{sb} \cdot \boldsymbol{p}_b = \boldsymbol{R}_{s\not{b}} \cdot \boldsymbol{p}_{\not{b}} = \boldsymbol{p}_s \tag{4.21}$$

5. 满足结合律但不满足交换律

三维空间的旋转矩阵满足结合律，即

$$(\boldsymbol{R}_{ab} \cdot \boldsymbol{R}_{bc}) \cdot \boldsymbol{R}_{cd} = \boldsymbol{R}_{ab} \cdot (\boldsymbol{R}_{bc} \cdot \boldsymbol{R}_{cd}) = \boldsymbol{R}_{ad} \tag{4.22}$$

但是三维空间的旋转矩阵往往不满足交换律：

$$\boldsymbol{R}_{ac} = \boldsymbol{R}_{ab} \cdot \boldsymbol{R}_{bc} \neq \boldsymbol{R}_{bc} \cdot \boldsymbol{R}_{ab} \tag{4.23}$$

有趣的是，上述两条性质可以用下标消去原则来“证明”，读者可以用这种方法来辅助记忆。

4.3 绕任意转轴的旋转矩阵与指数坐标

在学习旋转矩阵之前，对物体旋转的描述通常为绕某个轴旋转多少角度，人们称其为轴-角表示法。那么可以计算轴-角表示法对应的旋转矩阵吗？或者反过来说，可以将一个旋转矩阵用轴-角表示法来描述吗？答案是肯定的，为此我们引出旋转矩阵的指数坐标。

4.3.1 向量积及其矩阵形式

向量积又称为外积、叉积，计算向量积的运算称为叉乘，用运算符“×”表示，这是在三维空间中进行几何计算的必备工具。对于向量 $\boldsymbol{a}$ 与向量 $\boldsymbol{b}$，假设它们的夹角为 θ，则它们的向量积 $\boldsymbol{c}$ 有如下定义：

$$\begin{cases} \boldsymbol{c} = \boldsymbol{a} \times \boldsymbol{b} \\ |\boldsymbol{c}| = |\boldsymbol{a}||\boldsymbol{b}|\sin\theta \end{cases} \tag{4.24}$$

并且向量积 $\boldsymbol{c}$ 与向量 $\boldsymbol{a}$ 和 $\boldsymbol{b}$ 所在平面垂直，方向由右手定则决定。如图 4.7 所示，将右手四指指向 $\boldsymbol{a}$ 方向，向 $\boldsymbol{b}$ 方向握拳，则大拇指方向即为向量积 $\boldsymbol{c}$ 的方向。根据右手定则，很容易得到式（4.25），即向量积的反交换律。

$$\boldsymbol{a} \times \boldsymbol{b} = -\boldsymbol{b} \times \boldsymbol{a} \tag{4.25}$$

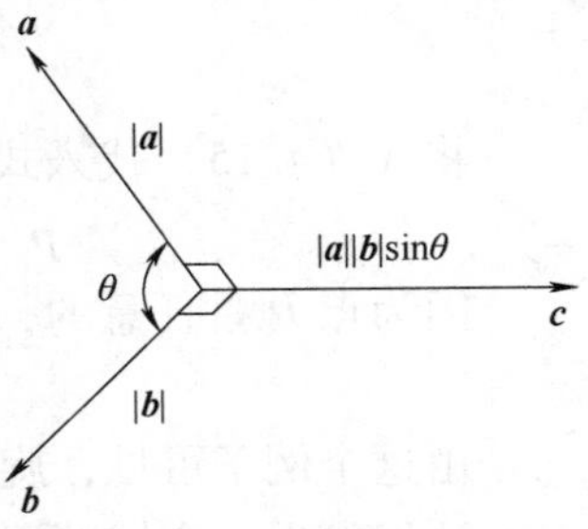

图 4.7　向量积的方向

有趣的是，因为向量积本身也是一个向量，所以可以从旋转拉伸向量的角度来看待叉乘运算。例如叉乘运算 $\boldsymbol{c} = \boldsymbol{a} \times \boldsymbol{b}$，可将 $\boldsymbol{a}\times$ 视为一个运算符，其效果是将向量 $\boldsymbol{b}$ 旋转拉伸为向量 $\boldsymbol{c}$。这就意味着可以通过左乘一个矩阵来表示 $\boldsymbol{a}\times$ 运算。

在右手系中，设 x、y、z 轴上的单位向量为 $\boldsymbol{i}$、$\boldsymbol{j}$、$\boldsymbol{k}$，那么根据式（4.24）和向量积的定义，有

$$\begin{cases} \boldsymbol{i} \times \boldsymbol{j} = \boldsymbol{k} \\ \boldsymbol{j} \times \boldsymbol{k} = \boldsymbol{i} \\ \boldsymbol{k} \times \boldsymbol{i} = \boldsymbol{j} \end{cases} \tag{4.26}$$

根据反交换律，有

$$\begin{cases} \boldsymbol{j} \times \boldsymbol{i} = -\boldsymbol{k} \\ \boldsymbol{k} \times \boldsymbol{j} = -\boldsymbol{i} \\ \boldsymbol{i} \times \boldsymbol{k} = -\boldsymbol{j} \end{cases} \tag{4.27}$$

并且由于向量与自身的夹角为 0，根据式（4.24）可得

$$\boldsymbol{i}\times\boldsymbol{i}=\boldsymbol{j}\times\boldsymbol{j}=\boldsymbol{k}\times\boldsymbol{k}=\boldsymbol{0} \tag{4.28}$$

向量 $\boldsymbol{a}$ 和 $\boldsymbol{b}$ 可以表示为

$$\begin{cases}\boldsymbol{a}=a_x\boldsymbol{i}+a_y\boldsymbol{j}+a_z\boldsymbol{k}\\ \boldsymbol{b}=b_x\boldsymbol{i}+b_y\boldsymbol{j}+b_z\boldsymbol{k}\end{cases} \tag{4.29}$$

所以向量积 $\boldsymbol{a}\times\boldsymbol{b}$ 为

$$\begin{aligned}\boldsymbol{a}\times\boldsymbol{b}&=(a_x\boldsymbol{i}+a_y\boldsymbol{j}+a_z\boldsymbol{k})\times(b_x\boldsymbol{i}+b_y\boldsymbol{j}+b_z\boldsymbol{k})\\&=a_xb_x(\boldsymbol{i}\times\boldsymbol{i})+a_zb_y(\boldsymbol{k}\times\boldsymbol{j})+a_yb_z(\boldsymbol{j}\times\boldsymbol{k})+\\&\quad a_zb_x(\boldsymbol{k}\times\boldsymbol{i})+a_yb_y(\boldsymbol{j}\times\boldsymbol{j})+a_xb_z(\boldsymbol{i}\times\boldsymbol{k})+\\&\quad a_yb_x(\boldsymbol{j}\times\boldsymbol{i})+a_xb_y(\boldsymbol{i}\times\boldsymbol{j})+a_zb_z(\boldsymbol{k}\times\boldsymbol{k})\end{aligned} \tag{4.30}$$

代入式（4.26）、式（4.27）和式（4.28）后可得

$$\begin{aligned}\boldsymbol{a}\times\boldsymbol{b}=&a_xb_x(\boldsymbol{0})+a_zb_y(-\boldsymbol{i})+a_yb_z(\boldsymbol{i})+\\&a_zb_x(\boldsymbol{j})+a_yb_y(\boldsymbol{0})+a_xb_z(-\boldsymbol{j})+\\&a_yb_x(-\boldsymbol{k})+a_xb_y(\boldsymbol{k})+a_zb_z(\boldsymbol{0})\end{aligned} \tag{4.31}$$

由于 $\boldsymbol{i}$、$\boldsymbol{j}$、$\boldsymbol{k}$ 分别为坐标系 x、y、z 轴上的单位向量，所以可以将 $\boldsymbol{a}\times\boldsymbol{b}$ 写成三维向量，进而能够整理成矩阵与向量乘积的形式：

$$\begin{aligned}\boldsymbol{a}\times\boldsymbol{b}&=\begin{bmatrix}0\cdot b_x+(-a_z)\cdot b_y+a_y\cdot b_z\\ a_z\cdot b_x+0\cdot b_y+(-a_x)\cdot b_z\\ (-a_y)\cdot b_x+a_x\cdot b_y+0\cdot b_z\end{bmatrix}\\&=\begin{bmatrix}0&-a_z&a_y\\a_z&0&-a_x\\-a_y&a_x&0\end{bmatrix}\cdot\boldsymbol{b}\\&=[\boldsymbol{a}]_\times\cdot\boldsymbol{b}\end{aligned} \tag{4.32}$$

由式（4.32）可知，可用矩阵 $[\boldsymbol{a}]_\times$来表示叉乘运算 $\boldsymbol{a}\times$，同时矩阵 $[\boldsymbol{a}]_\times$是一个反对称矩阵，即

$$[\boldsymbol{a}]_\times=-[\boldsymbol{a}]_\times^{\mathrm{T}} \tag{4.33}$$

这里可以把向量积的一些性质表达成矩阵与向量运算的形式，例如式（4.25）中的叉乘反交换律：

$$[\boldsymbol{a}]_\times\boldsymbol{b}=-[\boldsymbol{b}]_\times\boldsymbol{a} \tag{4.34}$$

还有就是第 6 章将会用到的二重向量积展开法则：

$$\boldsymbol{a}\times(\boldsymbol{b}\times\boldsymbol{c})=(\boldsymbol{a}\cdot\boldsymbol{c})\boldsymbol{b}-(\boldsymbol{a}\cdot\boldsymbol{b})\boldsymbol{c} \tag{4.35}$$

式中，$\boldsymbol{a}\cdot\boldsymbol{c}$ 代表向量 $\boldsymbol{a}$ 与向量 $\boldsymbol{c}$ 的内积，又称为点积，运算符“·”即为点乘运算。两个向量的点积是一个标量，这就是为什么要将其放在括号内优先计算。已知向量的点积计算公式为 $\boldsymbol{a}\cdot\boldsymbol{b}=\boldsymbol{a}^{\mathrm{T}}\boldsymbol{b}=\boldsymbol{b}^{\mathrm{T}}\boldsymbol{a}$，那么用矩阵与向量可以表示为

$$[\boldsymbol{a}]_\times[\boldsymbol{b}]_\times\boldsymbol{c}=(\boldsymbol{a}^{\mathrm{T}}\boldsymbol{c})\boldsymbol{b}-(\boldsymbol{a}^{\mathrm{T}}\boldsymbol{b})\boldsymbol{c} \tag{4.36}$$

4.3.2 绕转轴旋转的线速度

如图 4.8 所示，点 P 正在绕经过原点的单位向量 $\hat{\boldsymbol{\omega}}$ 以角速度 $\dot{\alpha}$ 旋转，且 P 点在单位向

量 $\hat{\boldsymbol{\omega}}$ 上的投影为 A 点。所以点 P 会绕着点 A，在垂直于单位向量 $\hat{\boldsymbol{\omega}}$ 的平面中做半径为 $|AP|$ 的圆周运动。

因此，点 P 的移动速度大小 $|\boldsymbol{v}_\omega|$ 为

$$|\boldsymbol{v}_\omega| = \dot{\alpha}\cdot|AP| = |\dot{\alpha}\hat{\boldsymbol{\omega}}|\cdot|OP|\cdot\sin\angle AOP \tag{4.37}$$

定义点 P 的旋转角速度 $\boldsymbol{\omega}$ 为角速度的大小与旋转单位向量的乘积 $\dot{\alpha}\hat{\boldsymbol{\omega}}$，同时用点 P 坐标 $\boldsymbol{p}$ 来表示向量 $\overrightarrow{OP}$，因此式（4.37）可以表示为

$$|\boldsymbol{v}_\omega| = |\boldsymbol{\omega}|\cdot|\boldsymbol{p}|\cdot\sin\angle AOP \tag{4.38}$$

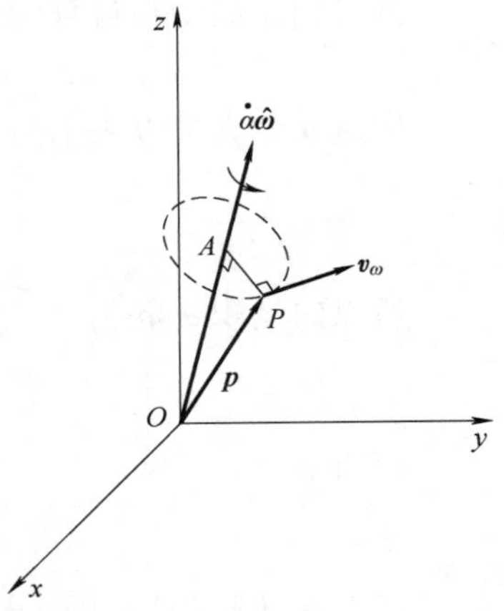

图 4.8　刚体旋转产生的线速度

因为点 P 的旋转平面垂直于向量 $\boldsymbol{\omega}$，所以向量 $\boldsymbol{v}_\omega$ 也垂直于向量 $\boldsymbol{\omega}$。同时向量 $\boldsymbol{v}_\omega$ 垂直于圆周运动的半径向量 $\overrightarrow{AP}$，那么向量 $\boldsymbol{v}_\omega$ 也必然垂直于与 $\overrightarrow{AP}$ 和 $\boldsymbol{\omega}$ 共面的向量 $\boldsymbol{p}$。既然向量 $\boldsymbol{v}_\omega$ 同时垂直于 $\boldsymbol{\omega}$ 和 $\boldsymbol{p}$，并且它们的模长符合式（4.38），则速度向量 $\boldsymbol{v}_\omega$ 可以用叉积表示：

$$\boldsymbol{v}_\omega = \boldsymbol{\omega}\times\boldsymbol{p} = [\boldsymbol{\omega}]_\times\boldsymbol{p} \tag{4.39}$$

在式（4.8）中，将旋转矩阵 $\boldsymbol{R}_{sb}$ 写成了三个列向量的形式，并且这三个列向量分别为坐标系 $\{b\}$ 的三个坐标轴在坐标系 $\{s\}$ 下的坐标。这里，也可以将这三个列向量理解为式（4.39）中的 $\boldsymbol{p}$，假如坐标系 $\{b\}$ 正在以角速度 $\boldsymbol{\omega}$ 旋转，$\boldsymbol{\omega}$ 在坐标系 $\{s\}$ 下的坐标为 $\boldsymbol{\omega}_s$，那么旋转矩阵 $\boldsymbol{R}_{sb}$ 的导数为

$$\begin{aligned}\dot{\boldsymbol{R}}_{sb} &= [\dot{\hat{\boldsymbol{x}}}_b \quad \dot{\hat{\boldsymbol{y}}}_b \quad \dot{\hat{\boldsymbol{z}}}_b] = [[\boldsymbol{\omega}_s]_\times\hat{\boldsymbol{x}}_b \quad [\boldsymbol{\omega}_s]_\times\hat{\boldsymbol{y}}_b \quad [\boldsymbol{\omega}_s]_\times\hat{\boldsymbol{z}}_b] \\ &= [\boldsymbol{\omega}_s]_\times[\hat{\boldsymbol{x}}_b \quad \hat{\boldsymbol{y}}_b \quad \hat{\boldsymbol{z}}_b] \\ &= [\boldsymbol{\omega}_s]_\times\boldsymbol{R}_{sb}\end{aligned} \tag{4.40}$$

将式（4.40）两边同时右乘 $\boldsymbol{R}_{sb}^{-1}$，即可求得旋转角速度 $\boldsymbol{\omega}_s$ 与旋转矩阵 $\boldsymbol{R}_{sb}$ 的关系：

$$[\boldsymbol{\omega}_s]_\times = \dot{\boldsymbol{R}}_{sb}\boldsymbol{R}_{sb}^{-1} = \dot{\boldsymbol{R}}_{sb}\boldsymbol{R}_{sb}^{\mathrm{T}} \tag{4.41}$$

4.3.3　求解一阶线性常微分方程

单变量的一阶线性常微分方程为

$$\dot{x}(t) = ax(t) \tag{4.42}$$

已知系数 a 是一个常数，且当 $t=0$ 时，初始状态 $x(0)=x_0$，这里要做的就是求解函数 $x(t)$。根据一阶线性常微分方程的通解可知，函数 $x(t)$ 为

$$x(t) = \mathrm{e}^{at}x_0 \tag{4.43}$$

之所以式（4.43）是微分方程（4.42）的解，关键在于以 e 为基数的指数函数的导数具有特殊性质，即 $(\mathrm{e}^{at})' = a\mathrm{e}^{at}$。所以将式（4.43）代入微分方程（4.42）可得

$$\begin{cases}\dot{x}(t) = ax(t) \\ (\mathrm{e}^{at}x_0)' = a\mathrm{e}^{at}x_0 \\ a\mathrm{e}^{at}x_0 = a\mathrm{e}^{at}x_0\end{cases} \tag{4.44}$$

可见式（4.43）满足微分方程（4.42）。至于为什么指数函数的导数有特殊性质 $(\mathrm{e}^{at})' = a\mathrm{e}^{at}$，可以从 e^{at} 的泰勒展开式获得启发：

$$e^{at}=\sum_{n=0}^{\infty}\frac{a^n t^n}{n!}=1+at+\frac{a^2t^2}{2!}+\frac{a^3t^3}{3!}+\cdots \tag{4.45}$$

所以 e^{at} 的一阶导数 $(e^{at})'$ 为

$$\begin{aligned}(e^{at})'&=\left(\sum_{n=0}^{\infty}\frac{a^n t^n}{n!}\right)'=\left(1+\sum_{n=1}^{\infty}\frac{a^n t^n}{n!}\right)'\\&=\sum_{n=1}^{\infty}\frac{na^n t^{n-1}}{n!}\\&=a\sum_{n=1}^{\infty}\frac{a^{n-1}t^{n-1}}{(n-1)!}\end{aligned} \tag{4.46}$$

令 $m=n-1$，可得

$$(e^{at})'=a\sum_{m=0}^{\infty}\frac{a^m t^m}{m!}=ae^{at} \tag{4.47}$$

现在将 e^{at} 中的系数 a 从标量扩展到方阵 $\boldsymbol{A}$，即矩阵指数 $e^{\boldsymbol{A}t}$，且矩阵指数 $e^{\boldsymbol{A}t}$ 也是一个和方阵 $\boldsymbol{A}$ 尺度相等的方阵。$e^{\boldsymbol{A}t}$ 也应具有指数函数的特殊性质，即 $(e^{\boldsymbol{A}t})'=\boldsymbol{A}e^{\boldsymbol{A}t}$。所以定义 $e^{\boldsymbol{A}t}$ 的泰勒展开式为

$$e^{\boldsymbol{A}t}=\sum_{n=0}^{\infty}\frac{\boldsymbol{A}^n t^n}{n!}=\boldsymbol{I}+t\boldsymbol{A}+\frac{t^2}{2!}\boldsymbol{A}^2+\frac{t^3}{3!}\boldsymbol{A}^3+\cdots \tag{4.48}$$

与式（4.47）同理，也可轻松地证明 $(e^{\boldsymbol{A}t})'=\boldsymbol{A}e^{\boldsymbol{A}t}$，在此不再赘述。所以对于向量的一阶线性微分方程 $\dot{\boldsymbol{x}}(t)=\boldsymbol{A}\boldsymbol{x}(t)$，如果 $t=0$ 时的初始状态 $\boldsymbol{x}(0)=\boldsymbol{x}_0$，那么其通解为

$$\boldsymbol{x}(t)=e^{\boldsymbol{A}t}\boldsymbol{x}_0 \tag{4.49}$$

根据式（4.48）中矩阵指数 $e^{\boldsymbol{A}t}$ 的定义，可以得到以下几个有用的性质：

1）如果矩阵 $\boldsymbol{D}$ 为对角矩阵，且对角项分别为 $d_1,d_2,\cdots,d_n$，那么其矩阵指数为

$$e^{\boldsymbol{D}t}=\begin{bmatrix}e^{d_1t}&0&\cdots&0\\0&e^{d_2t}&\cdots&0\\\vdots&\vdots&&\vdots\\0&0&\cdots&e^{d_nt}\end{bmatrix} \tag{4.50}$$

2）对于许多非对角矩阵 $\boldsymbol{A}$，可以将其对角化：$\boldsymbol{A}=\boldsymbol{P}\boldsymbol{D}\boldsymbol{P}^{-1}$，其中的矩阵 $\boldsymbol{D}$ 为对角矩阵，$\boldsymbol{P}$ 为可逆矩阵。这种情况下有

$$e^{\boldsymbol{A}t}=\boldsymbol{P}e^{\boldsymbol{D}t}\boldsymbol{P}^{-1} \tag{4.51}$$

其中矩阵 $\boldsymbol{D}$ 的指数 $e^{\boldsymbol{D}t}$ 可以用式（4.50）简单地计算，所以可以用式（4.51）求解可对角化的非对角矩阵 $\boldsymbol{A}$ 的指数 $e^{\boldsymbol{A}t}$。对于表示叉乘的反对称矩阵 $[\boldsymbol{\omega}]_\times$ 的指数 $e^{[\boldsymbol{\omega}]_\times t}$，后面会介绍一种更简单的计算方法。

3）如果 $\boldsymbol{AB}=\boldsymbol{BA}$，即矩阵 $\boldsymbol{A}$ 与矩阵 $\boldsymbol{B}$ 之间有互换性，那么 $e^{\boldsymbol{A}}e^{\boldsymbol{B}}=e^{\boldsymbol{A}+\boldsymbol{B}}$。

4）$(e^{\boldsymbol{A}})^{(-1)}=e^{-\boldsymbol{A}}$。

4.3.4　轴-角表示法的旋转矩阵

以图 4.8 中的 P 点为例，计算轴-角表示法对应的旋转矩阵。假设 P 点初始坐标为 $\boldsymbol{p}_0$，然后绕转轴的单位向量 $\hat{\boldsymbol{\omega}}$ 旋转了 θ 角，为了方便用微分方程描述该过程，可以把这个旋转

等效为绕着单位向量 $\hat{\boldsymbol{\omega}}$ 以单位速度 1rad/s 旋转了时间 θ_s。根据式（4.39），可以利用 P 点的速度 $\dot{\boldsymbol{p}}(t)$ 列出 P 点坐标 $\boldsymbol{p}(t)$ 的微分方程：

$$\dot{\boldsymbol{p}}(t)=[\boldsymbol{\omega}]_\times \boldsymbol{p}(t) \tag{4.52}$$

根据式（4.49）中的通解，可以求解上述的微分方程，并且得到 $t=\theta$ 时刻的 P 点坐标 $\boldsymbol{p}(\theta)$：

$$\boldsymbol{p}(\theta)=\mathrm{e}^{[\hat{\boldsymbol{\omega}}]_\times\theta}\boldsymbol{p}_0 \tag{4.53}$$

将其与式（4.5）中旋转矩阵的定义比对可见，绕单位转轴 $\hat{\boldsymbol{\omega}}$ 旋转 θ 角度的旋转矩阵 $\mathrm{Rot}(\hat{\boldsymbol{\omega}},\theta)$ 为

$$\mathrm{Rot}(\hat{\boldsymbol{\omega}},\theta)=\mathrm{e}^{[\hat{\boldsymbol{\omega}}]_\times\theta}=\sum_{n=0}^{\infty}\frac{[\hat{\boldsymbol{\omega}}]_\times^n\theta^n}{n!} \tag{4.54}$$

关于 $[\hat{\boldsymbol{\omega}}]_\times$ 的乘方，有一个非常有用的性质，如图 4.9 所示，任意单位向量 $\hat{\boldsymbol{\omega}}$ 和任意向量 $\boldsymbol{a}$ 的向量积 $[\hat{\boldsymbol{\omega}}]_\times\boldsymbol{a}$ 垂直于单位向量 $\hat{\boldsymbol{\omega}}$。而对于单位向量 $\hat{\boldsymbol{\omega}}$ 和 $[\hat{\boldsymbol{\omega}}]_\times\boldsymbol{a}$ 的向量积 $[\hat{\boldsymbol{\omega}}]_\times^2\boldsymbol{a}$，由于 $\hat{\boldsymbol{\omega}}$ 是单位向量，所以向量的模长有 $|[\hat{\boldsymbol{\omega}}]_\times^2\boldsymbol{a}|=|[\hat{\boldsymbol{\omega}}]_\times\boldsymbol{a}|$，因此可以认为 $[\hat{\boldsymbol{\omega}}]_\times^2\boldsymbol{a}$ 是将 $[\hat{\boldsymbol{\omega}}]_\times\boldsymbol{a}$ 绕 $\hat{\boldsymbol{\omega}}$ 旋转了 90°。同理，$[\hat{\boldsymbol{\omega}}]_\times^3\boldsymbol{a}$ 和 $[\hat{\boldsymbol{\omega}}]_\times^4\boldsymbol{a}$ 也可以认为是依次旋转了 90°。

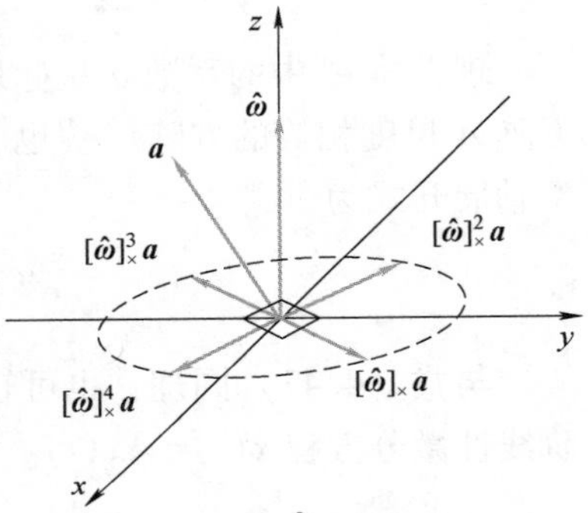

图 4.9　$[\hat{\omega}]_\times$ 的乘方

显然 $[\hat{\boldsymbol{\omega}}]_\times\boldsymbol{a}$ 与 $[\hat{\boldsymbol{\omega}}]_\times^3\boldsymbol{a}$ 之间，以及 $[\hat{\boldsymbol{\omega}}]_\times^2\boldsymbol{a}$ 和 $[\hat{\boldsymbol{\omega}}]_\times^4\boldsymbol{a}$ 之间 大小相等、方向相反，所以可以得到如下结论：

$$\begin{cases}[\hat{\boldsymbol{\omega}}]_\times^3=-[\hat{\boldsymbol{\omega}}]_\times, & [\hat{\boldsymbol{\omega}}]_\times^4=-[\hat{\boldsymbol{\omega}}]_\times^2\\ [\hat{\boldsymbol{\omega}}]_\times^5=+[\hat{\boldsymbol{\omega}}]_\times, & [\hat{\boldsymbol{\omega}}]_\times^6=+[\hat{\boldsymbol{\omega}}]_\times^2\\ \cdots\end{cases} \tag{4.55}$$

因此旋转矩阵 $\mathrm{Rot}(\hat{\boldsymbol{\omega}},\theta)$ 为

$$\begin{aligned}\mathrm{Rot}(\hat{\boldsymbol{\omega}},\theta)&=\boldsymbol{I}+\theta[\hat{\boldsymbol{\omega}}]_\times+\frac{\theta^2}{2!}[\hat{\boldsymbol{\omega}}]_\times^2+\frac{\theta^3}{3!}[\hat{\boldsymbol{\omega}}]_\times^3+\cdots\\ &=\boldsymbol{I}+\left(\theta-\frac{\theta^3}{3!}+\frac{\theta^5}{5!}-\cdots\right)[\hat{\boldsymbol{\omega}}]_\times+\left(\frac{\theta^2}{2!}-\frac{\theta^4}{4!}+\frac{\theta^6}{6!}-\cdots\right)[\hat{\boldsymbol{\omega}}]_\times^2\end{aligned} \tag{4.56}$$

已知三角函数 $\sin\theta$ 和 $\cos\theta$ 的泰勒展开为

$$\begin{cases}\sin\theta=\theta-\dfrac{\theta^3}{3!}+\dfrac{\theta^5}{5!}-\cdots\\ \cos\theta=1-\dfrac{\theta^2}{2!}+\dfrac{\theta^4}{4!}-\cdots\end{cases} \tag{4.57}$$

将式（4.57）代入式（4.56）可得

$$\mathrm{Rot}(\hat{\boldsymbol{\omega}},\theta)=\mathrm{e}^{[\hat{\boldsymbol{\omega}}]_\times\theta}=\boldsymbol{I}+\sin\theta[\hat{\boldsymbol{\omega}}]_\times+(1-\cos\theta)[\hat{\boldsymbol{\omega}}]_\times^2 \tag{4.58}$$

式（4.58）通常称为**罗德里格斯公式**（Rodrigues's formula），利用罗德里格斯公式就能够简便地计算任意的旋转矩阵。

4.3.5 矩阵对数与指数坐标

通过式（4.58），可以根据转轴 $\hat{\boldsymbol{\omega}}$ 和转角 θ 计算得到对应的旋转矩阵 $e^{[\hat{\boldsymbol{\omega}}]_\times\theta}$，即矩阵指数计算。与之对应，自然也可以计算旋转矩阵 $\boldsymbol{R}$ 对应的转轴 $\hat{\boldsymbol{\omega}}$ 和转角 θ，一般将反对称矩阵 $[\hat{\boldsymbol{\omega}}]_\times\theta$ 称为矩阵 $\boldsymbol{R}$ 的矩阵对数，三维向量 $\hat{\boldsymbol{\omega}}\theta$ 称为矩阵 $\boldsymbol{R}$ 的指数坐标。

首先令 $\hat{\boldsymbol{\omega}}=[\omega_1 \quad \omega_2 \quad \omega_3]^{\mathrm{T}}$，那么式（4.58）中的罗德里格斯公式可以展开为

$$\boldsymbol{R}=\mathrm{Rot}(\hat{\boldsymbol{\omega}},\theta)=\begin{bmatrix}\cos\theta+\omega_1^2(1-\cos\theta) & \omega_1\omega_2(1-\cos\theta)-\omega_3\sin\theta & \omega_1\omega_3(1-\cos\theta)+\omega_2\sin\theta\\ \omega_1\omega_2(1-\cos\theta)+\omega_3\sin\theta & \cos\theta+\omega_2^2(1-\cos\theta) & \omega_2\omega_3(1-\cos\theta)-\omega_1\sin\theta\\ \omega_1\omega_3(1-\cos\theta)-\omega_2\sin\theta & \omega_2\omega_3(1-\cos\theta)+\omega_1\sin\theta & \cos\theta+\omega_3^2(1-\cos\theta)\end{bmatrix} \tag{4.59}$$

可见矩阵 $\boldsymbol{R}$ 的迹 $\mathrm{tr}(\boldsymbol{R})$，即矩阵 $\boldsymbol{R}$ 对角项之和为

$$\mathrm{tr}(\boldsymbol{R})=3\cos\theta+(\omega_1^2+\omega_2^2+\omega_3^2)(1-\cos\theta) \tag{4.60}$$

由于 $\hat{\boldsymbol{\omega}}$ 是单位向量，$\omega_1^2+\omega_2^2+\omega_3^2=1$，所以

$$\mathrm{tr}(\boldsymbol{R})=1+2\cos\theta$$

$$\theta=\arccos\frac{\mathrm{tr}(\boldsymbol{R})-1}{2} \tag{4.61}$$

在 C++中，计算反余弦 arccos 的函数为 theta=acos(x)，其中参数 x 的取值范围为[-1,1]，计算得到的角度 theta 的值域范围为[0,π]。如果用 r_{mn} 表示矩阵 $\boldsymbol{R}$ 第 m 行第 n 列的元素，那么观察式（4.59）可得

$$\begin{cases} r_{32}-r_{23}=2\omega_1\sin\theta, & \omega_1=\dfrac{r_{32}-r_{23}}{2\sin\theta}\\ r_{13}-r_{31}=2\omega_2\sin\theta, & \omega_2=\dfrac{r_{13}-r_{31}}{2\sin\theta}\\ r_{21}-r_{12}=2\omega_3\sin\theta, & \omega_3=\dfrac{r_{21}-r_{12}}{2\sin\theta}\end{cases} \tag{4.62}$$

根据式（4.62），可以计算得到旋转矩阵 $\boldsymbol{R}$ 对应指数坐标 $\hat{\boldsymbol{\omega}}\theta$ 的转轴 $\hat{\boldsymbol{\omega}}$。需要注意的是，在式（4.62）中，分母出现了 $\sin\theta$，所以当 $\sin\theta=0$ 时，不能使用式（4.62）来计算 $\hat{\boldsymbol{\omega}}$，需要单独讨论。由于 acos 函数的值域为[0,π]，所以这里只考虑 $\theta=0$ 和 $\theta=\pi$ 这两种情况。

当 $\theta=0$ 时，说明旋转角度为 0，即没有发生旋转。此时不论转轴 $\hat{\boldsymbol{\omega}}$ 是什么方向，旋转矩阵 $\boldsymbol{R}$ 的指数坐标都有 $\hat{\boldsymbol{\omega}}\theta=\boldsymbol{0}$。

当 $\theta=\pi$ 时，$\sin\theta=0$，所以式（4.58）中的罗德里格斯公式可以简化为

$$\begin{aligned}\boldsymbol{R}&=\mathrm{Rot}(\hat{\boldsymbol{\omega}},\pi)=\boldsymbol{I}+(1-\cos\pi)[\hat{\boldsymbol{\omega}}]_\times^2\\ &=\begin{bmatrix}1-2\omega_2^2-2\omega_3^2 & 2\omega_1\omega_2 & 2\omega_1\omega_3\\ 2\omega_1\omega_2 & 1-2\omega_1^2-2\omega_3^2 & 2\omega_2\omega_3\\ 2\omega_1\omega_3 & 2\omega_2\omega_3 & 1-2\omega_1^2-2\omega_2^2\end{bmatrix}\end{aligned} \tag{4.63}$$

提取出矩阵 $\boldsymbol{R}$ 的第 1 行第 1 列单独分析：

$$r_{11}=1-2\omega_2^2-2\omega_3^2=2(1-\omega_2^2-\omega_3^2)-1=2\omega_1^2-1 \tag{4.64}$$

所以可计算转轴单位向量 $\hat{\boldsymbol{\omega}}$ 为

$$\omega_1=\pm\sqrt{\frac{r_{11}+1}{2}},\quad \omega_2=\frac{r_{12}}{2\omega_1},\quad \omega_3=\frac{r_{13}}{2\omega_1} \tag{4.65}$$

可见当 ω_1 的解取+和-时，转轴单位向量 $\hat{\boldsymbol{\omega}}$ 有两个互为相反数的解。对于向量来说，即这两个解大小相等、方向相反；对于旋转运动来说，由于转角是 π，所以这两个方向相反的解是等价的。不过考虑到指数坐标 $\hat{\boldsymbol{\omega}}\theta$ 的连续性，在求解时应该选择和前一时刻指数坐标相近方向的解。本书中没有使用指数坐标来描述轨迹，所以只考虑 ω_1 为正的情况：

$$\begin{cases}\omega_1=\sqrt{\dfrac{r_{11}+1}{2}}=\dfrac{r_{11}+1}{\sqrt{2(r_{11}+1)}}\\ \omega_2=\dfrac{r_{12}}{2\omega_1}=\dfrac{r_{12}}{\sqrt{2(r_{11}+1)}}\\ \omega_3=\dfrac{r_{13}}{2\omega_1}=\dfrac{r_{13}}{\sqrt{2(r_{11}+1)}}\end{cases} \tag{4.66}$$

至此已经能够计算得到旋转矩阵的指数坐标 $\hat{\boldsymbol{\omega}}\theta$。需要注意的是，4.3 节中始终没有讨论和坐标系相关的问题，原因在于其中所有的计算都是在同一个坐标系下进行的。例如对于同一个点 P，其在坐标系 $\{s\}$ 下的坐标为 $\boldsymbol{p}_s$，在坐标系 $\{b\}$ 下的坐标为 $\boldsymbol{p}_b$，同时有旋转矩阵 $\boldsymbol{R}$，且 $\boldsymbol{R}$ 的指数坐标为 $\hat{\boldsymbol{\omega}}\theta$，那么同样左乘旋转矩阵 $\boldsymbol{R}$ 就有着不同的几何意义。$\boldsymbol{R}\boldsymbol{p}_s$ 代表绕坐标系 $\{s\}$ 下的 $\hat{\boldsymbol{\omega}}$ 轴旋转 θ 角，而 $\boldsymbol{R}\boldsymbol{p}_b$ 代表绕坐标系 $\{b\}$ 下的 $\hat{\boldsymbol{\omega}}$ 轴旋转 θ 角。可见对于轴-角表示法，转轴的坐标系与旋转矩阵右侧向量的坐标系相同。

4.4 二维平面刚体运动

本节将问题拓展到二维平面的任意刚体运动，即既有转动又有平移。如图 4.10 所示，初始状态下坐标系 $\{b\}$ 和 $\{s\}$ 重合，将坐标系 $\{b\}$ 沿向量 $\overrightarrow{OO'}$ 平移，并且旋转了一个角度。因此，可将式（4.2）改写为

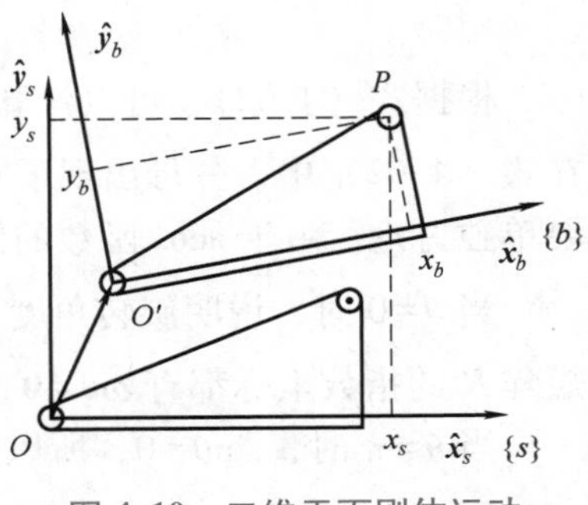

图 4.10　二维平面刚体运动

$$\overrightarrow{OP}=x_s\cdot\hat{\boldsymbol{x}}_s+y_s\cdot\hat{\boldsymbol{y}}_s=x_b\cdot\hat{\boldsymbol{x}}_b+y_b\cdot\hat{\boldsymbol{y}}_b+\overrightarrow{OO'} \tag{4.67}$$

为了将式（4.67）改写为矩阵相乘的形式，这里引入齐次坐标的概念。在二维平面中，每个点或者向量的坐标有两个值，而齐次坐标有三个值。因此，在点的坐标的末尾新增一个元素“1”，而在向量的坐标的末尾新增一个元素“0”。按照这个约定，可以将式（4.67）改写为

$$\begin{bmatrix}\overrightarrow{OP}\\0\end{bmatrix}=\begin{bmatrix}\hat{\boldsymbol{x}}_s & \hat{\boldsymbol{y}}_s & \begin{matrix}0\\0\end{matrix}\\0&0&1\end{bmatrix}\cdot\begin{bmatrix}x_s\\y_s\\1\end{bmatrix}-\begin{bmatrix}0\\0\\1\end{bmatrix}=\begin{bmatrix}\hat{\boldsymbol{x}}_b & \hat{\boldsymbol{y}}_b & \overrightarrow{OO'}\\0&0&1\end{bmatrix}\cdot\begin{bmatrix}x_b\\y_b\\1\end{bmatrix}-\begin{bmatrix}0\\0\\1\end{bmatrix} \tag{4.68}$$

将式（4.4）和式（4.6）代入式（4.68），可得

$$\begin{bmatrix} x_s \\ y_s \\ 1 \end{bmatrix} = \begin{bmatrix} \cos\theta & -\sin\theta & \overrightarrow{OO'} \\ \sin\theta & \cos\theta & \\ 0 & 0 & 1 \end{bmatrix} \cdot \begin{bmatrix} x_b \\ y_b \\ 1 \end{bmatrix} = \boldsymbol{T}_{sb} \cdot \begin{bmatrix} x_b \\ y_b \\ 1 \end{bmatrix} \tag{4.69}$$

式（4.69）中的 $\boldsymbol{T}_{sb}$ 就是齐次变换矩阵，齐次变换矩阵能够描述任意的刚体运动，即任意转动和平移的复合运动。从方便理解的角度，可以认为齐次变换矩阵 $\boldsymbol{T}_{sb}$ 是由旋转矩阵 $\boldsymbol{R}_{sb}$ 和坐标系原点位移向量 $\overrightarrow{OO'}$ 组成的分块矩阵：

$$\boldsymbol{T}_{sb} = \begin{bmatrix} \boldsymbol{R}_{sb} & \overrightarrow{OO'} \\ 0_{1\times 2} & 1 \end{bmatrix} \tag{4.70}$$

至此，已经可以计算二维平面中的刚体运动。

4.5 三维空间刚体运动

与二维平面类似，三维空间中也可以用相似的方式计算刚体运动。其区别是旋转矩阵从 2×2 矩阵变成了 3×3 矩阵，原点位移向量 $\overrightarrow{OO'}$ 变成了 3×1 列向量，同时齐次变换矩阵从 3×3 矩阵变成了 4×4 矩阵。

4.5.1 齐次变换矩阵的特性

与三维空间的旋转矩阵类似，三维空间的齐次变换矩阵也有一些便利的特性。

1. 可逆性

齐次变换矩阵的逆矩阵可以直接使用式（4.71）求解：

$$\boldsymbol{T}^{-1} = \begin{bmatrix} \boldsymbol{R} & \boldsymbol{p} \\ \boldsymbol{0}_{1\times 3} & 1 \end{bmatrix}^{-1} = \begin{bmatrix} \boldsymbol{R}^{\mathrm{T}} & -\boldsymbol{R}^{\mathrm{T}}\boldsymbol{p} \\ \boldsymbol{0}_{1\times 3} & 1 \end{bmatrix} \tag{4.71}$$

式（4.71）的结果很容易验证，这里直接将齐次变换矩阵与它的逆矩阵相乘：

$$\begin{aligned} \boldsymbol{T}\boldsymbol{T}^{-1} &= \begin{bmatrix} \boldsymbol{R} & \boldsymbol{p} \\ \boldsymbol{0}_{1\times 3} & 1 \end{bmatrix} \begin{bmatrix} \boldsymbol{R}^{\mathrm{T}} & -\boldsymbol{R}^{\mathrm{T}}\boldsymbol{p} \\ \boldsymbol{0}_{1\times 3} & 1 \end{bmatrix} \\ &= \begin{bmatrix} \boldsymbol{R}\boldsymbol{R}^{\mathrm{T}} + \boldsymbol{p} \cdot \boldsymbol{0}_{1\times 3} & -\boldsymbol{R}\boldsymbol{R}^{\mathrm{T}}\boldsymbol{p} + \boldsymbol{p} \\ \boldsymbol{0}_{1\times 3} \cdot \boldsymbol{R}^{\mathrm{T}} + 1 \cdot \boldsymbol{0}_{1\times 3} & -\boldsymbol{0}_{1\times 3} \cdot \boldsymbol{R}^{\mathrm{T}}\boldsymbol{p} + 1 \end{bmatrix} = \boldsymbol{I} \end{aligned} \tag{4.72}$$

由式（4.72）可知，式（4.71）的结果是正确的。

2. 封闭性

齐次变换矩阵也满足封闭性，即齐次变换矩阵的乘积仍然是齐次变换矩阵。这一特性从齐次变换矩阵的几何意义上很容易理解，其与旋转矩阵的封闭性类似，在此不再赘述。需要注意的是，齐次变换矩阵的乘法也满足下标消去原则。

3. 满足结合律但不满足交换律

三维空间的齐次变换矩阵满足结合律，即

$$(\boldsymbol{T}_{ab} \cdot \boldsymbol{T}_{bc}) \cdot \boldsymbol{T}_{cd} = \boldsymbol{T}_{ab} \cdot (\boldsymbol{T}_{bc} \cdot \boldsymbol{T}_{cd}) = \boldsymbol{T}_{ad} \tag{4.73}$$

但是三维空间的齐次变换矩阵往往不满足交换律：

$$\boldsymbol{T}_{ac} = \boldsymbol{T}_{ab} \cdot \boldsymbol{T}_{bc} \neq \boldsymbol{T}_{bc} \cdot \boldsymbol{T}_{ab} \tag{4.74}$$

4.5.2 齐次变换矩阵的作用

齐次变换矩阵的作用如下：

1）描述刚体位置和姿态（以下统称位姿）。

2）对向量、点和坐标系变换参考坐标系。

3）运动（转动与平移）向量、点和位姿。

对于作用 1)，齐次变换矩阵 $\boldsymbol{T}$ 作为一个状态量使用。而对于作用 2）和 3)，齐次变换矩阵 $\boldsymbol{T}$ 被看作一个算子，通过与向量或其他矩阵相乘的方式来完成坐标系变换或运动。

为了方便表述，使用如图 4.11 所示的四个坐标系：局部坐标系 $\{a\}$、局部坐标系 $\{b\}$ 和局部坐标系 $\{c\}$，以及世界坐标系 $\{s\}$。定义世界坐标系 $\{s\}$ 与局部坐标系 $\{a\}$ 重合，因此在图 4.11 中未单独画出世界坐标系 $\{s\}$。同时 P 点是空间中的任意一点。

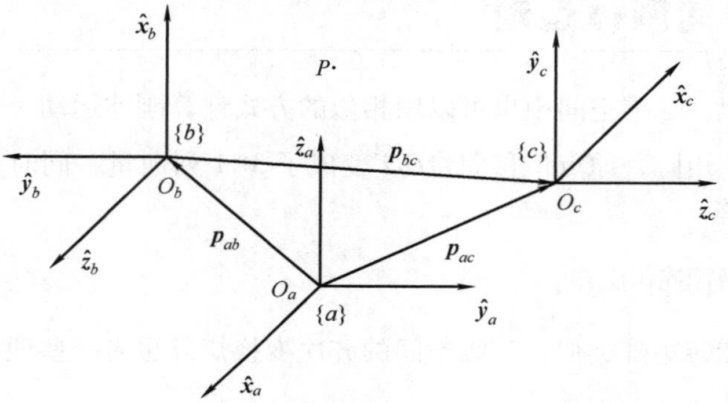

图 4.11 三维空间的坐标系

1. 描述刚体位姿

在三维空间中，每一个刚体的位姿都可以用一个齐次变换矩阵来描述。根据 4.2 节中的内容，在世界坐标系 $\{s\}$ 下，局部坐标系 $\{a\}$、$\{b\}$ 和 $\{c\}$ 的旋转矩阵分别为

$$\boldsymbol{R}_{sa}=\begin{bmatrix}1&0&0\\0&1&0\\0&0&1\end{bmatrix},\ \boldsymbol{R}_{sb}=\begin{bmatrix}0&0&1\\0&-1&0\\1&0&0\end{bmatrix},\ \boldsymbol{R}_{sc}=\begin{bmatrix}-1&0&0\\0&0&1\\0&1&0\end{bmatrix} \tag{4.75}$$

同样地，在世界坐标系 $\{s\}$ 下，各个坐标系原点在 $\{s\}$ 下的坐标分别为

$$\boldsymbol{p}_{sa}=\begin{bmatrix}0\\0\\0\end{bmatrix},\ \boldsymbol{p}_{sb}=\begin{bmatrix}-2\\-2\\0\end{bmatrix},\ \boldsymbol{p}_{sc}=\begin{bmatrix}0\\2\\1\end{bmatrix} \tag{4.76}$$

因此三个坐标系的齐次变换矩阵为

$$\boldsymbol{T}_{sa}=\begin{bmatrix}\boldsymbol{R}_{sa}&\boldsymbol{p}_{sa}\\\boldsymbol{0}_{1\times3}&1\end{bmatrix},\ \boldsymbol{T}_{sb}=\begin{bmatrix}\boldsymbol{R}_{sb}&\boldsymbol{p}_{sb}\\\boldsymbol{0}_{1\times3}&1\end{bmatrix},\ \boldsymbol{T}_{sc}=\begin{bmatrix}\boldsymbol{R}_{sc}&\boldsymbol{p}_{sc}\\\boldsymbol{0}_{1\times3}&1\end{bmatrix} \tag{4.77}$$

可见齐次变换矩阵包含了一个坐标系的原点坐标和各个坐标轴的方向，所以齐次变换矩阵能够描述一个坐标系的位姿。在机器人学中，常在刚体上绑定一个局部坐标系，因此齐次变换矩阵即可描述一个刚体的位姿。

当然，齐次变换矩阵并不是只能描述刚体相对于世界坐标系 $\{s\}$ 的位姿，例如还可以计算坐标系{c}相对于坐标系{b}的位姿：

$$\boldsymbol{R}_{bc}=\begin{bmatrix}0 & 1 & 0\\ 0 & 0 & -1\\ -1 & 0 & 0\end{bmatrix} \tag{4.78}$$

$$\begin{bmatrix}\boldsymbol{p}_{bc}\\ 0\end{bmatrix}=\boldsymbol{T}_{bs}\cdot\begin{bmatrix}\boldsymbol{p}_{sc}-\boldsymbol{p}_{sb}\\ 0\end{bmatrix}=\boldsymbol{T}_{sb}^{\mathrm{T}}\cdot\begin{bmatrix}2\\4\\1\\0\end{bmatrix}=\begin{bmatrix}1\\-4\\2\\0\end{bmatrix},\ \boldsymbol{p}_{bc}=\begin{bmatrix}1\\-4\\2\end{bmatrix} \tag{4.79}$$

$$\boldsymbol{T}_{bc}=\begin{bmatrix}\boldsymbol{R}_{bc} & \boldsymbol{p}_{bc}\\ \boldsymbol{0}_{1\times3} & 1\end{bmatrix} \tag{4.80}$$

对于式（4.78）中的 $\boldsymbol{R}_{bc}$，三个列向量分别为坐标系{c}的 x、y、z 轴单位向量在坐标系{b}中的坐标。式（4.79）中，$\boldsymbol{p}_{bc}$是向量$\overrightarrow{O_bO_c}$在坐标系{b}下的坐标；$\boldsymbol{p}_{sc}-\boldsymbol{p}_{sb}$是向量$\overrightarrow{O_bO_c}$在坐标系{$s$}下的坐标，因此需要左乘 $\boldsymbol{T}_{bs}$矩阵将坐标旋转变换到坐标系{b}下。

2. 对向量、点和坐标系变换参考坐标系

在三维空间中，向量、点和坐标系都有自己的参考坐标系，而计算时经常要变换它们的参考坐标系。例如在式（4.79）中，即将向量$\overrightarrow{O_bO_c}$的坐标从坐标系{s}变换到了坐标系{b}。下面分别讨论对向量、点和坐标系的坐标变换。

假设向量$\boldsymbol{v}$ 在坐标系{b}下的坐标是$\boldsymbol{v}_b$，作为向量，它的齐次坐标需要在$\boldsymbol{v}_b$ 后面加 0，如果想计算向量$\boldsymbol{v}$ 在坐标系{s}下的坐标$\boldsymbol{v}_s$，可以通过左乘齐次变换矩阵来实现，通过下标消去原则，向量$\boldsymbol{v}$ 在坐标系{s}下的坐标$\boldsymbol{v}_s$ 为

$$\begin{bmatrix}\boldsymbol{v}_s\\ 0\end{bmatrix}=\boldsymbol{T}_{sb}\begin{bmatrix}\boldsymbol{v}_b\\ 0\end{bmatrix}=\begin{bmatrix}\boldsymbol{R}_{sb} & \boldsymbol{p}_{sb}\\ \boldsymbol{0}_{1\times3} & 1\end{bmatrix}\begin{bmatrix}\boldsymbol{v}_b\\ 0\end{bmatrix}=\begin{bmatrix}\boldsymbol{R}_{sb}\boldsymbol{v}_b\\ 0\end{bmatrix}$$

$$\boldsymbol{v}_s=\boldsymbol{R}_{sb}\boldsymbol{v}_b \tag{4.81}$$

可见最终的结果和式（4.5）中的纯转动是相同的，其原因在于，在空间中只有对向量旋转才能改变向量的坐标，而平移不能改变。因此，在对向量进行坐标变换时，可以只对向量的坐标值左乘旋转矩阵，而不需要化为齐次矩阵的形式。

点的计算和向量类似，假设点 P 在坐标系{b}中的坐标是 $\boldsymbol{p}_b$，作为一个点，点 P 的齐次坐标需要在 $\boldsymbol{p}_b$ 末尾增加一项 1。

$$\begin{bmatrix}\boldsymbol{p}_s\\ 1\end{bmatrix}=\boldsymbol{T}_{sb}\begin{bmatrix}\boldsymbol{p}_b\\ 1\end{bmatrix}=\begin{bmatrix}\boldsymbol{R}_{sb} & \boldsymbol{p}_{sb}\\ \boldsymbol{0}_{1\times3} & 1\end{bmatrix}\begin{bmatrix}\boldsymbol{p}_b\\ 1\end{bmatrix}=\begin{bmatrix}\boldsymbol{R}_{sb}\boldsymbol{p}_b+\boldsymbol{p}_{sb}\\ 1\end{bmatrix} \tag{4.82}$$

所以

$$\boldsymbol{p}_s=\boldsymbol{R}_{sb}\boldsymbol{p}_b+\boldsymbol{p}_{sb} \tag{4.83}$$

式中，$\boldsymbol{p}_b$ 是向量$\overrightarrow{O_bP}$在坐标系{b}中的坐标；$\boldsymbol{R}_{sb}\boldsymbol{p}_b$ 是向量$\overrightarrow{O_bP}$在坐标系{s}中的坐标；$\boldsymbol{p}_s$ 是向量$\overrightarrow{O_sP}$在坐标系{s}中的坐标；$\boldsymbol{p}_{sb}$是向量$\overrightarrow{O_sO_b}$在坐标系{s}中的坐标。可见 $\boldsymbol{p}_s$、$\boldsymbol{R}_{sb}\boldsymbol{p}_b$ 和 $\boldsymbol{p}_{sb}$ 都是坐标系{s}下的坐标，直接根据向量加法可得

$$\begin{cases}\overrightarrow{O_sP}=\overrightarrow{O_sO_b}+\overrightarrow{O_bP}\\ [\overrightarrow{O_sP}]_s=[\overrightarrow{O_sO_b}]_s+[\overrightarrow{O_bP}]_s\\ \boldsymbol{p}_s=\boldsymbol{p}_{sb}+\boldsymbol{R}_{sb}\boldsymbol{p}_b\end{cases} \tag{4.84}$$

式中，$[\cdot]_s$ 代表向量在坐标系$\{s\}$中的坐标。可见通过几何方法也能得到与式（4.83）相同的结果。

由于齐次变换矩阵可描述刚体的位姿，所以齐次变换矩阵也有自己的参考坐标系，也可以进行坐标变换。例如在图 4.11 中，坐标系$\{c\}$相对于坐标系$\{b\}$的位姿可以用 $\boldsymbol{T}_{bc}$ 来描述，而坐标系$\{b\}$相对于坐标系$\{s\}$的位姿是 $\boldsymbol{T}_{sb}$，那么如何计算坐标系$\{c\}$相对于坐标系$\{s\}$的位姿 $\boldsymbol{T}_{sc}$ 呢？通过下标消去原则，有

$$\boldsymbol{T}_{sc}=\boldsymbol{T}_{sb}\cdot\boldsymbol{T}_{bc} \tag{4.85}$$

读者可以用前面给出的数据进行验算，结果会显示等式（4.85）成立，在此不再详细证明。

3. 运动（转动与平移）向量、点和位姿

从几何角度来看，运动和变换坐标系是两种不同的操作，不过在数学运算上，两者并没有差别。下面对同一个数学运算进行两种不同的几何解释。

首先假设有齐次变换矩阵 $\boldsymbol{T}$：

$$\boldsymbol{T}=\begin{bmatrix}\boldsymbol{R} & \boldsymbol{p}\\ \boldsymbol{0}_{1\times 3} & 1\end{bmatrix} \tag{4.86}$$

左乘矩阵 $\boldsymbol{T}$ 可对向量、点或者坐标系进行移动。假设旋转矩阵 $\boldsymbol{R}$ 的指数坐标为 $\hat{\boldsymbol{\omega}}\theta$，如果向量$\boldsymbol{v}$ 在坐标系$\{s\}$下的坐标为$\boldsymbol{v}_s$，与式（4.81）相似，左乘齐次变换矩阵 $\boldsymbol{T}$ 的结果为

$$\tilde{\boldsymbol{v}}_s=\boldsymbol{T}\boldsymbol{v}_s=\boldsymbol{R}\boldsymbol{v}_s \tag{4.87}$$

由 4.3.5 节末尾的推论可知，左乘 $\boldsymbol{T}$ 矩阵后的结果 $\tilde{\boldsymbol{v}}_s$ 相当于将向量$\boldsymbol{v}_s$ 绕其所在坐标系$\{s\}$ 中的 $\hat{\boldsymbol{\omega}}$ 转轴旋转 θ 角。

同理，点 P 在坐标系$\{s\}$下的坐标为 $\boldsymbol{p}_s$，类似于式（4.83），可得

$$\tilde{\boldsymbol{p}}_s=\boldsymbol{T}\boldsymbol{p}_s=\boldsymbol{R}\boldsymbol{p}_s+\boldsymbol{p} \tag{4.88}$$

由于乘法优先级高于加法，所以从几何角度可以认为，左乘 $\boldsymbol{T}$ 矩阵会首先将点 P 绕其所在坐标系 $\{s\}$ 中的 $\hat{\boldsymbol{\omega}}$ 转轴旋转 θ 角，然后在坐标系 $\{s\}$ 中平移向量 $\boldsymbol{p}$。

对于位姿，可用齐次变换矩阵 $\boldsymbol{T}_{sb}$ 来描述坐标系$\{b\}$在坐标系$\{s\}$中的位姿。有趣的是，对 $\boldsymbol{T}_{sb}$ 左乘 $\boldsymbol{T}$ 的结果 $\boldsymbol{T}_{sb'}=\boldsymbol{T}\boldsymbol{T}_{sb}$ 与右乘 $\boldsymbol{T}$ 的结果 $\boldsymbol{T}_{sb''}=\boldsymbol{T}_{sb}\boldsymbol{T}$ 分别代表不同的位姿。

假设 P 点是固定在坐标系$\{b\}$中的一点，并且在坐标系$\{b\}$中的坐标为 $\boldsymbol{p}_b$，在坐标系$\{b\}$运动之前，P 点在坐标系$\{s\}$下的坐标为 $\boldsymbol{p}_s=\boldsymbol{T}_{sb}\boldsymbol{p}_b$。那么在对坐标系$\{b\}$的位姿 $\boldsymbol{T}_{sb}$ 左乘 $\boldsymbol{T}$ 运动之后，P 点在坐标系$\{s\}$下的坐标 $\boldsymbol{p}_s'$ 为

$$\boldsymbol{p}_s'=\boldsymbol{T}_{sb'}\boldsymbol{p}_b=\boldsymbol{T}\boldsymbol{T}_{sb}\boldsymbol{p}_b=\boldsymbol{T}\boldsymbol{p}_s \tag{4.89}$$

由于 $\boldsymbol{p}_s$ 是 P 点在坐标系$\{s\}$下的坐标，所以 $\boldsymbol{T}\boldsymbol{p}_s$ 中的矩阵 $\boldsymbol{T}$ 代表着绕坐标系$\{s\}$下的向量 $\hat{\boldsymbol{\omega}}$ 旋转了 θ 角，然后在坐标系$\{s\}$下平移了向量 $\boldsymbol{p}$。如果对坐标系$\{b\}$的位姿 $\boldsymbol{T}_{sb}$ 为右乘 $\boldsymbol{T}$ 运动，那么运动后 P 点在坐标系$\{s\}$下的坐标 $\boldsymbol{p}_s''$ 为

$$\boldsymbol{p}_s''=\boldsymbol{T}_{sb''}\boldsymbol{p}_b=\boldsymbol{T}_{sb}\boldsymbol{T}\boldsymbol{p}_b=\boldsymbol{T}_{sb}\boldsymbol{p}_b'' \tag{4.90}$$

为了方便解释式（4.90）的几何意义，首先计算 $\boldsymbol{p}_b''=\boldsymbol{T}\boldsymbol{p}_b$。由于 $\boldsymbol{p}_b$ 是 P 点在坐标系$\{b\}$

下的坐标，所以左乘矩阵 $\boldsymbol{T}$ 代表着绕坐标系 $\{b\}$ 下的向量 $\hat{\boldsymbol{\omega}}$ 旋转了 θ 角，然后在坐标系 $\{b\}$ 下平移了向量 $\boldsymbol{p}$。而 $\boldsymbol{p}_b''$ 就是完成上述运动后的 P 点在坐标系 $\{b\}$ 下的坐标，通过左乘 $\boldsymbol{T}_{sb}$ 矩阵，可得到完成运动的 P 点在坐标系 $\{s\}$ 下的坐标 $\boldsymbol{p}_s''$。

通过上述对比不难看出，对位姿 $\boldsymbol{T}_{sb}$ 左乘 $\boldsymbol{T}$ 意味着在坐标系 $\{s\}$ 下进行旋转和平移，而对位姿 $\boldsymbol{T}_{sb}$ 右乘 $\boldsymbol{T}$ 意味着在坐标系 $\{b\}$ 下进行旋转和平移。与齐次变换矩阵相同，假设旋转矩阵 $\boldsymbol{R}$ 的指数坐标为 $\hat{\boldsymbol{\omega}}\theta$，那么 $\boldsymbol{R}\boldsymbol{R}_{sb}$ 代表着将姿态 $\boldsymbol{R}_{sb}$ 绕坐标系 $\{s\}$ 下的 $\hat{\boldsymbol{\omega}}$ 轴旋转 θ 角，$\boldsymbol{R}_{sb}\boldsymbol{R}$ 代表着将姿态 $\boldsymbol{R}_{sb}$ 绕坐标系 $\{b\}$ 下的 $\hat{\boldsymbol{\omega}}$ 轴旋转 θ 角。从方便记忆的角度，可以认为左乘是在下标 sb 中左侧的坐标系（即坐标系 $\{s\}$）下运动，而右乘是在下标 sb 中右侧的坐标系（即坐标系 $\{b\}$）下运动。

4.6 欧拉角

在三维空间中，刚体只能绕 x、y、z 轴旋转，即只有三个自由度，所以只需要三个独立参数就可以描述刚体的姿态，这里定义以下三个独立参数：

1）横滚角 roll：绕 x 轴旋转的角度。

2）俯仰角 pitch：绕 y 轴旋转的角度。

3）偏航角 yaw：绕 z 轴旋转的角度。

这三个角度称为欧拉角。以本书中所用的 Y-P-R 顺序的欧拉角为例，假设在初始状态下物体坐标系 $\{b\}$ 与世界坐标系 $\{s\}$ 重合，即 $\boldsymbol{R}_{sb}=\boldsymbol{I}$。所谓 Y-P-R 顺序，就是指先绕物体坐标系 $\{b\}$ 的 z 轴旋转 yaw 角到新的物体坐标系 $\{b'\}$，然后绕 $\{b'\}$ 的 y 轴旋转 pitch 角到新的物体坐标系 $\{b''\}$，最后绕 $\{b''\}$ 的 x 轴旋转 roll 角到最终的物体坐标系 $\{b'''\}$。由于一直是相对于物体坐标系旋转，所以可用右乘旋转矩阵的方法来计算最终欧拉角表示的位姿 $\boldsymbol{R}_{sb'''}$：

$$
\begin{aligned}
&\boldsymbol{R}_{sb}=\boldsymbol{I}\\
&\boldsymbol{R}_{sb'}=\boldsymbol{R}_{sb}R_z(\text{yaw})=\boldsymbol{R}_z(\text{yaw})\\
&\boldsymbol{R}_{sb''}=\boldsymbol{R}_{sb'}\boldsymbol{R}_y(\text{pitch})=\boldsymbol{R}_z(\text{yaw})\boldsymbol{R}_y(\text{pitch})\\
&\boldsymbol{R}_{sb'''}=\boldsymbol{R}_{sb''}\boldsymbol{R}_x(\text{roll})=\boldsymbol{R}_z(\text{yaw})\boldsymbol{R}_y(\text{pitch})\boldsymbol{R}_x(\text{roll})
\end{aligned}
\tag{4.91}
$$

如果令 yaw $=\alpha$，pitch $=\beta$，roll $=\gamma$，那么可以将式（4.91）展开为

$$
\begin{aligned}
\boldsymbol{R}_{sb'''}&=\begin{bmatrix}\cos\alpha & -\sin\alpha & 0\\ \sin\alpha & \cos\alpha & 0\\ 0 & 0 & 1\end{bmatrix}\begin{bmatrix}\cos\beta & 0 & \sin\beta\\ 0 & 1 & 0\\ -\sin\beta & 0 & \cos\beta\end{bmatrix}\begin{bmatrix}1 & 0 & 0\\ 0 & \cos\gamma & -\sin\gamma\\ 0 & \sin\gamma & \cos\gamma\end{bmatrix}\\
&=\begin{bmatrix}\cos\alpha\cos\beta & \cos\alpha\sin\beta\sin\gamma-\sin\alpha\cos\gamma & \cos\alpha\sin\beta\cos\gamma+\sin\alpha\sin\gamma\\ \sin\alpha\cos\beta & \sin\alpha\sin\beta\sin\gamma+\cos\alpha\cos\gamma & \sin\alpha\sin\beta\cos\gamma-\cos\alpha\sin\gamma\\ -\sin\beta & \cos\beta\sin\gamma & \cos\beta\cos\gamma\end{bmatrix}
\end{aligned}
\tag{4.92}
$$

利用式（4.92）可将旋转矩阵 $\boldsymbol{R}$ 转换为欧拉角。假设 $\cos\beta\neq0$，则有

$$
\begin{cases}
\tan\gamma=\dfrac{\cos\beta\sin\gamma}{\cos\beta\cos\gamma}=\dfrac{r_{32}}{r_{33}}\\
\sin\beta=-r_{31}\\
\tan\alpha=\dfrac{\sin\alpha\cos\beta}{\cos\alpha\cos\beta}=\dfrac{r_{21}}{r_{11}}
\end{cases}
\tag{4.93}
$$

式中，r_{nm}是 $\boldsymbol{R}$ 矩阵中第 n 行第 m 列的元素，因此可以使用反三角函数来求解欧拉角。但是同一个旋转矩阵 $\boldsymbol{R}$ 可对应不同的欧拉角，即欧拉角的解不唯一。例如以 Y-P-R 顺序为例，如果旋转矩阵 $\boldsymbol{R}$ 的欧拉角为 γ、β、α，那么旋转矩阵 $\boldsymbol{R}$ 的欧拉角还可表示为

$$\begin{cases}\text{roll}=\gamma+k_1\pi\\ \text{pitch}=\pi-\beta+2k_2\pi\\ \text{yaw}=\alpha+k_3\pi\end{cases}\tag{4.94}$$

式中，k_1、k_2、k_3 为任意整数。

如果把上述的两组欧拉角的解代入式（4.92），则发现这两组欧拉角的旋转矩阵相等，所以可以认为这两组欧拉角描述的姿态是等价的。

C++中反正切函数 atan2(y,x)的返回值是 y/x 的反正切值，即 $\arctan\dfrac{y}{x}$，且 atan2(y,x)返回值的值域为$[-\pi,\pi]$，能够覆盖旋转一周的所有角度。反正弦函数 asin(x)的定义域为 $x\in[-1,1]$，而返回值的值域为$\left[-\dfrac{\pi}{2},\dfrac{\pi}{2}\right]$，可见其不能覆盖所有角度。不过在四足机器人的行走过程中，俯仰角 β 不会超出$\left[-\dfrac{\pi}{2},\dfrac{\pi}{2}\right]$，并且由式（4.94）可知，pitch 总会有一个解位于$\left[-\dfrac{\pi}{2},\dfrac{\pi}{2}\right]$区间内，所以可以直接使用反三角函数计算欧拉角：

$$\begin{cases}\text{roll}=\text{atan2}(r_{32},r_{33})\\ \text{pitch}=\text{asin}(-r_{31})\\ \text{yaw}=\text{atan2}(r_{21},r_{11})\end{cases}\tag{4.95}$$

欧拉角最大的优点就是它的三个参数横滚角 roll、俯仰角 pitch 和偏航角 yaw 都具有直观的几何意义，所以在第 6 章的式（6.3）中可以非常方便地生成机器人的姿态命令。但是欧拉角存在万向节锁（gimbal lock）的问题，即在特定姿态下欧拉角会出现奇异。例如在式（4.93）中，要求 $\cos\beta\neq0$，就是因为当 $\cos\beta=0$ 时会出现万向节锁。而且旋转顺序的不同会影响最终机身的姿态，所以在本书中，都统一使用 Y-P-R 顺序。综合以上因素，大多数情况下还是使用旋转矩阵来描述刚体的姿态。

4.7 实践：在 C++中进行矩阵运算

本章中所介绍的许多算法有一个共同特点：需要用到矩阵运算。矩阵的运算比标量复杂许多，好在 C++下有一个强大的矩阵运算库：Eigen。Eigen 这个名字非常好记，因为英语中的特征值（Eigenvalue）和特征向量（Eigenvector）都是 Eigen 的派生词，所以一看到 Eigen，应该也能猜得到它是用于矩阵运算的函数库。

在使用 Eigen 前，需要先自行安装 Eigen。作为开源软件，Eigen 的安装十分简单，在此不再赘述。同时代码中应包含 Eigen 的头文件，本书只使用 Eigen 中和稠密矩阵（区别于稀疏矩阵）相关的部分，所以只需要在程序中加入以下代码：

```
#include <eigen3/Eigen/Dense>
```

4.7.1　矩阵和向量的声明与赋值

对于 Eigen 来说，向量是作为一个特殊的、列数为 1 的矩阵来处理的。所以可以用如下方法来声明一个 3×3 矩阵 $\boldsymbol{M}$ 和一个 3×1 向量$\boldsymbol{v}$：

```
Eigen::Matrix<double,3,3> M;
Eigen::Matrix<double,3,1> v;
```

以向量$\boldsymbol{v}$ 的声明为例，其中的 double 代表向量$\boldsymbol{v}$ 中的每一个元素都是 double 型的双精度浮点数。而后面的 3 和 1 代表向量$\boldsymbol{v}$ 是一个 3 行 1 列的“矩阵”。很明显，如此长的变量声明不方便使用，所以在 include/common/mathTypes.h 头文件中，预定义了许多常用的矩阵和向量：

```
using Mat3 = typename Eigen::Matrix<double,3,3>;
using Vec3 = typename Eigen::Matrix<double,3,1>;
```

预定义之后，即可使用简洁的语句来声明矩阵 $\boldsymbol{M}$ 和向量$\boldsymbol{v}$：

```
Mat3 M;
Vec3 v;
```

在完成矩阵的声明之后，矩阵中的所有元素都默认为 0。所以在真正使用前，需要为矩阵赋值，假如将矩阵 $\boldsymbol{M}$ 和向量$\boldsymbol{v}$ 赋值为

$$\boldsymbol{M}=\begin{bmatrix}1 & 2 & 3\\4 & 5 & 6\\7 & 8 & 9\end{bmatrix},\ \boldsymbol{v}=\begin{bmatrix}1\\2\\3\end{bmatrix} \tag{4.96}$$

那么最通用的赋值方法就是使运算符“<<”：

```
M << 1,2,3,
     4,5,6,
     7,8,9;
v << 1,2,3;
```

可见，运算符“<<”会一行一行地向矩阵中填充数值。需要注意的是，给矩阵 $\boldsymbol{M}$ 赋值的语句中，换行并不是必需的，完全可以写成一行，不过合理的换行能够避免粗心出错。

为了方便调试，Eigen 的矩阵支持使用 C++的输出流打印到终端显示。所以可以使用如下语句打印矩阵 $\boldsymbol{M}$ 和向量$\boldsymbol{v}$：

```
std::cout << "Matrix M:" << std::endl << M << std::endl;
std::cout << "Vector M:" << std::endl << v << std::endl;
```

在实际计算中，经常用到一些特殊矩阵，如单位矩阵、零矩阵、对角矩阵，以及所有元

素都是 1 的矩阵或向量。对于上述特殊矩阵，Eigen 有比较简洁的赋值方法：

```
M.setIdentity();                     // 单位矩阵
M.setZero();                         // 零矩阵
M = Vec3(1,2,3).asDiagonal();        // 对角矩阵
v.setOnes();                         // 全一向量
```

其中 Vec3(1,2,3)代表一个和式（4.96）中$\boldsymbol{v}$相等的列向量，asDiagonal( )函数的作用是将向量排列在矩阵的对角线上：

$$\boldsymbol{M}=\begin{bmatrix}1&0&0\\0&2&0\\0&0&3\end{bmatrix} \tag{4.97}$$

有时在定义矩阵和向量时并不确定它们的维度，这时就要使用可变维度的矩阵定义：

```
Eigen::MatrixXd M;
Eigen::VectorXd v;
```

对于矩阵 $\boldsymbol{M}$ 和向量$\boldsymbol{v}$，可以使用 *resize* 函数来修改它们的维度：

```
int rowNum = 3;
int colNum = 3;
M.resize(rowNum,colNum);
v.resize(rowNum);
```

在 Eigen 中，可变维度矩阵的计算效率要低于确定维度矩阵，所以在能够确定矩阵维度时，尽量使用确定维度矩阵。

4.7.2 矩阵和向量的元素与分块操作

对于 Eigen 的矩阵和向量，可直接使用( )对其中的元素进行赋值或读取操作：

```
M(0,1) = 5;
double value = v(2);
```

需要注意的是，与 MATLAB 不同，Eigen 中对于行和列的编号都是从 0 开始的。所以上述代码中是将矩阵 $\boldsymbol{M}$ 的第 1 行第 2 列元素赋值为 5，并且读取向量$\boldsymbol{v}$的第 3 个元素的数值。

通过函数 rows 和函数 cols 可分别获取矩阵的行数和列数：

```
int rowNum = M.rows();
int colNum = M.cols();
```

与之类似的两个函数是 row 和 col，不过它们的作用是取出矩阵中的某一行和某一列进行单独操作：

```
M.col(0) = v;
M.row(1) = M.row(2);
```

例如在上述代码中，将向量$\boldsymbol{v}$赋值给矩阵$\boldsymbol{M}$的第 1 列（也是一个 3×1 向量），并且将矩阵$\boldsymbol{M}$的第 3 行赋值给第 2 行。

实际中，经常将矩阵视为一个分块矩阵，并且对其中的一块进行操作。这个过程中会用到 block 函数，例如：

```
Mat6 M6;
M6.block(0,3,3,3).setIdentity();
M6.block(3,0,3,3) = Vec3(2,2,2).asDiagonal();
```

block 函数中四个参数的含义分别为：分块左上角元素的行号、列号，以及该分块的行数、列数。例如上述代码中，block(0,3,3,3)代表的就是从$\boldsymbol{M}_6$矩阵的第 1 行第 4 列开始（包含第 1 行第 4 列的元素），向下 3 行向右 3 列的分块矩阵。因此上述的$\boldsymbol{M}_6$矩阵应该为

$$\boldsymbol{M}_6=\begin{bmatrix}\boldsymbol{0}_{3\times3} & \boldsymbol{I}_3\\ 2\cdot\boldsymbol{I}_3 & \boldsymbol{0}_{3\times3}\end{bmatrix} \tag{4.98}$$

针对向量的截取，Eigen 有更方便的 segment 函数。segment 函数有两个参数，与 block 函数类似，第 1 个参数代表开始截取的元素序号（从 0 开始，且包括该元素），第 2 个参数代表要向后截取的向量长度。例如：

```
Vec6 v6;
v6.segment(1,3) = Vec3(10,20,30);
```

上述代码表示将向量$\boldsymbol{v}_6$从第 2 个元素开始的 3 个元素，即第 2、3、4 元素分别赋值为 10、20、30，所以向量$\boldsymbol{v}_6$为

$$\boldsymbol{v}_6=[0\quad 10\quad 20\quad 30\quad 0\quad 0]^{\mathrm{T}} \tag{4.99}$$

4.7.3　常用矩阵计算

Eigen 覆盖了非常多的矩阵计算，其中常用的有数乘、矩阵乘法、向量加法、矩阵的转置与求逆：

```
v = 2 * v;              // 数乘
v = M * v;              // 矩阵乘法
v = v + v;              // 向量加法
M = M.transpose()       // 矩阵转置
M = M.inverse()         // 矩阵求逆
```

需要再次强调的是，机器人学中常用的矩阵，如旋转矩阵和齐次变换矩阵，它们的逆矩阵都有简单的理论解，这种情况不必使用 inverse( )函数。

4.7.4 后续会用到的计算函数

因为本章所介绍的算法在后面的控制程序中要经常用到，所以为了方便使用，将这些计算相关的函数统一放置在 include/common/mathTools.h 头文件下。下面对本章学习的相关函数做一个简单的总结：

1） RotMat rotx(double &theta)：参照式（4.9），返回值为绕 x 轴旋转 theta 角度的旋转矩阵。

2） RotMat roty(double &theta)：参照式（4.10），返回值为绕 y 轴旋转 theta 角度的旋转矩阵。

3） RotMat rotz(double &theta)：参照式（4.10），返回值为绕 z 轴旋转 theta 角度的旋转矩阵。

4） Mat3 skew(Vec3& v)：参照式（4.32），将向量转化为其叉乘矩阵。

5） RotMat rpyToRotMat(double& roll, double& pitch, double& yaw)：参照式（4.91），将欧拉角转化为旋转矩阵。

6） Vec3 rotMatToRPY(Mat3& R)：参照式（4.95），将旋转矩阵转化为欧拉角，返回值是一个三维向量，其中的三个值分别为 roll、pitch、yaw。

7） RotMat quatToRotMat(Quat& q)：将四元数 q 转化为其对应的旋转矩阵。四元数也是一种描述刚体姿态的方法，只不过本书的理论部分并没有用到，所以没有展开介绍。此函数仅用于少量底层代码，如果读者有兴趣可以尝试推导。

8） Vec3 rotMatToExp(RotMat& rm)：参照 4.3.5 节，此函数用于求解旋转矩阵 rm 的指数坐标。

9） HomoMat homoMatrix(Vec3 p, RotMat m)：参照式（4.70），将旋转矩阵 m 和平移向量 p 拼接为齐次变换矩阵。

10） HomoMat homoMatrixInverse(HomoMat homoM)：参照式（4.71），对齐次变换矩阵 homoM 求逆。

11） Vec4 homoVec(Vec3 v3)：给三维向量 v3 的末尾添加一项 1，使其变成四维的齐次坐标。

12） Vec3 noHomoVec(Vec4 v4)：去掉四维齐次坐标的最后一项，使其变为三维向量。

同时，在控制程序中，经常要对 12 个数据进行操作，例如机器人有 12 个关节，所以会有 12 个关节角度和 12 个关节角速度，同时每个足端的位置与速度都是三维向量，这意味着 4 个足端就有 12 个位置值与 12 个速度值。为了保存这些数据，在 include/common/mathType.h 文件中定义了 Vec12 和 Vec34 两个变量。其中 Vec12 是一个 12×1 的列向量，依次排列 12 个关节的数据，这 12 个关节的顺序与 3.4.1 节中描述的相同；Vec34 是一个 3×4 矩阵，它的 4 个列向量分别对应 4 条腿的某个三维向量。有时需要在 Vec12 和 Vec34 变量之间相互切换，所以在 mathTypes.h 文件下，定义了这两个变量的转换函数：

1） vec12ToVec34：将 Vec12 类型的变量转化为 Vec34 类型的变量。

2） vec34ToVec12：将 Vec34 类型的变量转化为 Vec12 类型的变量。

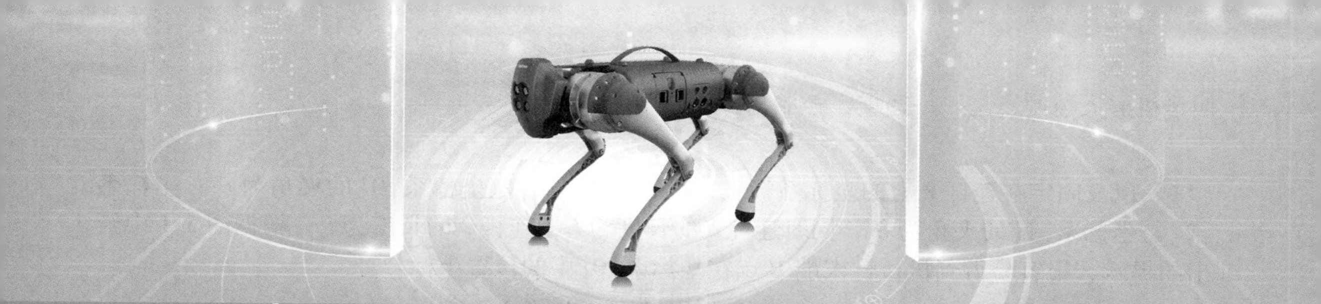

第 5 章 单腿的运动学与静力学

顾名思义，四足机器人有四条腿，而每一条腿都可以被视为一个三自由度机械臂。四足机器人就是通过控制四条腿的末端，也就是机器人足端的位置和力来控制机器人的平衡与运动。但是能够直接控制的只有机器人的 12 个关节，所以要研究如何通过控制机器人的关节使足端运动到目标位置并生成给定的力。

对于三自由度机械臂，其有很多简化的算法，限于本书的篇幅，这里只介绍一些简化后的算法。毕竟适用于任意自由度机械臂的运动学、静力学与动力学本身就是一门内容丰富的大课，如果读者有兴趣可以学习相关的基于旋量理论的书籍。

5.1 正向运动学

机器人的正向运动学（forward kinematic）是指已知关节角度，求解机器人足端的位姿（即位置与姿态）。位姿有六个自由度，但是由于机器人的每条腿都只有三个关节，所以最多只能控制足端位姿中的三个参量。对于四足机器人来说，它的每个足端都可以被简化为一个接触点，所以并不必非常关注它的姿态，而只需关注它的位置。因此四足机器人的正向运动学可以简化为，通过关节角度求解足端的位置，而不是位姿。

5.1.1 二维平面的串联机械臂

为了方便读者理解，这里先从一个简单的二维平面例子开始。如图 5.1 所示，假设在二维平面内有一个二自由度的串联机械臂，即这个机械臂有两个转动关节，并且连杆 2 通过连杆 1 与基座相连，形成串联关系。

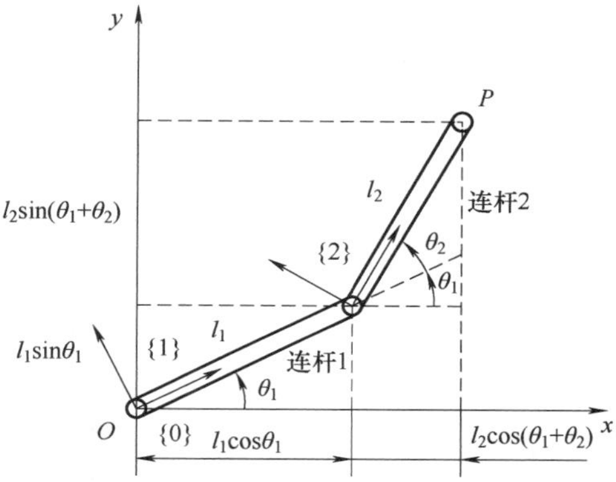

图 5.1 二维平面的串联机械臂

在二维平面中，刚体的位姿有三个自由度，即：x 坐标、y 坐标和 θ 转角。

由于这里的机械臂只有两个自由度，所以选择只控制机械臂末端的 x 坐标和 y 坐标两个自由度，即只控制机械臂末端的位置而不控制姿态。

为了便于研究，在机械臂上创建三个坐标系，即基座上静止的基座坐标系{0}，与坐标系{0}的原点重合但是固定在连杆 1 上随之转动的坐标系

{1}，以及固定在连杆 2 上的坐标系{2}。坐标系{1}与基座坐标系{0}的夹角为 θ_1，坐标系{2}与坐标系{1}的夹角为 θ_2，同时连杆 1 的长度为 l_1，连杆 2 的长度为 l_2。根据图 5.1 中给出的提示，很容易得到机械臂末端 P 点在坐标系{0}中的位置坐标：

$$\begin{cases} x_P = l_1\cos\theta_1 + l_2\cos(\theta_1+\theta_2) \\ y_P = l_1\sin\theta_1 + l_2\sin(\theta_1+\theta_2) \end{cases} \tag{5.1}$$

在二维平面中，式（5.1）计算自然非常简单，但是在三维空间中就会非常复杂。因此这里介绍一种利用齐次变换矩阵的计算方法，其结果与式（5.1）一致，并且在三维空间中同样简单有效。

首先计算坐标系{0}、{1}、{2}相对于自己上一个坐标系的齐次变换矩阵，即 $\boldsymbol{T}_{01}$ 和 $\boldsymbol{T}_{12}$。按照 4.5.2 节中的方法，可得

$$\boldsymbol{T}_{01} = \begin{bmatrix} \cos\theta_1 & -\sin\theta_1 & 0 \\ \sin\theta_1 & \cos\theta_1 & 0 \\ 0 & 0 & 1 \end{bmatrix},\ \boldsymbol{T}_{12} = \begin{bmatrix} \cos\theta_2 & -\sin\theta_2 & l_1 \\ \sin\theta_2 & \cos\theta_2 & 0 \\ 0 & 0 & 1 \end{bmatrix} \tag{5.2}$$

根据下标消去原则，可以计算 $\boldsymbol{T}_{02}$：

$$\begin{aligned} \boldsymbol{T}_{02} &= \boldsymbol{T}_{01}\boldsymbol{T}_{12} \\ &= \begin{bmatrix} \cos\theta_1\cos\theta_2 - \sin\theta_1\sin\theta_2 & -\cos\theta_1\sin\theta_2 - \sin\theta_1\cos\theta_2 & l_1\cos\theta_1 \\ \sin\theta_1\cos\theta_2 + \cos\theta_1\sin\theta_2 & -\sin\theta_1\sin\theta_2 + \cos\theta_1\cos\theta_2 & l_1\sin\theta_1 \\ 0 & 0 & 1 \end{bmatrix} \\ &= \begin{bmatrix} \cos(\theta_1+\theta_2) & -\sin(\theta_1+\theta_2) & l_1\cos\theta_1 \\ \sin(\theta_1+\theta_2) & \cos(\theta_1+\theta_2) & l_1\sin\theta_1 \\ 0 & 0 & 1 \end{bmatrix} \end{aligned} \tag{5.3}$$

在坐标系{2}中，P 点的坐标 $\boldsymbol{p}_2$ 是一个常量：

$$\boldsymbol{p}_2 = \begin{bmatrix} l_2 \\ 0 \end{bmatrix} \tag{5.4}$$

所以 P 点在坐标系{0}中的坐标 $\boldsymbol{p}_0$ 为

$$\begin{gathered} \begin{bmatrix} \boldsymbol{p}_0 \\ 1 \end{bmatrix} = \boldsymbol{T}_{02}\begin{bmatrix} \boldsymbol{p}_2 \\ 1 \end{bmatrix} \\ \begin{bmatrix} x_P \\ y_P \\ 1 \end{bmatrix} = \begin{bmatrix} \cos(\theta_1+\theta_2) & -\sin(\theta_1+\theta_2) & l_1\cos\theta_1 \\ \sin(\theta_1+\theta_2) & \cos(\theta_1+\theta_2) & l_1\sin\theta_1 \\ 0 & 0 & 1 \end{bmatrix}\begin{bmatrix} l_2 \\ 0 \\ 1 \end{bmatrix} \\ \begin{bmatrix} x_P \\ y_P \\ 1 \end{bmatrix} = \begin{bmatrix} l_2\cos(\theta_1+\theta_2) + l_1\cos\theta_1 \\ l_2\sin(\theta_1+\theta_2) + l_1\sin\theta_1 \\ 1 \end{bmatrix} \end{gathered} \tag{5.5}$$

通过对比可见，式（5.5）和式（5.1）的结果一致，所以可尝试将式（5.5）中的方法拓展到三维空间中。

5.1.2　三维空间的机器人单腿

与二维平面一样，第一步操作是创建坐标系。如图 5.2 所示，单腿有三个关节，即机身

关节、大腿关节和小腿关节。每个关节后都连接一个连杆，分别为髋、大腿和小腿。在每一个连杆上都绑定一个坐标系，即坐标系{1}、{2}和{3}。除此之外，还定义了一个与机身固定的坐标系{0}，在对单腿进行计算时，可以将坐标系{0}视为基座坐标系。

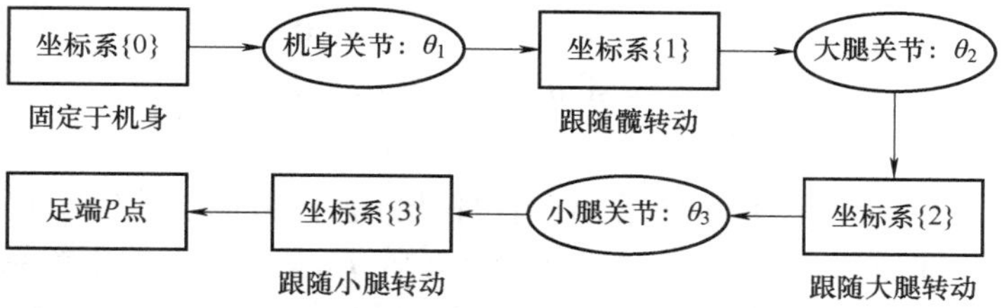

图 5.2　机器人单腿连接关系图

需要注意的是，绑定的坐标系只需要和连杆相对静止，而且旋转关节的轴线和坐标系的某一个坐标轴重合，并不需要将原点定义在连杆的特定位置。其原因在于，用坐标系来描述连杆的位姿，必须让坐标系与连杆相对静止。同时可使用 4.2.1 节的简便方法计算旋转矩阵，所以需要让旋转关节的轴线和坐标系的某一个坐标轴重合，这同时也意味着需要让坐标系的原点落在旋转关节的轴线上。至于坐标系的原点位置只会影响齐次变换矩阵中的最后一列，即两个坐标系原点之间向量的坐标，在实际计算中，一般选择方便计算的原点位置，这个位置并不唯一。

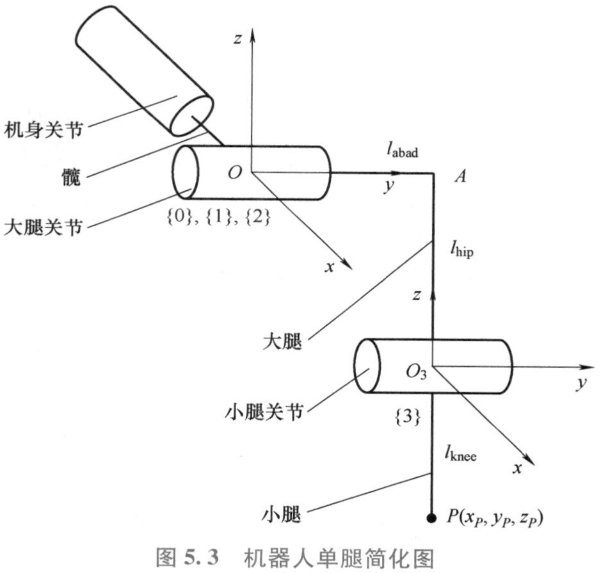

图 5.3　机器人单腿简化图

图 5.3 中标注了四个坐标系的位置以及髋、大腿、小腿连杆的尺寸。需要说明的是，{0}、{1}、{2}三个坐标系的原点都在同一位置，并且在 0°位置时，三个坐标系的坐标轴方向一致。这样做的原因在于，坐标系{1}的原点需要在机身关节的轴线上，同时坐标系{2}的原点需要在大腿关节的轴线上，那么索性将坐标系{1}和坐标系{2}的原点都放在机身关节和大腿关节轴线的交点上，同时将基座坐标系{0}的原点也放置在同一点，这样坐标系{0}、{1}、{2}之间的原点向量$\overrightarrow{O_0O_1}$、$\overrightarrow{O_1O_2}$都是零向量，可大大简化齐次变换矩阵。

下面来推导各个坐标系之间的齐次变换矩阵。由图 5.2 可知，坐标系{0}和{1}之间由机身关节连接，且在图 5.3 中可以看到，机身关节绕 x 轴转动，所以由式（4.9）可得旋转矩阵，又因为$\overrightarrow{O_0O_1}$是零向量，所以可以得到坐标系{1}相对于坐标系{0}的齐次变换矩阵 $\boldsymbol{T}_{01}$：

$$\boldsymbol{T}_{01}=\begin{bmatrix}1 & 0 & 0 & 0\\ 0 & \cos\theta_1 & -\sin\theta_1 & 0\\ 0 & \sin\theta_1 & \cos\theta_1 & 0\\ 0 & 0 & 0 & 1\end{bmatrix} \tag{5.6}$$

同理，坐标系{1}和坐标系{2}之间通过大腿关节绕 y 轴旋转，且$\overrightarrow{O_1O_2}$也是零向量，所以根据式（4.10）中关于 y 轴的旋转矩阵 $\boldsymbol{R}_y(\theta)$ 可得

$$\boldsymbol{T}_{12}=\begin{bmatrix}\cos\theta_2 & 0 & \sin\theta_2 & 0\\ 0 & 1 & 0 & 0\\ -\sin\theta_2 & 0 & \cos\theta_2 & 0\\ 0 & 0 & 0 & 1\end{bmatrix} \tag{5.7}$$

通过式（5.6）和式（5.7）不难看出，合理选择坐标系原点能够简化齐次变换矩阵的计算。而坐标系{2}和坐标系{3}之间的齐次变换矩阵 $\boldsymbol{T}_{23}$ 就必须考虑坐标系原点的位移。由于坐标系{2}和坐标系{3}之间的小腿关节也是绕 y 轴旋转，所以 $\boldsymbol{T}_{23}$ 和 $\boldsymbol{T}_{12}$ 的旋转矩阵部分形式一致：

$$\boldsymbol{T}_{23}=\begin{bmatrix}\cos\theta_3 & 0 & \sin\theta_3 & 0\\ 0 & 1 & 0 & l_1\\ -\sin\theta_3 & 0 & \cos\theta_3 & l_2\\ 0 & 0 & 0 & 1\end{bmatrix} \tag{5.8}$$

$$l_1=\begin{cases}-l_{\text{abad}}, & \text{右前腿,右后腿}\\ l_{\text{abad}}, & \text{左前腿,左后腿}\end{cases},\ l_2=-l_{\text{hip}} \tag{5.9}$$

需要注意的是 l_{abad} 的符号。在四足机器人 A1 中，机器人左右对称。对于机器人右侧的两条腿，大腿连杆向 y 轴负方向延伸了 l_{abad} 长度，所以有 $l_1=-l_{\text{abad}}$；而对于机器人左侧的两条腿则是向 y 轴正方向延伸，因此 $l_1=l_{\text{abad}}$。

P 点即为机器人的足端，P 点在坐标系{3}中的坐标 $\boldsymbol{p}_3$ 是一个常量，所以 P 点在坐标系{3}中的齐次坐标为

$$\begin{bmatrix}\boldsymbol{p}_3\\ 1\end{bmatrix}=\begin{bmatrix}0\\ 0\\ l_3\\ 1\end{bmatrix},\ l_3=-l_{\text{knee}} \tag{5.10}$$

那么 P 点在坐标系{0}中的坐标 $\boldsymbol{p}_0$ 为

$$\begin{bmatrix}\boldsymbol{p}_0\\ 1\end{bmatrix}=\boldsymbol{T}_{01}\boldsymbol{T}_{12}\boldsymbol{T}_{23}\begin{bmatrix}\boldsymbol{p}_3\\ 1\end{bmatrix}$$

$$\begin{bmatrix}x_P\\ y_P\\ z_P\\ 1\end{bmatrix}=\begin{bmatrix}l_3\sin(\theta_2+\theta_3)+l_2\sin\theta_2\\ -l_3\sin\theta_1\cos(\theta_2+\theta_3)+l_1\cos\theta_1-l_2\cos\theta_2\sin\theta_1\\ l_3\cos\theta_1\cos(\theta_2+\theta_3)+l_1\sin\theta_1+l_2\cos\theta_1\cos\theta_2\\ 1\end{bmatrix} \tag{5.11}$$

至此已经完成了机器人三自由度单腿的正向运动学，也就是给出任意的 θ_1、θ_2、θ_3，即可计算得到机器人足端在空间中的坐标 $\boldsymbol{p}_0$。

5.2 逆向运动学

逆向运动学就是已知机器人足端的坐标，求解三个关节的角度。对于高自由度的机械

臂，可以利用三个 Paden-Kahan 子问题来求解理论解，或者用迭代法来计算数值解。而对于三自由度的单腿，本书使用了更为简便易懂的计算方法。

逆向运动学计算的核心思想是解耦，即对各个关节角度逐个计算。这里从机身关节角度 θ_1 开始，将机器人的单腿投影到 yz 平面，如图 5.4 所示。当机身关节旋转 θ_1 角度时，足端 P 点在 yz 平面中坐标系{0}下的投影坐标为 (y_P, z_P)，在坐标系{1}下的投影坐标为常量 $(l_1, -L)$。

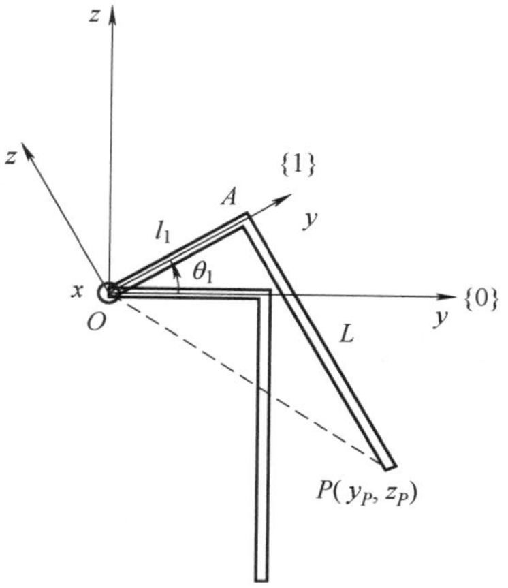

图 5.4　计算机身关节角度 θ_1 的 yz 平面投影图

根据 4.1.2 节中的二维平面旋转矩阵，可得

$$\begin{bmatrix} y_P \\ z_P \end{bmatrix} = \begin{bmatrix} \cos\theta_1 & -\sin\theta_1 \\ \sin\theta_1 & \cos\theta_1 \end{bmatrix} \begin{bmatrix} l_1 \\ -L \end{bmatrix} \tag{5.12}$$

将式（5.12）中的方程展开得

$$\begin{cases} y_P = l_1\cos\theta_1 + L\sin\theta_1 \\ z_P = l_1\sin\theta_1 - L\cos\theta_1 \end{cases} \tag{5.13}$$

$$\begin{cases} \dfrac{y_P}{\cos\theta_1} = l_1 + L\tan\theta_1 \\ \dfrac{z_P}{\cos\theta_1} = l_1\tan\theta_1 - L \end{cases} \tag{5.14}$$

由于在四足机器人中，$z_P \neq 0$，所以将式（5.14）中的两等式左侧右侧分别相除得

$$\frac{y_P}{z_P} = \frac{l_1 + L\tan\theta_1}{l_1\tan\theta_1 - L} \tag{5.15}$$

$$y_P l_1 \tan\theta_1 - y_P L = z_P l_1 + z_P L\tan\theta_1 \tag{5.16}$$

$$\tan\theta_1 = \frac{z_P l_1 + y_P L}{y_P l_1 - z_P L} \tag{5.17}$$

因此可以使用 C++中的反正切函数 atan2 来求解 θ_1：

$$\theta_1 = \text{atan2}(z_P l_1 + y_P L, y_P l_1 - z_P L) \tag{5.18}$$

式（5.18）中的 L 是机器人大腿和小腿连杆在 yz 平面上的投影长度，根据勾股定理可得

$$L = \sqrt{y_P^2 + z_P^2 - l_1^2} \tag{5.19}$$

至此已经完成了机身关节角度 θ_1 的计算。需要注意的是，理论上 θ_1 有两个解，但是另一个解超出了四足机器人 A1 的关节限位，实际上达不到，因此忽略第二个解，只考虑式（5.18）中的情况。

接下来计算小腿关节角度 θ_3，之所以先计算 θ_3，是因为 θ_3 的计算不需要知道 θ_2，而 θ_2 的计算需要用到 θ_3。θ_3 的计算非常简单，直接使用余弦定理即可求解。

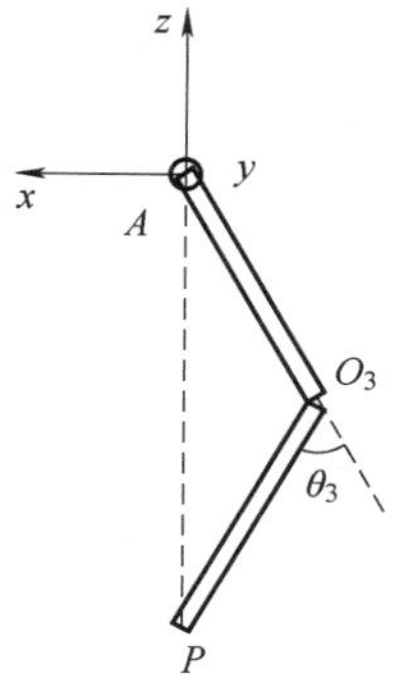

图 5.5　计算小腿关节角度 θ_3 的大腿小腿平面投影图

首先把计算平面定为大腿和小腿运动所在的平面，如图 5.5 所示。之所以选择这个平面，是因为在这个平面中，大腿、小腿两条线段的长度等于实际的腿长，而且定义小腿关节角度 θ_3 的旋

转正方向是垂直纸面向外，即逆时针方向。

利用余弦定理，可以计算$\angle AO_3P$：

$$\cos\angle AO_3P=\frac{|\overrightarrow{O_3A}|^2+|\overrightarrow{O_3P}|^2-|\overrightarrow{AP}|^2}{2|\overrightarrow{O_3A}||\overrightarrow{O_3P}|} \tag{5.20}$$

$$\angle AO_3P=\arccos\left(\frac{|\overrightarrow{O_3A}|^2+|\overrightarrow{O_3P}|^2-|\overrightarrow{AP}|^2}{2|\overrightarrow{O_3A}||\overrightarrow{O_3P}|}\right) \tag{5.21}$$

计算反余弦函数 arccos 可以使用 C++中的 acos 函数，该函数的输入值定义域为$[-1,1]$，但是返回值的值域为$[0,\pi]$，不能覆盖一圈的所有角度。不过由于机器人小腿关节的关节限位为$[-2.70,-0.92]$，导致$\angle AO_3P$的范围比 acos 函数返回值的值域要小，所以仍然可以直接使用 acos 函数来计算。

由图 5.5 可知，小腿关节角度θ_3的大小$|\theta_3|$为

$$|\theta_3|=\pi-\angle AO_3P \tag{5.22}$$

再考虑到小腿从 0°旋转到向量$\overrightarrow{O_3P}$方向是顺时针，即转角的负方向，所以小腿关节角度θ_3为

$$\theta_3=-|\theta_3|=-\pi+\angle AO_3P=-\pi+\mathrm{acos}\left(\frac{|\overrightarrow{O_3A}|^2+|\overrightarrow{O_3P}|^2-|\overrightarrow{AP}|^2}{2|\overrightarrow{O_3A}||\overrightarrow{O_3P}|}\right) \tag{5.23}$$

式中，$|\overrightarrow{O_3A}|$、$|\overrightarrow{O_3P}|$分别为大腿、小腿的长度，即图 5.3 中的l_{hip}、l_{knee}，所以只需计算$|\overrightarrow{AP}|$的数值。分析图 5.3 可知，不论三个关节如何旋转，$\triangle OAP$都是一个直角三角形，$\angle OAP$为直角。所以$|\overrightarrow{AP}|$可以通过勾股定理简单地求解：

$$|\overrightarrow{AP}|=\sqrt{x_P^2+y_P^2+z_P^2-l_{\mathrm{abad}}^2} \tag{5.24}$$

至此已经完成了机身关节角度θ_1和小腿关节角度θ_3的计算。下面要计算的大腿关节角度θ_2需要用到θ_1和θ_3。通过θ_1和θ_3的计算过程可见，最好能求得角度 tan 值的分式，即类似式（5.17）的形式，这样可以利用 C++中的反正切函数 atan2 计算得到$[-\pi,\pi]$，即一整圈范围内的所有角度。而如果只能得到角度的 tan、sin 或 cos 的数值标量，即类似式（5.20），那么反正切、反正弦、反余弦函数的返回值只能覆盖半圈范围的角度。

重新整理正向运动学的计算公式（5.11），可见整个方程中只有大腿关节角度θ_2是未知量，因此可整理得到$\tan\theta_2$的分式。

首先，x_P的计算公式为

$$\begin{aligned}x_P&=l_3(\cos\theta_3\sin\theta_2+\sin\theta_3\cos\theta_2)+l_2\sin\theta_2\\&=(l_3\cos\theta_3+l_2)\sin\theta_2+l_3\sin\theta_3\cos\theta_2\end{aligned} \tag{5.25}$$

然后联立y_P和z_P的计算公式：

$$y_P=-l_3\sin\theta_1\cos(\theta_2+\theta_3)+l_1\cos\theta_1-l_2\cos\theta_2\sin\theta_1 \tag{5.26}$$

$$z_P=l_3\cos\theta_1\cos(\theta_2+\theta_3)+l_1\sin\theta_1+l_2\cos\theta_1\cos\theta_2 \tag{5.27}$$

在式（5.26）等号两侧乘$\sin\theta_1$，式（5.27）等号两侧乘$\cos\theta_1$，可得

$$y_P\sin\theta_1=-l_3\sin^2\theta_1\cos(\theta_2+\theta_3)+l_1\sin\theta_1\cos\theta_1-l_2\sin^2\theta_1\cos\theta_2 \tag{5.28}$$

$$z_P\cos\theta_1=l_3\cos^2\theta_1\cos(\theta_2+\theta_3)+l_1\sin\theta_1\cos\theta_1+l_2\cos^2\theta_1\cos\theta_2 \tag{5.29}$$

式（5.28）减去式（5.29），可得

$$y_P\sin\theta_1 - z_P\cos\theta_1 = -l_3\cos(\theta_2+\theta_3)(\sin^2\theta_1+\cos^2\theta_1) - l_2\cos\theta_2(\sin^2\theta_1+\cos^2\theta_1) \tag{5.30}$$

由于 $\sin^2\theta_1+\cos^2\theta_1=1$，再将 $\cos(\theta_2+\theta_3)$ 展开可得

$$\begin{aligned} y_P\sin\theta_1 - z_P\cos\theta_1 &= -l_3(\cos\theta_3\cos\theta_2 - \sin\theta_3\sin\theta_2) - l_2\cos\theta_2 \\ &= l_3\sin\theta_3\sin\theta_2 - (l_3\cos\theta_3 + l_2)\cos\theta_2 \end{aligned} \tag{5.31}$$

对于式（5.31），很容易证明等式左右两侧均不等于 0。首先假设等式左侧等于 0：

$$y_P\sin\theta_1 - z_P\cos\theta_1 = 0$$

$$\frac{z_P}{y_P} = \frac{\sin\theta_1}{\cos\theta_1} = \tan\theta_1 \tag{5.32}$$

将式（5.32）代入式（5.17），可得

$$\frac{z_P}{y_P} = \frac{z_P l_1 + y_P L}{y_P l_1 - z_P L}$$

$$y_P z_P l_1 - z_P^2 L = y_P z_P l_1 + y_P^2 L$$

$$L(y_P^2 + z_P^2) = 0 \tag{5.33}$$

显然，方程（5.33）无解，因此式（5.31）左右两侧均不为 0。这里将式（5.31）的左右两侧分别除以式（5.25）的左右两侧：

$$\frac{a_1}{a_2} = \frac{m_1\sin\theta_2 - m_2\cos\theta_2}{m_1\cos\theta_2 + m_2\sin\theta_2} \tag{5.34}$$

其中：

$$\begin{cases} a_1 = y_P\sin\theta_1 - z_P\cos\theta_1 \\ a_2 = x_P \\ m_1 = l_3\sin\theta_3 \\ m_2 = l_3\cos\theta_3 + l_2 \end{cases} \tag{5.35}$$

将式（5.34）的右侧分子分母同时除以 $\cos\theta_2$，可得

$$\frac{a_1}{a_2} = \frac{m_1\tan\theta_2 - m_2}{m_1 + m_2\tan\theta_2}$$

$$a_1 m_1 + a_1 m_2\tan\theta_2 = a_2 m_1\tan\theta_2 - a_2 m_2$$

$$a_1 m_1 + a_2 m_2 = (a_2 m_1 - a_1 m_2)\tan\theta_2$$

$$\tan\theta_2 = \frac{a_1 m_1 + a_2 m_2}{a_2 m_1 - a_1 m_2} \tag{5.36}$$

因此使用 C++中的 atan2 函数可以得到大腿关节角度 θ_2：

$$\theta_2 = \mathrm{atan2}(a_1 m_1 + a_2 m_2, a_2 m_1 - a_1 m_2) \tag{5.37}$$

至此已经完成了单腿的逆向运动学，即给定机器人足端的位置坐标，可求得腿上的三个关节角度。

5.3　一阶微分运动学与静力学

正向运动学、逆向运动学解决的是关节角度和足端位置坐标之间的相互计算，关节角度

的一阶微分是关节角速度，足端位置坐标的一阶微分是足端速度，所以一阶微分运动学解决的就是关节角速度和足端速度之间的相互计算。有趣的是，可以使用一阶微分运动学实现关节力矩和足端力的相互计算，并且对于机器人的单腿，一阶微分运动学的“正向”和“逆向”计算非常接近，这些有趣特性的背后就是雅可比矩阵（Jacobian matrix）。

本书中只介绍一种基于正向运动学直接求导的算法，这个算法的原理非常简单，只是计算过程比较烦琐，仅适用于自由度较低的机械臂。如果读者想要求解高自由度机械臂的雅可比矩阵，那么可以使用基于旋量与伴随矩阵的算法。

5.3.1 雅可比矩阵

对于三自由度的机器人单腿，由于正向运动学的计算公式比较简单，所以可以直接令正向运动学的式（5.11）左右两侧对时间 t 求导。在本书中，$\dot{a}$ 代表 a 对时间的一阶导数，同理 $\ddot{a}$ 代表 a 对时间的二阶导数，首先有：

$$\begin{cases}\dot{\sin\theta_1}=\cos\theta_1\dot{\theta}_1,\dot{\sin\theta_2}=\cos\theta_2\dot{\theta}_2,\dot{\sin\theta_3}=\cos\theta_3\dot{\theta}_3\\ \dot{\cos\theta_1}=-\sin\theta_1\dot{\theta}_1,\dot{\cos\theta_2}=-\sin\theta_2\dot{\theta}_2,\dot{\cos\theta_3}=-\sin\theta_3\dot{\theta}_3\\ \dot{\cos}(\theta_2+\theta_3)=\dfrac{\mathrm{d}\cos(\theta_2+\theta_3)}{\mathrm{d}(\theta_2+\theta_3)}\cdot\dfrac{\mathrm{d}(\theta_2+\theta_3)}{\mathrm{d}t}=-\sin(\theta_2+\theta_3)(\dot{\theta}_2+\dot{\theta}_3)\\ \dot{\sin}(\theta_2+\theta_3)=\dfrac{\mathrm{d}\sin(\theta_2+\theta_3)}{\mathrm{d}(\theta_2+\theta_3)}\cdot\dfrac{\mathrm{d}(\theta_2+\theta_3)}{\mathrm{d}t}=\cos(\theta_2+\theta_3)(\dot{\theta}_2+\dot{\theta}_3)\end{cases}\tag{5.38}$$

之后对式（5.11）的左右两侧分别求时间 t 的一阶导数：

$$\begin{aligned}\dot{x}_P&=l_3\dot{\sin}(\theta_2+\theta_3)+l_2\dot{\sin\theta_2}\\&=l_3\cos(\theta_2+\theta_3)(\dot{\theta}_2+\dot{\theta}_3)+l_2\cos\theta_2\dot{\theta}_2\\&=0\cdot\dot{\theta}_1+(l_3\cos(\theta_2+\theta_3)+l_2\cos\theta_2)\cdot\dot{\theta}_2+l_3\cos(\theta_2+\theta_3)\cdot\dot{\theta}_3\\&=J_{11}\cdot\dot{\theta}_1+J_{12}\cdot\dot{\theta}_2+J_{13}\cdot\dot{\theta}_3\end{aligned}\tag{5.39}$$

$$\begin{aligned}\dot{y}_P&=-l_3\dot{\sin\theta_1}\cos(\theta_2+\theta_3)-l_3\sin\theta_1\dot{\cos}(\theta_2+\theta_3)+l_1\dot{\cos\theta_1}-l_2\dot{\cos\theta_2}\sin\theta_1-l_2\cos\theta_2\dot{\sin\theta_1}\\&=-l_3\cos\theta_1\cos(\theta_2+\theta_3)\dot{\theta}_1+l_3\sin\theta_1\sin(\theta_2+\theta_3)(\dot{\theta}_2+\dot{\theta}_3)-l_1\sin\theta_1\dot{\theta}_1+l_2\sin\theta_1\sin\theta_2\dot{\theta}_2-l_2\cos\theta_1\cos\theta_2\dot{\theta}_1\\&=(-l_1\sin\theta_1-l_2\cos\theta_1\cos\theta_2-l_3\cos\theta_1\cos(\theta_2+\theta_3))\cdot\dot{\theta}_1+(l_2\sin\theta_1\sin\theta_2+l_3\sin\theta_1\sin(\theta_2+\theta_3))\cdot\\&\quad\dot{\theta}_2+l_3\sin\theta_1\sin(\theta_2+\theta_3)\cdot\dot{\theta}_3\\&=J_{21}\cdot\dot{\theta}_1+J_{22}\cdot\dot{\theta}_2+J_{23}\cdot\dot{\theta}_3\end{aligned}\tag{5.40}$$

$$\begin{aligned}\dot{z}_P&=l_3\dot{\cos\theta_1}\cos(\theta_2+\theta_3)+l_3\cos\theta_1\dot{\cos}(\theta_2+\theta_3)+l_1\dot{\sin\theta_1}+l_2\dot{\cos\theta_1}\cos\theta_2+l_2\cos\theta_1\dot{\cos\theta_2}\\&=-l_3\sin\theta_1\cos(\theta_2+\theta_3)\dot{\theta}_1-l_3\cos\theta_1\sin(\theta_2+\theta_3)(\dot{\theta}_2+\dot{\theta}_3)+l_1\cos\theta_1\dot{\theta}_1-l_2\sin\theta_1\cos\theta_2\dot{\theta}_1-l_2\cos\theta_1\sin\theta_2\dot{\theta}_2\\&=(l_1\cos\theta_1-l_2\sin\theta_1\cos\theta_2-l_3\sin\theta_1\cos(\theta_2+\theta_3))\cdot\dot{\theta}_1+(-l_2\cos\theta_1\sin\theta_2-l_3\cos\theta_1\sin(\theta_2+\theta_3))\cdot\\&\quad\dot{\theta}_2+(-l_3\cos\theta_1\sin(\theta_2+\theta_3))\cdot\dot{\theta}_3\\&=J_{31}\cdot\dot{\theta}_1+J_{32}\cdot\dot{\theta}_2+J_{33}\cdot\dot{\theta}_3\end{aligned}\tag{5.41}$$

由式（5.39）、式（5.40）、式（5.41）可以看出，足端速度 $\dot{x}_P$、$\dot{y}_P$、$\dot{z}_P$ 和各个关节角速度 $\dot{\theta}_1$、$\dot{\theta}_2$、$\dot{\theta}_3$ 之间是线性关系，所以可以整理成矩阵相乘的形式：

$$\begin{bmatrix} \dot{x}_P \\ \dot{y}_P \\ \dot{z}_P \end{bmatrix} = \begin{bmatrix} J_{11} & J_{12} & J_{13} \\ J_{21} & J_{22} & J_{23} \\ J_{31} & J_{32} & J_{33} \end{bmatrix} \cdot \begin{bmatrix} \dot{\theta}_1 \\ \dot{\theta}_2 \\ \dot{\theta}_3 \end{bmatrix} = \boldsymbol{J} \cdot \begin{bmatrix} \dot{\theta}_1 \\ \dot{\theta}_2 \\ \dot{\theta}_3 \end{bmatrix} \tag{5.42}$$

式（5.42）中的 $\boldsymbol{J}$ 就是雅可比矩阵。在三自由度单腿中，三个关节的角速度决定了机器人足端的三个线速度，所以雅可比矩阵 $\boldsymbol{J}$ 是一个 3×3 的方阵。并且在四足机器人 A1 与 Go1 的关节限位下，雅可比矩阵 $\boldsymbol{J}$ 始终是可逆的，所以可以将式（5.42）的等式两侧同时左乘 $\boldsymbol{J}^{-1}$：

$$\begin{bmatrix} \dot{\theta}_1 \\ \dot{\theta}_2 \\ \dot{\theta}_3 \end{bmatrix} = \boldsymbol{J}^{-1} \cdot \begin{bmatrix} \dot{x}_P \\ \dot{y}_P \\ \dot{z}_P \end{bmatrix} \tag{5.43}$$

可见和运动学相比，一阶微分运动学的正、逆向运算之间有很强的相似性，仅有的区别就是雅可比矩阵 $\boldsymbol{J}$ 与雅可比矩阵的逆矩阵 $\boldsymbol{J}^{-1}$。其原因在于，运动学中足端位置和关节角度之间是非线性关系，不能写成矩阵相乘的形式；而在一阶微分运动学中，足端速度和关节角速度之间是线性关系，可以写成式（5.42）和式（5.43）这样的矩阵相乘的形式，进而通过矩阵求逆来实现正向、逆向切换。这个例子告诉我们线性关系是一个非常有用的属性，本书后面章节也会大量利用线性代数方面的知识。

5.3.2 单腿静力学

雅可比矩阵还可以用于单腿的静力学，假设机器人的腿处于静止状态，此时整条腿的动能保持不变，所以整条腿的总功率为 0，可以视为流入单腿的功率等于流出的功率，即关节对腿做功的功率等于足端对地面做功的功率。这时有

$$\tau_1\dot{\theta}_1+\tau_2\dot{\theta}_2+\tau_3\dot{\theta}_3 = F_x\dot{x}_P+F_y\dot{y}_P+F_z\dot{z}_P \tag{5.44}$$

式中，τ_1、τ_2、τ_3 分别代表三个关节的力矩；F_x、F_y、F_z 分别为足端对地面的合力（通常向下）在单腿固定坐标系$\{0\}$下的 x、y、z 轴分量。

将式（5.44）整理成向量点积的形式：

$$[\tau_1 \quad \tau_2 \quad \tau_3] \cdot \begin{bmatrix} \dot{\theta}_1 \\ \dot{\theta}_2 \\ \dot{\theta}_3 \end{bmatrix} = [F_x \quad F_y \quad F_z] \cdot \begin{bmatrix} \dot{x}_P \\ \dot{y}_P \\ \dot{z}_P \end{bmatrix}$$

$$\boldsymbol{\tau}^{\mathrm{T}} \cdot \begin{bmatrix} \dot{\theta}_1 \\ \dot{\theta}_2 \\ \dot{\theta}_3 \end{bmatrix} = \boldsymbol{F}^{\mathrm{T}} \cdot \boldsymbol{J} \cdot \begin{bmatrix} \dot{\theta}_1 \\ \dot{\theta}_2 \\ \dot{\theta}_3 \end{bmatrix}$$

$$\boldsymbol{\tau} = \boldsymbol{J}^{\mathrm{T}} \cdot \boldsymbol{F} \tag{5.45}$$

可见关节力矩和足端对地面的作用力之间也是线性关系，所以也可以通过简单的 $\boldsymbol{J}^{\mathrm{T}}$ 矩阵求逆的方法来求解 $\boldsymbol{F}$，展开可得单腿静力学的正向、逆向计算公式：

$$\begin{bmatrix}\tau_1\\ \tau_2\\ \tau_3\end{bmatrix}=\boldsymbol{J}^{\mathrm{T}}\cdot\begin{bmatrix}F_x\\ F_y\\ F_z\end{bmatrix} \tag{5.46}$$

$$\begin{bmatrix}F_x\\ F_y\\ F_z\end{bmatrix}=\boldsymbol{J}^{-\mathrm{T}}\cdot\begin{bmatrix}\tau_1\\ \tau_2\\ \tau_3\end{bmatrix} \tag{5.47}$$

最后再强调一次，计算中所说的 $\boldsymbol{F}$ 是足端对地面的作用力，即压力和摩擦力的合力，这个力通常是向下的。如果要考虑地面对足端的作用力 $\boldsymbol{F}'$，则需要注意这两个力互为作用力与反作用力，大小相等、方向相反，所以计算公式应为 $\boldsymbol{\tau}=-\boldsymbol{J}^{\mathrm{T}}\cdot\boldsymbol{F}'$。

5.4 摆动腿的控制

在四足机器人行走时，需要控制机器人的足端腾空，并且跟随目标轨迹的位置与速度，最后落到期望的落脚点，这个过程就是摆动腿的控制。

假设在基座坐标系{0}下，已知足端目标位置的坐标 $\boldsymbol{p}_{0d}$ 和目标速度的坐标 $\dot{\boldsymbol{p}}_{0d}$。利用 5.2 节中的逆向运动学求得该腿三个关节的目标角度 $\boldsymbol{q}_d$，同时利用 5.3 节中一阶微分逆向运动学的方法计算三个关节的目标角速度 $\dot{\boldsymbol{q}}_d$。所以可以直接给机器人的关节发送位置和速度命令来控制足端运动，但是上述的操作都是对关节的控制，如果发现机器人的足端位置或速度与目标之间有差距，就很难通过调节参数的方法来修正。因此在控制关节角度和角速度的基础上，引入对足端的修正力 $\boldsymbol{f}_d$。假设当前足端在基座坐标系{0}下的位置是 $\boldsymbol{p}_{0f}$，速度为 $\dot{\boldsymbol{p}}_{0f}$，那么修正力 $\boldsymbol{f}_d$ 为

$$\boldsymbol{f}_d=\boldsymbol{K}_{\mathrm{p}}(\boldsymbol{p}_{0d}-\boldsymbol{p}_{0f})+\boldsymbol{K}_{\mathrm{d}}(\dot{\boldsymbol{p}}_{0d}-\dot{\boldsymbol{p}}_{0f}) \tag{5.48}$$

式中，$\boldsymbol{K}_{\mathrm{p}}$、$\boldsymbol{K}_{\mathrm{d}}$ 都是对角矩阵，且每一个对角项都是正实数。修正力 $\boldsymbol{f}_d$ 是足端对外产生的作用力，例如当足端的 x 轴位置小于目标位置时，会产生沿 x 轴正方向的修正力，从而驱使足端向 x 轴正方向加速，进而缩小偏差。当机器人的腿运行速度不是很快时，可认为单腿静力学中的式（5.46）近似成立，假设当前腿的雅可比矩阵为 $\boldsymbol{J}$，那么根据式（5.46）可以计算得到各个关节的力矩 $\boldsymbol{\tau}=\boldsymbol{J}^{\mathrm{T}}\boldsymbol{f}_d$。通过调节各个关节的位置刚度 k_{p}、速度刚度 k_{d} 以及修正力 $\boldsymbol{f}_d$ 中的 $\boldsymbol{K}_{\mathrm{p}}$、$\boldsymbol{K}_{\mathrm{d}}$，最终足端可以很好地跟随目标位置与速度。

5.5 实践：让腿动起来

四足机器人的控制是由许多个子控制系统组合而成的，所以当机器人算法出现问题或需要调节参数时，往往无从下手。因为很难判断问题的来源，也难以观察修改参数后机器人的性能变化。因此应对机器人的每一个子系统进行测试和参数调节，为了方便地做到这一点，可以在有限状态机中添加用于测试的状态。例如为了便于调试机器人腿的运动，应添加状态 SwingTest，读者可以在 src/FSM/State_SwingTest.cpp 文件下查看相关代码。

状态 SwingTest 的作用就是，在保持三条腿固定的情况下，通过键盘或手柄控制机器人的右前腿摆动。在这个状态下，不但可以检查代码和算法是否有错误，还可以初步调试摆动

腿相关的参数。

5.5.1　机器人运动学与静力学计算

在示例代码中，将机器人的腿抽象为一个类，并且把机器人运动学与静力学相关的计算抽象为这个类的成员函数。打开 include/common/unitreeLeg.h 文件，可以查看机器人三自由度机械腿的 QuadrupedLeg 类，下面分别介绍其中的各个成员函数：

1）QuadrupedLeg：QuadrupedLeg 类的构造函数，参数中 legID 为腿的编号，如图 3.5 所示，分别为 0、1、2、3。而 abadLinkLength、hipLinkLength、kneeLinkLength 则分别代表图 5.3 中的 l_{abad}、l_{hip}、l_{knee} 三个长度。最后的 pHip2B 代表从机身中心到该腿基座坐标系{0}原点的向量。

2）calcPEe2H(q)：参照式（5.11），当三个关节角度分别为 q 时，计算足端到基座坐标系{0}原点的向量坐标。

3）calcPEe2B(q)：当三个关节角度分别为 q 时，计算足端到机身中心的向量坐标。

4）calcVEe(q,qd)：参照式（5.42），当关节角度为 q、关节角速度为 qd 时，计算足端的速度向量。

5）calcQ(pEe,frame)：参照 5.2 节的逆向运动学，计算当足端坐标为 pEe 时腿上三个关节的角度，而 frame 表示坐标 pEe 所在的坐标系，FrameType::HIP 和 FrameType::BODY 分别代表基座坐标系{0}和机身坐标系。

6）calcQd(q,vEe)：参照式（5.43），根据当前腿上三个关节的角度和足端速度计算三个关节的角速度。

7）calcQd(pEe,vEe,frame)：根据足端在 frame 坐标系下的位置坐标 pEe 和速度 vEe 计算三个关节的角速度，可以认为该函数是函数 calcQd(q,vEe)和函数 calcQ(pEe,frame)的融合。

8）calcTau(q,force)：参照式（5.46），当该腿三个关节角度为 q、足端对外作用力为 force 时，计算该腿三个关节的力矩。

9）calcJaco(q)：参照式（5.42），当三个关节角度分别为 q 时，计算该腿的雅可比矩阵。

同时，为了方便调用，将四足机器人 A1 的腿定义为 QuadrupedLeg 类的子类 A1Leg，Go1 机器人的腿定义为 QuadrupedLeg 类的子类 Go1Leg，可见 A1Leg 和 Go1Leg 的构造函数中保存了对应机器人腿长的默认参数。

在机器人实际的控制中，很少对单条腿进行控制，所以在 unitreeRobot.h 头文件下声明了 QuadrupedRobot 类，该类下包含四个 QuadrupedLeg 实例，在后续程序中，会对 QuadrupedRobot 类下的 0 号腿，即右前腿进行操作。

5.5.2　命令的逆归一化

为了方便计算，常将$[0,a]$区间内的数缩放$\frac{1}{a}$到$[0,1]$区间的归一化数，同理，也可将$[-b,0]$区间的数缩放到$[-1,0]$，这种操作称为归一化（normalization）。一个典型的例子就是手柄的左右摇杆，摇杆输出的 x、y 坐标就处于$[-1,1]$区间。显然，将$[-1,1]$区间的归一化数还原为具有实际物理意义的真实值的过程就是逆归一化，可以使用 include/common/mathTools.h 文件中的 invNormalize 函数来实现。

invNormalize 函数有 5 个自变量，分别为：

```
invNormalize(value,min,max,minLim = -1,maxLim = 1)
```

其中 value 为归一化数，且属于[minLim,maxLim]区间，而函数 invNormalize 的返回值就是 value 对应的真实值，属于[min,max]区间。如果不给 minLim 或 maxLim 赋值，则它们的默认值分别为-1 和 1。例如在 src/FSM/State_SwingTest.cpp 文件中，即使用 invNormalize 函数将手柄摇杆的命令转化为右前腿的目标位置。

5.5.3 计算关节命令

在状态 SwingTest 中，获得右前腿的目标位置之后，就可以使用函数_positionCtrl 来计算各个关节的目标角度，用函数_torqueCtrl 来计算足端的目标作用力，进而得到各个关节的目标力矩。需要注意的是，这里并没有计算关节的目标速度，原因在于假设足端的目标速度为 0，所以各个关节的目标速度也是 0。也正是因为目标速度为 0，在操纵足端运动时会产生较大的延迟，这属于正常现象。在这个阶段的参数调整中，一般只需注意不要让足端在运动时产生抖动或位置振荡即可。

5.5.4 在仿真与实机上进行试验

状态 SwingTest 只可以从状态 FixedStand 进入，所以需要先按键盘上的<2>键或手柄上的<L2+A>组合键进入 FixedStand 状态，再按键盘上的<9>键或手柄上的<L1+A>组合键进入 SwingTest 状态。

需要注意的是，我们想要看到右前腿在腾空状态的运动情况，所以在仿真中应尽量把机器人悬挂起来测试。实现这一点的方法就是将参数 user_debug 赋值为 true：

```
roslaunch unitree_guide gazeboSim.launch user_debug:=true
```

在之前的仿真中，并没有修改 user_debug 的值，因此其一直默认是 false，此时机器人可以在仿真空间中自由走动。而当将 user_debug 赋值为 true 后，机器人会悬挂在初始位置，从而方便我们观察腿的运动。在实机上运行时，最好也能将机器人悬挂起来进行试验。

第 6 章 四足机器人的运动学与动力学

四足机器人的运动学可以认为是通过改变四条腿足端的位置，来改变机器人机身的位置和姿态。而四足机器人的动力学则是利用地面对机器人足端的作用力来改变机器人的运动状态。搭配上第 5 章中介绍的单腿运动学与静力学，就可以将机器人整体的运动与每个关节的命令联系在一起。可见机器人的运动学与动力学是机器人控制算法中不可缺少的一部分，本章主要研究四足机器人整体的运动学与动力学，为后续机器人控制程序的学习打下基础。

6.1 四足机器人的运动学

四足机器人的运动状态和各个足端的运动是紧密相关的，所以在控制算法中，需要考虑这两者之间的互相计算。

6.1.1 机器人姿态与足端位置

当机器人四腿站立在平地上时，如果想要它做出一个低头鞠躬的动作，则只需要令机器人的两条前腿缩短，机器人就会在重力、地面支撑力与摩擦力的作用下改变姿态，做出鞠躬的动作。事实上，在四腿站立时，可以通过改变四条腿的关节角度，来实现机器人在三个平移方向和三个转动方向的小幅运动。

为了方便对机器人运动学的分析，引入机身坐标系$\{b\}$。在图 6.1 中，机身坐标系$\{b\}$的原点 O 位于机身的形心位置，x 轴朝向机器人的头部，y 轴朝向机器人左侧，根据右手系的定义，z 轴沿 $\boldsymbol{x}\times\boldsymbol{y}$ 方向，即朝向机器人的上方。这里需要注意的是，为了方便后面的牵连速度以及动力学运算，机身坐标系$\{b\}$实际上是一个静止的惯性系，只是机身坐标系$\{b\}$在任意时刻都与机器人的位姿重合。这一个概念现在可能还很难理解，不过在后续的应用中会有更详细的介绍。

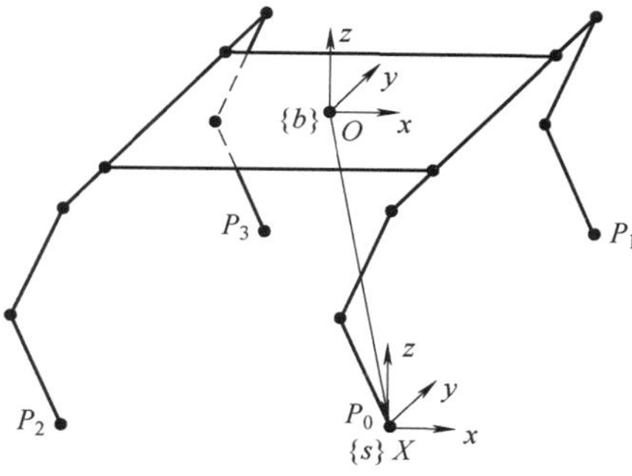

图 6.1 四足机器人简化图

参照图 3.5 中机器人四条腿的编号，机器人的四个足端分别为点 P_0、P_1、P_2、P_3。在机身坐标系$\{b\}$下，上述四个点的坐标分别为 $\boldsymbol{p}_{b0}$、$\boldsymbol{p}_{b1}$、$\boldsymbol{p}_{b2}$、$\boldsymbol{p}_{b3}$。当机器人姿态发生改变时，需要修改上述四个坐标，但是并不希望机器人的足端发生滑移，即希望机器人各个足端相对于地面不要移动。为了实现这一目标，需要用到一个地面上的固定点 X，以及以 X 点为原点的世界坐标系 $\{s\}$。

因为机器人的四个足端相对于地面没有移动，所以在世界坐标系 $\{s\}$ 下，四个足端点的坐标向量 $\boldsymbol{p}_{s0}$、$\boldsymbol{p}_{s1}$、$\boldsymbol{p}_{s2}$、$\boldsymbol{p}_{s3}$ 应该是常量，不随机身的位姿而改变。虽然世界坐标系的原点 X 可以是空间中的任意一点，坐标轴也可以选择任意右手直角坐标系，但是为了计算的方便，一般选择 P_0 点为 X 点，同时让世界坐标系的坐标轴与初始状态的机身坐标系平行，此时描述机身姿态的旋转矩阵 $\boldsymbol{R}_{sb}=\boldsymbol{I}$。因此可以得到世界坐标系 $\{s\}$ 下各个足端点的坐标常量：

$$\boldsymbol{p}_{si}=\boldsymbol{R}_{sb}\cdot[\boldsymbol{p}_{bi}(0)-\boldsymbol{p}_{b0}(0)]=\boldsymbol{p}_{bi}(0)-\boldsymbol{p}_{b0}(0),\quad i=0,1,2,3 \tag{6.1}$$

式中，$\boldsymbol{p}_{bi}(0)$ 代表编号为 i 的足端在机身坐标系 $\{b\}$ 中的初始坐标，因此 $\boldsymbol{p}_{b0}(0)$ 代表的就是 0 号足端，即 P_0 点在机身坐标系 $\{b\}$ 中的坐标。

需要注意的是，式（6.1）只在初始状态，即世界坐标系与机身坐标系平行时成立。

有了世界坐标系 $\{s\}$ 与机身坐标系 $\{b\}$ 后，就可以使用齐次变换矩阵来描述机身的位姿。例如在初始状态的机身位姿齐次变换矩阵 $\boldsymbol{T}_{sb}(0)$ 为

$$\boldsymbol{T}_{sb}(0)=\begin{bmatrix}\boldsymbol{R}_{sb} & (\boldsymbol{O})_s\\ 0 & 1\end{bmatrix}=\begin{bmatrix}\boldsymbol{I}_{3\times3} & -\boldsymbol{p}_{b0}(0)\\ 0 & 1\end{bmatrix} \tag{6.2}$$

式中，$(\boldsymbol{O})_s$ 代表 O 点在世界坐标系 $\{s\}$ 中的坐标，显然该坐标等于机身坐标系 $\{b\}$ 下 X 点坐标的相反数，即 $-\boldsymbol{p}_{b0}(0)$。令机身在世界坐标系下平移向量 $\boldsymbol{p}_d$，且横滚角 roll、俯仰角 pitch 和偏航角 yaw 分别为 γ、β、α，根据式（4.91）中欧拉角的定义，机身的齐次变换矩阵 $\boldsymbol{T}_{sb}$ 为

$$\boldsymbol{T}_{sb}=\begin{bmatrix}\boldsymbol{R}_z(\alpha)\boldsymbol{R}_y(\beta)\boldsymbol{R}_x(\gamma) & -\boldsymbol{p}_{b0}(0)+\boldsymbol{p}_d\\ 0 & 1\end{bmatrix} \tag{6.3}$$

此时，根据坐标变换的方法来计算机身坐标系 $\{b\}$ 下各个足端的坐标：

$$\boldsymbol{p}_{bi}=\boldsymbol{T}_{bs}\cdot\boldsymbol{p}_{si}=\boldsymbol{T}_{sb}^{-1}\cdot\boldsymbol{p}_{si},\quad i=0,1,2,3 \tag{6.4}$$

注意式（6.4）中的齐次变换矩阵求逆 $\boldsymbol{T}_{sb}^{-1}$ 可以使用式（4.71）来计算。在得到机身坐标系下的足端坐标后，通过简单的平移计算就能够得到机器人单腿坐标系下的足端坐标，进而使用单腿逆向运动学求解得到各个关节的角度。最后利用第 3 章的方法控制各个关节的角度，实现机器人姿态的控制。

6.1.2 刚体上一点的速度与加速度

当一个刚体平移运动或转动时，刚体上位置为 $\boldsymbol{p}$ 的质点也在以速度 $\dot{\boldsymbol{p}}$ 和加速度 $\ddot{\boldsymbol{p}}$ 运动。需要注意的是，对于质点，一般不考虑它们的转动，所以只需要研究它们的速度 $\dot{\boldsymbol{p}}$ 和加速度 $\ddot{\boldsymbol{p}}$。

前面已定义了机身坐标系 $\{b\}$，并且反复强调机身坐标系 $\{b\}$ 是一个静止的坐标系，它并不随着机身一起运动，只是在当前时刻与机身的位姿重合。假设刚体当前的平移速度向量和旋转角速度向量在机身坐标系 $\{b\}$ 下的坐标分别为 $\boldsymbol{v}_b$ 和 $\boldsymbol{\omega}_b$，这意味着在机身坐标系 $\{b\}$ 上位于原点位置 $\boldsymbol{p}_{O'}$ 的刚体质点 O' 的运动速度为 $\boldsymbol{v}_b$，而刚体上位于位置 $\boldsymbol{p}_P$ 的质点 P 在以速度 $\boldsymbol{v}_b$ 平移的同时，还在以角速度 $\boldsymbol{\omega}_b$ 绕转轴旋转，其旋转产生的速度可以由式（4.39）来计算，将这两部分速度叠加可得质点 P 的运动速度在机身坐标系 $\{b\}$ 中的坐标 $\dot{\boldsymbol{p}}_P$：

$$\dot{\boldsymbol{p}}_P=\boldsymbol{v}_b+[\boldsymbol{\omega}_b]_\times(\boldsymbol{p}_P-\boldsymbol{p}_{O'}) \tag{6.5}$$

对式（6.5）左右两侧求导可得

$$\ddot{\boldsymbol{p}}_P=\dot{\boldsymbol{v}}_b+[\dot{\boldsymbol{\omega}}_b]_\times(\boldsymbol{p}_P-\boldsymbol{p}_{O'})+[\boldsymbol{\omega}_b]_\times(\dot{\boldsymbol{p}}_P-\dot{\boldsymbol{p}}_{O'}) \tag{6.6}$$

式中，$\dot{\boldsymbol{v}}_b$ 为刚体整体的加速度；$\dot{\boldsymbol{\omega}}_b$ 为刚体整体的角加速度；$\dot{\boldsymbol{p}}_{O'}$为刚体质点 O'的速度，根据前面的分析可知 $\dot{\boldsymbol{p}}_{O'}=\boldsymbol{v}_b$，再将式（6.5）代入式（6.6）可得

$$\ddot{\boldsymbol{p}}_P=\dot{\boldsymbol{v}}_b+[\dot{\boldsymbol{\omega}}_b]_\times(\boldsymbol{p}_P-\boldsymbol{p}_{O'})+[\boldsymbol{\omega}_b]_\times[\boldsymbol{\omega}_b]_\times(\boldsymbol{p}_P-\boldsymbol{p}_{O'}) \tag{6.7}$$

在当前时刻，因为刚体质点 O'与机身坐标系$\{b\}$的原点重合，所以有 $\boldsymbol{p}_{O'}=\boldsymbol{0}$，这样 P 点速度和加速度在机身坐标系$\{b\}$下的坐标 $\dot{\boldsymbol{p}}_P$ 和 $\ddot{\boldsymbol{p}}_P$ 分别为

$$\dot{\boldsymbol{p}}_P=\boldsymbol{v}_b+[\boldsymbol{\omega}_b]_\times\boldsymbol{p}_P \tag{6.8}$$

$$\ddot{\boldsymbol{p}}_P=\dot{\boldsymbol{v}}_b+[\dot{\boldsymbol{\omega}}_b]_\times\boldsymbol{p}_P+[\boldsymbol{\omega}_b]_\times[\boldsymbol{\omega}_b]_\times\boldsymbol{p}_P \tag{6.9}$$

6.1.3　机器人足端速度

在 5.3.1 节中，利用式（5.42）可以计算机身坐标系$\{b\}$下关节转动产生的足端速度。但是当机器人本身也在移动和旋转时，应该如何计算足端在世界坐标系$\{s\}$下的速度呢？大致的思路就是将机身运动产生的足端速度（以下简称牵连速度）和关节转动产生的足端速度叠加起来。

首先考虑牵连速度，此时可以认为机器人的所有关节处于固定状态，因此可以把机器人视为一个刚体。这意味着可以用式（6.8）来计算机身坐标系$\{b\}$下的足端牵连速度$\boldsymbol{v}_{be}$：

$$\boldsymbol{v}_{be}=\boldsymbol{v}_b+[\boldsymbol{\omega}_b]_\times\boldsymbol{p}_{bfB} \tag{6.10}$$

式中，$\boldsymbol{v}_b$、$\boldsymbol{\omega}_b$ 分别为机身坐标系$\{b\}$原点处的机身线速度和机身角速度；$\boldsymbol{p}_{bfB}$为机身坐标系$\{b\}$下的机器人足端相对于机身的位置坐标。这里就能体现出为何在本章一开始就定义机身坐标系$\{b\}$为与机身位姿重合的静止惯性系，如果机身坐标系$\{b\}$是固定在机身上的移动坐标系，由于各个关节保持静止，所以无论机器人怎么运动，足端在这个坐标系下的速度都只能是 $\boldsymbol{0}$。那么如何理解式（6.10）呢？首先，机器人在空间中有运动的线速度$\boldsymbol{v}$ 和角速度 $\boldsymbol{\omega}$，这两个速度向量是客观存在的，与坐标系无关。只是为了后续计算方便，才选择使用与机身位姿恰巧重合的固定惯性系$\{b\}$中的坐标来描述这两个向量，即$\boldsymbol{v}_b$ 与 $\boldsymbol{\omega}_b$。由于坐标系$\{b\}$是一个静止坐标系，$\boldsymbol{v}_b$ 与 $\boldsymbol{\omega}_b$ 描述了一个物体的移动与转动，因此才可以套用式（6.8）来计算足端牵连速度。

通过式（5.42）可以计算出机身坐标系$\{b\}$下关节转动带来的足端速度$\boldsymbol{v}_{bj}$：

$$\boldsymbol{v}_{bj}=\boldsymbol{J}\dot{\boldsymbol{\theta}} \tag{6.11}$$

式中，$\boldsymbol{J}$ 为机械腿的雅可比矩阵；$\dot{\boldsymbol{\theta}}$ 为该腿三个关节转动角速度组成的向量。

将$\boldsymbol{v}_{be}$和$\boldsymbol{v}_{bj}$相加，并且旋转到世界坐标系$\{s\}$中可得足端在坐标系$\{s\}$下的速度$\boldsymbol{v}_{sf}$：

$$\begin{aligned}\boldsymbol{v}_{sf}&=\boldsymbol{R}_{sb}(\boldsymbol{v}_{be}+\boldsymbol{v}_{bj})\\&=\boldsymbol{R}_{sb}\boldsymbol{v}_b+\boldsymbol{R}_{sb}([\boldsymbol{\omega}_b]_\times\boldsymbol{p}_{bfB}+\boldsymbol{J}\dot{\boldsymbol{\theta}})\\&=\boldsymbol{v}_s+\boldsymbol{R}_{sb}([\boldsymbol{\omega}_b]_\times\boldsymbol{p}_{bfB}+\boldsymbol{J}\dot{\boldsymbol{\theta}})\end{aligned} \tag{6.12}$$

式中，$\boldsymbol{v}_s$ 是机器人机身在世界坐标系$\{s\}$中的移动速度，可是问题在于，目前并没有方法来直接测量$\boldsymbol{v}_s$，所以在第 7 章的实际应用中，常用的物理量是世界坐标系$\{s\}$下足端相对于机身的移动速度$\boldsymbol{v}_{sfB}$：

$$\boldsymbol{v}_{sfB}=\boldsymbol{v}_{sf}-\boldsymbol{v}_s=\boldsymbol{R}_{sb}([\boldsymbol{\omega}_b]_\times\boldsymbol{p}_b+\boldsymbol{J}\dot{\boldsymbol{\theta}}) \tag{6.13}$$

6.2 四足机器人的动力学

前面已经学习了如何利用四足机器人的单腿逆向运动学来控制 A1 足端的平移运动，以及利用整机的逆向运动学方程来实现 A1 的位姿控制。运动学中控制的变量都是机器人的关节角度，从未考虑过运动所需要的力。但是为了使机器人实现更好的运动效果，必须加入对足端力的控制，并建立足端力与机器人运动的力学关系，因此需要研究机器人的动力学。

6.2.1 四足机器人动力学简化模型

如果忽略机器人各个部件在外力作用下的形变，则机器人可以被视为由多个刚体连接组成的系统。关于多刚体动力学，Roy Featherstone 的算法目前获得了广泛使用，并且有基于该算法的开源库 RBDL。但是多刚体动力学需要用到旋量理论等更高级的数学工具，而这超出了本书的知识范围，所以在此仅对四足机器人的动力学问题进行简化讲解。

因为机器人所有的电机都集中在机身躯干之内，所以腿的重量占整个机器人重量的比例很低。这样就可以将整个机器人视为一个刚体，忽略四条腿对动力学的影响。因此，本书只对单刚体的动力学进行分析。

6.2.2 单刚体动力学

对于一个刚体，假设该刚体的密度分布函数为 $\rho(x,y,z)$，那么可以通过体积积分得到该刚体的质量 m：

$$m=\int_z\int_y\int_x\rho(x,y,z)\,\mathrm{d}x\mathrm{d}y\mathrm{d}z=\int_B\rho\mathrm{d}V \tag{6.14}$$

为了简便起见，下文中均使用 $\int_B\cdots\mathrm{d}V$ 代表在刚体内部进行体积积分。同时为了公式简洁，也会省略掉表示与坐标相关的函数自变量 (x,y,z)。下面来定义刚体的重心。假设在一个点上建立刚体的机身坐标系 $\{b\}$，并且在该坐标系 $\{b\}$ 中，刚体内每一点的坐标为 $\boldsymbol{p}_b=[x\quad y\quad z]^{\mathrm{T}}$，如果有

$$\int_B\rho\boldsymbol{p}_b\mathrm{d}V=\boldsymbol{0}_{3\times1} \tag{6.15}$$

那么该机身坐标系 $\{b\}$ 的原点就是这个刚体的重心。将机身坐标系 $\{b\}$ 放在刚体的重心上能够大大简化计算，所以在动力学计算中，一般默认将坐标系 $\{b\}$ 建在重心上。通过简单的推导也可以得到 $\int_B\rho[\boldsymbol{p}_b]_\times\mathrm{d}V$ 和 $\int_B\rho\boldsymbol{p}_b^{\mathrm{T}}\mathrm{d}V$ 分别为零矩阵和零向量。

在 6.1.2 节中，已经推导出了刚体上一点的加速度公式，即式（6.9）。需要注意的是，机身坐标系 $\{b\}$ 为一个静止的惯性系，同时在当前时刻下，坐标系 $\{b\}$ 的原点位于刚体的重心处，姿态与刚体一致。之所以必须保证机身坐标系 $\{b\}$ 是惯性系，是因为牛顿第二定律只在惯性系中有效。根据惯性系中的牛顿第二定律 $F=ma$，可以将刚体重心处所受的合外力 $\boldsymbol{f}_b$ 与刚体的运动状态 $\boldsymbol{v}_b$、$\boldsymbol{\omega}_b$ 联系起来：

$$\boldsymbol{f}_b=\int_B\rho(x,y,z)\ddot{\boldsymbol{p}}_b(x,y,z)\mathrm{d}V$$

$$= \int_B \rho(\dot{\boldsymbol{v}}_b + [\dot{\boldsymbol{\omega}}_b]_\times \boldsymbol{p}_b + [\boldsymbol{\omega}_b]_\times [\boldsymbol{\omega}_b]_\times \boldsymbol{p}_b)\mathrm{d}V \tag{6.16}$$

其中，$\boldsymbol{v}_b$、$\boldsymbol{\omega}_b$ 以及它们的导数描述的是整个刚体的运动，因此对于刚体内部的每一个点，它们的值都是一致的。那么就可以将这些量视为积分过程中的常量，并且从积分符号中提取出来：

$$\boldsymbol{f}_b = \dot{\boldsymbol{v}}_b\int_B \rho \mathrm{d}V + [\dot{\boldsymbol{\omega}}_b]_\times \int_B \rho \boldsymbol{p}_b \mathrm{d}V + [\boldsymbol{\omega}_b]_\times [\boldsymbol{\omega}_b]_\times \int_B \rho \boldsymbol{p}_b \mathrm{d}V \tag{6.17}$$

由式（6.14）中质量 m 的定义 $\int_B \rho \mathrm{d}V = m$，以及式(6.15) 中重心的属性$\int_B \rho \boldsymbol{p}_b \mathrm{d}V = \mathbf{0}$，可将式(6.17) 化简为

$$\boldsymbol{f}_b = m\dot{\boldsymbol{v}}_b \tag{6.18}$$

同时，刚体中的各个质点也会在受到力矩作用时发生转动，因为力矩等于力臂与力的向量积，所以刚体在重心处受到的合外力矩 $\boldsymbol{m}_b$ 与刚体的运动有如下关系：

$$\begin{aligned}
\boldsymbol{m}_b &= \int_B [\boldsymbol{p}_b]_\times \mathrm{d}\boldsymbol{f} = \int_B [\boldsymbol{p}_b]_\times \rho \ddot{\boldsymbol{p}}_b \mathrm{d}V \\
&= \int_B \rho [\boldsymbol{p}_b]_\times (\dot{\boldsymbol{v}}_b + [\dot{\boldsymbol{\omega}}_b]_\times \boldsymbol{p}_b + [\boldsymbol{\omega}_b]_\times [\boldsymbol{\omega}_b]_\times \boldsymbol{p}_b)\mathrm{d}V \\
&= \int_B \rho [\boldsymbol{p}_b]_\times \mathrm{d}V \dot{\boldsymbol{v}}_b + \int_B \rho [\boldsymbol{p}_b]_\times [\dot{\boldsymbol{\omega}}_b]_\times \boldsymbol{p}_b \mathrm{d}V + \int_B \rho [\boldsymbol{p}_b]_\times [\boldsymbol{\omega}_b]_\times [\boldsymbol{\omega}_b]_\times \boldsymbol{p}_b \mathrm{d}V
\end{aligned} \tag{6.19}$$

根据刚体重心的定义，式（6.19）展开后的第一个积分项的值为 $\mathbf{0}$。根据式（4.33）中的向量积反交换律，式（6.19）中的第二个积分项可以化简为

$$\begin{aligned}
\int_B \rho [\boldsymbol{p}_b]_\times [\dot{\boldsymbol{\omega}}_b]_\times \boldsymbol{p}_b \mathrm{d}V &= -\int_B \rho [\boldsymbol{p}_b]_\times [\boldsymbol{p}_b]_\times \dot{\boldsymbol{\omega}}_b \mathrm{d}V \\
&= \int_B -\rho [\boldsymbol{p}_b]_\times [\boldsymbol{p}_b]_\times \mathrm{d}V \dot{\boldsymbol{\omega}}_b \\
&= \boldsymbol{I}_b \dot{\boldsymbol{\omega}}_b
\end{aligned} \tag{6.20}$$

式中，$\boldsymbol{I}_b = \int_B -\rho [\boldsymbol{p}_b]_\times [\boldsymbol{p}_b]_\times \mathrm{d}V$ 被定义为刚体的惯性张量。通过式（4.36）中的二重向量积展开法则，式（6.19）中的第三个积分项可以化简为

$$\begin{aligned}
\int_B \rho [\boldsymbol{p}_b]_\times [\boldsymbol{\omega}_b]_\times [\boldsymbol{\omega}_b]_\times \boldsymbol{p}_b \mathrm{d}V &= \int_B \rho [\boldsymbol{p}_b]_\times [(\boldsymbol{\omega}_b^{\mathrm{T}}\boldsymbol{p}_b)\boldsymbol{\omega}_b - (\boldsymbol{\omega}_b^{\mathrm{T}}\boldsymbol{\omega}_b)\boldsymbol{p}_b]\mathrm{d}V \\
&= \int_B \rho [(\boldsymbol{\omega}_b^{\mathrm{T}}\boldsymbol{p}_b)[\boldsymbol{p}_b]_\times \boldsymbol{\omega}_b - (\boldsymbol{\omega}_b^{\mathrm{T}}\boldsymbol{\omega}_b)[\boldsymbol{p}_b]_\times \boldsymbol{p}_b]\mathrm{d}V \\
&= \int_B \rho [(\boldsymbol{\omega}_b^{\mathrm{T}}\boldsymbol{p}_b)[\boldsymbol{p}_b]_\times \boldsymbol{\omega}_b - \mathbf{0}]\mathrm{d}V \\
&= -\int_B \rho [(\boldsymbol{\omega}_b^{\mathrm{T}}\boldsymbol{p}_b)[\boldsymbol{\omega}_b]_\times \boldsymbol{p}_b - \mathbf{0}]\mathrm{d}V \\
&= -\int_B \rho [(\boldsymbol{\omega}_b^{\mathrm{T}}\boldsymbol{p}_b)[\boldsymbol{\omega}_b]_\times \boldsymbol{p}_b - (\boldsymbol{p}_b^{\mathrm{T}}\boldsymbol{p}_b)[\boldsymbol{\omega}_b]_\times \boldsymbol{\omega}_b]\mathrm{d}V \\
&= -\int_B \rho [\boldsymbol{\omega}_b]_\times [(\boldsymbol{\omega}_b^{\mathrm{T}}\boldsymbol{p}_b)\boldsymbol{p}_b - (\boldsymbol{p}_b^{\mathrm{T}}\boldsymbol{p}_b)\boldsymbol{\omega}_b]\mathrm{d}V \\
&= -\int_B \rho [\boldsymbol{\omega}_b]_\times [\boldsymbol{p}_b]_\times [\boldsymbol{p}_b]_\times \boldsymbol{\omega}_b \mathrm{d}V \\
&= [\boldsymbol{\omega}_b]_\times \left(-\int_B \rho [\boldsymbol{p}_b]_\times [\boldsymbol{p}_b]_\times \mathrm{d}V\right) \boldsymbol{\omega}_b \\
&= [\boldsymbol{\omega}_b]_\times \boldsymbol{I}_b \boldsymbol{\omega}_b
\end{aligned} \tag{6.21}$$

其中，$\boldsymbol{\omega}_b^{\mathrm{T}}\boldsymbol{p}_b$ 和 $\boldsymbol{\omega}_b^{\mathrm{T}}\boldsymbol{\omega}_b$ 都是两个向量之间的点积，其结果是一个标量，满足乘法的交换律，所以可以在表达式中左右移动。综上，式（6.19）可以化简为

$$\boldsymbol{m}_b=\boldsymbol{I}_b\dot{\boldsymbol{\omega}}_b+[\boldsymbol{\omega}_b]_\times\boldsymbol{I}_b\boldsymbol{\omega}_b \tag{6.22}$$

式（6.22）就是旋转刚体的**欧拉方程**。

6.2.3 单刚体动能

对于刚体内一个速度为 $\boldsymbol{v}=[v_x \quad v_y \quad v_z]^{\mathrm{T}}$ 的微元，它的动能 dK 为

$$\mathrm{d}K=\frac{1}{2}\rho(v_x^2+v_y^2+v_z^2)\mathrm{d}V=\frac{1}{2}\rho\boldsymbol{v}^{\mathrm{T}}\boldsymbol{v}\mathrm{d}V \tag{6.23}$$

可见能够用向量$\boldsymbol{v}$ 的内积，即$\boldsymbol{v}^{\mathrm{T}}\boldsymbol{v}$ 来表示向量$\boldsymbol{v}$ 中各个元素的二次方和。根据式（6.8）中推导得到的刚体内一点的速度公式，整个刚体的动能 K 可以通过对 dK 积分得到：

$$\begin{aligned}K&=\int_B\frac{1}{2}\rho\boldsymbol{v}^{\mathrm{T}}\boldsymbol{v}\mathrm{d}V\\&=\frac{1}{2}\int_B\rho(\boldsymbol{v}_b+[\boldsymbol{\omega}_b]_\times\boldsymbol{p}_b)^{\mathrm{T}}(\boldsymbol{v}_b+[\boldsymbol{\omega}_b]_\times\boldsymbol{p}_b)\mathrm{d}V\\&=\frac{1}{2}\int_B\rho(\boldsymbol{v}_b^{\mathrm{T}}+\boldsymbol{p}_b^{\mathrm{T}}[\boldsymbol{\omega}_b]_\times^{\mathrm{T}})(\boldsymbol{v}_b+[\boldsymbol{\omega}_b]_\times\boldsymbol{p}_b)\mathrm{d}V\\&=\frac{1}{2}\int_B\rho\boldsymbol{v}_b^{\mathrm{T}}\boldsymbol{v}_b\mathrm{d}V+\frac{1}{2}\boldsymbol{v}_b^{\mathrm{T}}[\boldsymbol{\omega}_b]_\times\int_B\rho\boldsymbol{p}_b\mathrm{d}V+\frac{1}{2}\int_B\rho\boldsymbol{p}_b^{\mathrm{T}}\mathrm{d}V[\boldsymbol{\omega}_b]_\times^{\mathrm{T}}\boldsymbol{v}_{\mathrm{b}}+\frac{1}{2}\int_B\rho\boldsymbol{p}_b^{\mathrm{T}}[\boldsymbol{\omega}_b]_\times^{\mathrm{T}}[\boldsymbol{\omega}_b]_\times\boldsymbol{p}_b\mathrm{d}V\end{aligned} \tag{6.24}$$

根据刚体重心的定义，即式(6.15)，式(6.24)中的第二、第三个积分项的值均为 **0**，第一个积分项与刚体的移动速度$\boldsymbol{v}_b$ 有关，定义为移动动能 K_{m}。第四个积分项与刚体的转动角速度 $\boldsymbol{\omega}_b$ 有关，定义为转动动能 K_{t}。移动动能 K_{m} 可化简为

$$\begin{aligned}K_{\mathrm{m}}&=\frac{1}{2}\int_B\rho\boldsymbol{v}_b^{\mathrm{T}}\boldsymbol{v}_b\mathrm{d}V\\&=\frac{1}{2}\int_B\rho\mathrm{d}V\boldsymbol{v}_b^{\mathrm{T}}\boldsymbol{v}_b\\&=\frac{1}{2}m\boldsymbol{v}_b^{\mathrm{T}}\boldsymbol{v}_b\end{aligned} \tag{6.25}$$

可见移动动能 K_{m} 的公式与常用的动能公式$\frac{1}{2}mv^2$ 形式上非常接近，考虑到内积$\boldsymbol{v}_b^{\mathrm{T}}\boldsymbol{v}_b$ 等于$\boldsymbol{v}_b$ 中各元素的二次方和，式（6.25）就更易理解。转动动能 K_{t} 可化简为

$$\begin{aligned}K_{\mathrm{t}}&=\frac{1}{2}\int_B\rho\boldsymbol{p}_b^{\mathrm{T}}[\boldsymbol{\omega}_b]_\times^{\mathrm{T}}[\boldsymbol{\omega}_b]_\times\boldsymbol{p}_b\mathrm{d}V\\&=-\frac{1}{2}\int_B\rho\boldsymbol{p}_b^{\mathrm{T}}[\boldsymbol{\omega}_b]_\times[\boldsymbol{\omega}_b]_\times\boldsymbol{p}_b\mathrm{d}V\end{aligned} \tag{6.26}$$

通过式（4.36）中的二重向量积展开法则，可得

$$K_{\mathrm{t}}=-\frac{1}{2}\int_B\rho\boldsymbol{p}_b^{\mathrm{T}}[(\boldsymbol{\omega}_b^{\mathrm{T}}\boldsymbol{p}_b)\boldsymbol{\omega}_b-(\boldsymbol{\omega}_b^{\mathrm{T}}\boldsymbol{\omega}_b)\boldsymbol{p}_b]\mathrm{d}V \tag{6.27}$$

因为 $\boldsymbol{\omega}_b^{\mathrm{T}}\boldsymbol{p}_b$ 和 $\boldsymbol{\omega}_b^{\mathrm{T}}\boldsymbol{\omega}_b$ 都是向量的内积，也就是一个标量，所以符合乘法的交换律，可以

左右移动：

$$
\begin{aligned}
K_{\mathrm{t}} &= -\frac{1}{2}\int_{B}\rho[(\boldsymbol{\omega}_b^{\mathrm{T}}\boldsymbol{p}_b)(\boldsymbol{p}_b^{\mathrm{T}}\boldsymbol{\omega}_b) - (\boldsymbol{\omega}_b^{\mathrm{T}}\boldsymbol{\omega}_b)(\boldsymbol{p}_b^{\mathrm{T}}\boldsymbol{p}_b)]\mathrm{d}V \\
&= -\frac{1}{2}\int_{B}\rho[(\boldsymbol{p}_b^{\mathrm{T}}\boldsymbol{\omega}_b)(\boldsymbol{\omega}_b^{\mathrm{T}}\boldsymbol{p}_b) - (\boldsymbol{p}_b^{\mathrm{T}}\boldsymbol{p}_b)(\boldsymbol{\omega}_b^{\mathrm{T}}\boldsymbol{\omega}_b)]\mathrm{d}V \\
&= -\frac{1}{2}\int_{B}\rho\boldsymbol{\omega}_b^{\mathrm{T}}[(\boldsymbol{p}_b^{\mathrm{T}}\boldsymbol{\omega}_b)\boldsymbol{p}_b - (\boldsymbol{p}_b^{\mathrm{T}}\boldsymbol{p}_b)\boldsymbol{\omega}_b]\mathrm{d}V \\
&= \frac{1}{2}\boldsymbol{\omega}_b^{\mathrm{T}}\int_{B} -\rho[\boldsymbol{p}_b]_{\times}[\boldsymbol{p}_b]_{\times}\boldsymbol{\omega}_b\mathrm{d}V \\
&= \frac{1}{2}\boldsymbol{\omega}_b^{\mathrm{T}}\boldsymbol{I}_b\boldsymbol{\omega}_b
\end{aligned} \tag{6.28}
$$

可见 K_{t} 可以表示为一个二次型的形式，通过比较式（6.28）和式（6.25），以及动能公式$\frac{1}{2}mv^2$，可将二次型视为向量的“二次方”，在后续章节也会经常用到二次型。

6.3 刚体的惯性张量

根据式（6.20）对惯性张量的定义，令 $\boldsymbol{p}_b=[p_x \quad p_y \quad p_z]^{\mathrm{T}}$，则刚体的惯性张量 $\boldsymbol{I}_b$ 为

$$
\begin{aligned}
\boldsymbol{I}_b &= -\int_{B}\rho[\boldsymbol{p}_b]_{\times}[\boldsymbol{p}_b]_{\times}\mathrm{d}V \\
&= -\int_{B}\rho\begin{bmatrix} 0 & -p_z & p_y \\ p_z & 0 & -p_x \\ -p_y & p_x & 0 \end{bmatrix}\begin{bmatrix} 0 & -p_z & p_y \\ p_z & 0 & -p_x \\ -p_y & p_x & 0 \end{bmatrix}\mathrm{d}V \\
&= \int_{B}\rho\begin{bmatrix} p_y^2+p_z^2 & -p_xp_y & -p_xp_z \\ -p_xp_y & p_x^2+p_z^2 & -p_yp_z \\ -p_xp_z & -p_yp_z & p_x^2+p_y^2 \end{bmatrix}\mathrm{d}V \\
&= \begin{bmatrix} I_{xx} & I_{xy} & I_{xz} \\ I_{xy} & I_{yy} & I_{yz} \\ I_{xz} & I_{yz} & I_{zz} \end{bmatrix}
\end{aligned} \tag{6.29}
$$

所以惯性张量 $\boldsymbol{I}_b$ 中的各项元素为

$$
\begin{cases}
I_{xx} = \int_{B}\rho(p_y^2+p_z^2)\mathrm{d}V \\
I_{yy} = \int_{B}\rho(p_x^2+p_z^2)\mathrm{d}V \\
I_{zz} = \int_{B}\rho(p_x^2+p_y^2)\mathrm{d}V \\
I_{xy} = -\int_{B}\rho p_xp_y\mathrm{d}V \\
I_{xz} = -\int_{B}\rho p_xp_z\mathrm{d}V \\
I_{yz} = -\int_{B}\rho p_yp_z\mathrm{d}V
\end{cases} \tag{6.30}
$$

式（6.30）可以计算各种形状不规则、密度不均匀刚体的惯性张量，但是对于形状规则、密度均匀的刚体，有更简洁的计算公式。例如图6.2中的长方体，如果将刚体坐标系原点放在长方体的形心，同时 x、y、z 轴平行于长方体的边，这种情况下长方体的惯性张量为

$$\boldsymbol{I}_b=\frac{1}{12}\begin{bmatrix} m(w^2+h^2) & 0 & 0 \\ 0 & m(l^2+h^2) & 0 \\ 0 & 0 & m(l^2+w^2) \end{bmatrix} \tag{6.31}$$

由式（6.31）可见，长方体惯性张量 $\boldsymbol{I}_b$ 是一个对角矩阵，它的所有非对角元素都是0。对角矩阵形式的惯性张量可以大幅简化计算，在后面的推导中会用到。

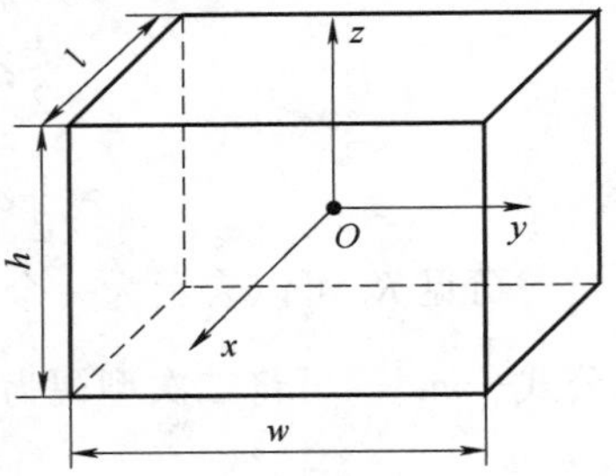

图6.2　长方体的惯性张量计算

与密度均匀的长方体不同，机器人由许多密度不同的部件组装而成，理论上可以先对每个零部件计算惯性张量，再使用移轴定理来计算整机的惯性张量，也可以使用三维建模设计软件直接导出机器人整体的惯性张量。但是对于实际的四足机器人控制，由于单刚体模型本身就是一个简化模型，因此没有必要在惯性张量上追求过高的精度，完全可以将机器人等效为一个密度均匀的长方体。三维建模设计软件计算导出的机器人惯性张量中，非对角元素的值远小于对角元素，所以可以直接将非对角元素简化为0。例如对于机器人A1，可以得到它的惯性张量 $\boldsymbol{I}_b$ 为

$$\boldsymbol{I}_b=\begin{bmatrix} 0.1320 & 0 & 0 \\ 0 & 0.3475 & 0 \\ 0 & 0 & 0.3775 \end{bmatrix} \tag{6.32}$$

由式（6.30）可知，在刚体的机身坐标系中，惯性张量只与刚体的形状及密度分布有关，因此不论刚体如何运动，在机身坐标系中的惯性张量都是一个常量。但是我们往往要在世界坐标系中进行动力学计算，当刚体发生旋转后，它的惯性张量就会发生改变。因此需要研究当刚体姿态为 $\boldsymbol{R}_{sb}$ 时，刚体在世界坐标系中的惯性张量。

显然，在不同坐标系下，刚体的转动动能 K_t 都是相等的，因此对于世界坐标系 $\{s\}$ 和刚体的机身坐标系 $\{b\}$，有

$$\begin{aligned} K_{st} &= K_{bt} \\ \frac{1}{2}\boldsymbol{\omega}_s^{\mathrm{T}}\boldsymbol{I}_s\boldsymbol{\omega}_s &= \frac{1}{2}\boldsymbol{\omega}_b^{\mathrm{T}}\boldsymbol{I}_b\boldsymbol{\omega}_b \\ \boldsymbol{\omega}_s^{\mathrm{T}}\boldsymbol{I}_s\boldsymbol{\omega}_s &= (\boldsymbol{R}_{bs}\boldsymbol{\omega}_s)^{\mathrm{T}}\boldsymbol{I}_b(\boldsymbol{R}_{bs}\boldsymbol{\omega}_s) \\ \boldsymbol{\omega}_s^{\mathrm{T}}\boldsymbol{I}_s\boldsymbol{\omega}_s &= \boldsymbol{\omega}_s^{\mathrm{T}}\boldsymbol{R}_{bs}^{\mathrm{T}}\boldsymbol{I}_b\boldsymbol{R}_{bs}\boldsymbol{\omega}_s \\ \boldsymbol{\omega}_s^{\mathrm{T}}\boldsymbol{I}_s\boldsymbol{\omega}_s &= \omega_s^{\mathrm{T}}(\boldsymbol{R}_{sb}\boldsymbol{I}_b\boldsymbol{R}_{sb}^{\mathrm{T}})\boldsymbol{\omega}_s \end{aligned} \tag{6.33}$$

由于式（6.33）对于任意 $\boldsymbol{\omega}_s$ 都能够成立，所以世界坐标系 $\{s\}$ 下刚体的惯性张量 $\boldsymbol{I}_s$ 为

$$\boldsymbol{I}_s=\boldsymbol{R}_{sb}\boldsymbol{I}_b\boldsymbol{R}_{sb}^{\mathrm{T}} \tag{6.34}$$

6.4　四足机器人的动力学简化方程

在6.2.2节中，已推导出单刚体的动力学方程，即式（6.18）和式（6.22）：

$$\begin{cases} \boldsymbol{f}_b = m\dot{\boldsymbol{v}}_b \\ \boldsymbol{m}_b = \boldsymbol{I}_b\dot{\boldsymbol{\omega}}_b + [\boldsymbol{\omega}_b]_\times \boldsymbol{I}_b\boldsymbol{\omega}_b \end{cases} \tag{6.35}$$

式（6.35）是单刚体的精确动力学方程，其中的$[\boldsymbol{\omega}_b]_\times \boldsymbol{I}_b\boldsymbol{\omega}_b$项是非线性的，为了使用成熟的线性控制算法，可以使用基于变分法的线性化方法将式（6.35）线性化。但是四足机器人运动时一般不会快速旋转，所以角速度 $\boldsymbol{\omega}_b$ 的值很小，于是可以直接忽略掉式（6.35）中的$[\boldsymbol{\omega}_b]_\times \boldsymbol{I}_b\boldsymbol{\omega}_b$：

$$\begin{cases} \boldsymbol{f}_b = m\dot{\boldsymbol{v}}_b \\ \boldsymbol{m}_b = \boldsymbol{I}_b\dot{\boldsymbol{\omega}}_b \end{cases} \tag{6.36}$$

式（6.36）动力学方程是在机身坐标系$\{b\}$下推导的，由于机身坐标系$\{b\}$和世界坐标系$\{s\}$都是静止的惯性系，所以两个坐标系下的力学规律都是一致的，只需考虑相应的坐标变换即可。当考虑在世界坐标系$\{s\}$下的运动时，引入四个新的变量，即世界坐标系$\{s\}$下的刚体重心处所受的合力$\boldsymbol{f}_s$ 和合力矩 $\boldsymbol{m}_s$，以及刚体速度$\boldsymbol{v}_s$ 与刚体角速度 $\boldsymbol{\omega}_s$。令$\boldsymbol{v}_s$ 和 $\boldsymbol{\omega}_s$ 都是穿过刚体重心的向量，则在世界坐标系下有

$$\begin{cases} \boldsymbol{f}_s = m\dot{\boldsymbol{v}}_s \\ \boldsymbol{m}_s = \boldsymbol{I}_s\dot{\boldsymbol{\omega}}_s = \boldsymbol{R}_{sb}\boldsymbol{I}_b\boldsymbol{R}_{sb}^{\mathrm{T}}\dot{\boldsymbol{\omega}}_s \end{cases} \tag{6.37}$$

当四足机器人正常工作时，只有 n 个足端与地面接触($n \in \{0,1,2,3,4\}$)。与地面接触的足端 i 会受到地面产生的支撑力与摩擦力，支撑力与摩擦力的合力是一个三维向量，被称为足端力，用世界坐标系下的向量$\boldsymbol{f}_{is}$表示。足端力除了可以对机器人产生力的作用外，还可以产生力矩。当机器人重心到足端 i 的向量在世界坐标系下的坐标向量为$\boldsymbol{p}_{gi}$时，足端力对机器人重心产生的力矩为$\boldsymbol{p}_{gi}\times\boldsymbol{f}_{is}=[\boldsymbol{p}_{gi}]_\times\boldsymbol{f}_{is}$。除此之外，机器人还受到了重力，不过因为重力作用线穿过重心，不会产生力矩。在世界坐标系中，重力加速度 $\boldsymbol{g}$ 为$[0\quad 0\quad -9.81]^{\mathrm{T}}$，所以式（6.37）可以改写为

$$\begin{cases} m\boldsymbol{g} + \sum_{i=1}^{n}\boldsymbol{f}_{(i-1)s} = m\dot{\boldsymbol{v}}_s \\ \sum_{i=1}^{n}[\boldsymbol{p}_{g(i-1)}]_\times f_{(i-1)s} = \boldsymbol{R}_{sb}\boldsymbol{I}_b\boldsymbol{R}_{sb}^{\mathrm{T}}\dot{\boldsymbol{\omega}}_s \end{cases} \tag{6.38}$$

式（6.38）中之所以使用$(i-1)$作为编号，是因为四足机器人的腿是从 0 开始编号的。其中的 $\boldsymbol{p}_{gi}$是从机器人重心到足端 i 的向量在世界坐标系$\{s\}$下的坐标，机器人的重心有时并不在机身中心，此时就需要计算$\boldsymbol{p}_{gi}$。如图 6.3 所示，点 P_b 代表机身中心，同时也是机身坐标系$\{b\}$的原点。点 P_g 为机器人的重心，点 P_0 到 P_3 为 0 号到 3 号足端。这里用$\{\overrightarrow{P_1P_2}\}_s$表示向量$\overrightarrow{P_1P_2}$在世界坐标系$\{s\}$下的坐标，因此有

$$\begin{aligned} \boldsymbol{p}_{g(i-1)} = \{\overrightarrow{P_gP_{(i-1)}}\}_s &= \{\overrightarrow{P_bP_{(i-1)}} - \overrightarrow{P_bP_g}\}_s \\ &= \{\overrightarrow{P_bP_{(i-1)}}\}_s - \{\overrightarrow{P_bP_g}\}_s \\ &= \boldsymbol{R}_{sb}\{\overrightarrow{P_bP_{(i-1)}}\}_b - \boldsymbol{R}_{sb}\{\overrightarrow{P_bP_g}\}_b \end{aligned} \tag{6.39}$$

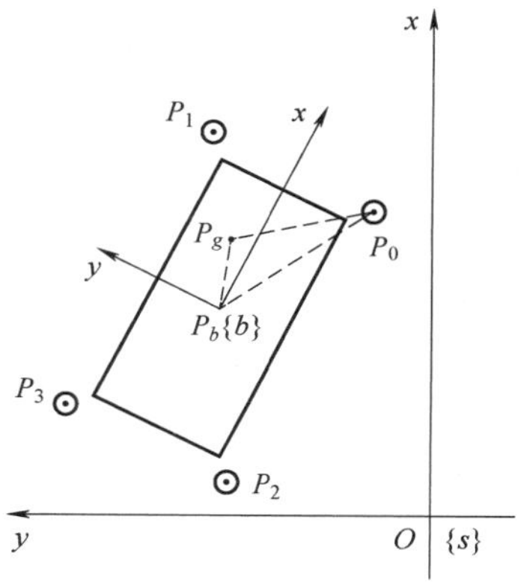

图 6.3　计算重心至足端向量的坐标

式中，$\boldsymbol{R}_{sb}$ 为描述机身姿态的旋转矩阵；$\{\overrightarrow{P_bP_{(i-1)}}\}_b$ 为机身坐标系 $\{b\}$ 下的足端坐标，可以使用第 5 章中介绍的机器人正向运动学，根据各个关节的角度计算得到；$\{\overrightarrow{P_bP_g}\}_b$ 为机身坐标系 $\{b\}$ 下机器人重心的坐标，显然该坐标是一个常量。

为了方便计算机运算，可以把式（6.38）等号左端整理成矩阵与向量相乘的形式：

$$\begin{bmatrix} \boldsymbol{I} & \boldsymbol{I} & \boldsymbol{I} & \boldsymbol{I} \\ [\boldsymbol{p}_{g0}]_\times & [\boldsymbol{p}_{g1}]_\times & [\boldsymbol{p}_{g2}]_\times & [\boldsymbol{p}_{g3}]_\times \end{bmatrix} \begin{bmatrix} \boldsymbol{f}_{0s} \\ \boldsymbol{f}_{1s} \\ \boldsymbol{f}_{2s} \\ \boldsymbol{f}_{3s} \end{bmatrix} = \begin{bmatrix} m(\dot{\boldsymbol{v}}_s - \boldsymbol{g}) \\ \boldsymbol{R}_{sb}\boldsymbol{I}_b\boldsymbol{R}_{sb}^{\mathrm{T}}\dot{\boldsymbol{\omega}}_s \end{bmatrix} \tag{6.40}$$

当某条腿处于腾空状态，没有与地面接触时，只需将该条腿对应的足端力赋值为零向量即可。至此，已经能够将机器人的足端力与机器人的运动联系起来，正式完成了机器人动力学的推导。有了机器人动力学方程，即可计算机器人的足端力，但是还无法获得式（6.40）中的机器人姿态 $\boldsymbol{R}_{sb}$，并且在控制器中，还需要知道机器人在世界坐标系 $\{s\}$ 下的运动状态，即 $\boldsymbol{v}_s$、$\boldsymbol{\omega}_s$。想要解决这些问题，就需要用到第 7 章中介绍的状态估计器。

6.5 实践：机器人的原地姿态控制

下面来完成有限状态机图 3.3 中的 FreeStand 状态，在 FixedStand 状态下，只需按下键盘上的<3>键或手柄上的<L2+X>组合键即可进入 FreeStand 状态。在该状态下，可以用键盘或手柄控制机器人在原地改变自身的位置与姿态。在使用键盘时，用<WASD>键模拟手柄的左摇杆，<IJKL>键模拟右摇杆，同时空格键代表将左右摇杆的值回归为 0。

该状态的具体实现方法就是通过 6.1.1 节介绍的算法，首先计算得到机器人目标位姿下各个足端的位置，然后计算各个关节的目标位置并进行关节位置控制。虽然 6.1.1 节介绍的算法可以控制机器人在三个方向上平移和三个方向上转动，但是因为手柄上只有两个摇杆，所以只能控制四个方向，因此选择用程序控制机身姿态的三个欧拉角以及机身的高度。在介绍控制程序之前，首先介绍包含机器人 整机运动学相关计算的 QuadrupedRobot 类。

6.5.1 QuadrupedRobot 类

QuadrupedRobot 类中的函数如下：

1）getQ(vecP,frame)：逆向运动学计算，获取当前机器人全部 12 个关节的角度。其中 vecP 的每一列分别代表四个足端的位置坐标，frame 代表 vecP 中位置坐标所在的坐标系，frame 只可以是 FrameType::HIP 或 FrameType::BODY。

2）getQd(pos,vel,frame)：逆向微分运动学计算，获取当前机器人全部 12 个关节的角速度。其中 pos 代表四个足端的位置，vel 代表四个足端的速度，frame 的含义和函数 getQ 中相同。

3）getTau(q,feetForce)：机器人静力学计算，获取当前机器人全部 12 个关节的力矩。其中 q 代表当前 12 个关节的角度，feetForce 为四个足端的对外作用力。

4）getFootPosition(state,id,frame)：正向运动学计算，获取机器人第 id 条腿在 frame 坐标系下的位置坐标。state 是一个 LowlevelState 类型的结构体，其中包含机器人所有关节角度信息。frame 只可以是 FrameType::HIP 或 FrameType::BODY。

5）getFootVelocity(state,id)：正向微分运动学计算，获取机器人第 id 条腿的速度向量。

6）getFeet2BPositions(state,frame)：获取所有足端相对于机身中心的位置坐标，参数 frame 除了可以是 FrameType::HIP 和 FrameType::BODY 外，还可以是代表世界坐标系的 FrameType::GLOBAL。

7）getFeet2BVelocities(state,frame)：获取所有足端相对于机身中心的速度向量，当 frame = FrameType::GLOBAL 时，参照式（6.13）。

8）getJaco(state,legID)：获取第 legID 条腿在 state 状态下的雅可比矩阵。

不同机器人的参数各有不同，所以为 QuadrupedRobot 类创建了两个子类，即 A1 机器人的 A1Robot 和 Go1 机器人的 Go1Robot。在这两个子类中对一些变量进行了初始化，可以在 A1Robot 和 Go1Robot 的构造函数中查看：

1）_Legs：每个元素都是一个 QuadrupedLeg 类的指针，分别代表四条腿。

2）_feetPosNormalStand：代表各个足端中性落脚点在机身坐标系{b}下的坐标，将在 9.2 节中使用到。

3）_robVelLimitX：机器人在机身坐标系{b}下 x 轴方向的平移速度区间。

4）_robVelLimitY：机器人在机身坐标系{b}下 y 轴方向的平移速度区间。

5）_robVelLimitYaw：机器人在机身坐标系{b}下绕 z 轴方向的转动角速度区间。

6）_mass：机器人简化模型的质量。

7）_Ib：机器人简化模型在机身坐标系{b}下的转动惯量。

6.5.2　FreeStand 状态

FreeStand 状态的代码在 State_FreeStand.cpp 文件中，在刚进入 FreeStand 状态时，一般会在 enter 函数中计算式（6.2）中的 $\boldsymbol{p}_{b0}(0)$，即程序中的变量_initVecOX，同时也会计算式（6.1）中的 $\boldsymbol{p}_{si}$，分别为程序中变量_initVecXP 的四列。

在成员函数_calcOP 中，根据目标欧拉角以及目标机身高度计算得到式（6.3）中的机身目标位姿 $\boldsymbol{T}_{sb}$，即变量 Tsb，以及它的逆矩阵 Tbs。然后利用式（6.4）计算得到各个足端在机身坐标系{b}下的目标位置，分别为变量 vecOP 的四列。最后在成员函数_calcCmd 中根据足端目标位置求得各个关节的目标角度，并且赋值给_lowCmd 中的各个关节，完成整个机身位姿控制流程。

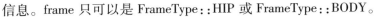

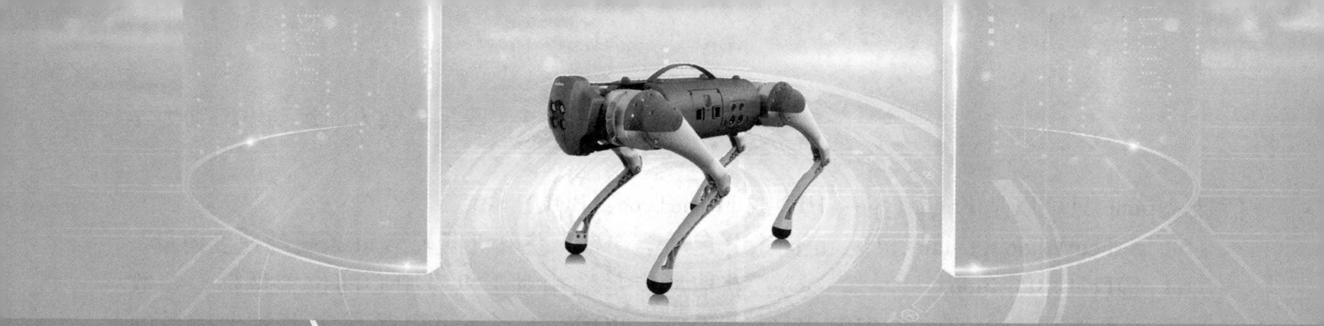

第 7 章　四足机器人的状态估计器

四足机器人作为一种移动机器人（mobile robot），需要在环境中，也就是世界坐标系 $\{s\}$ 下运动。同时，式（6.40）中的机器人动力学方程只在惯性系下成立，所以应在世界坐标系下研究四足机器人。那么应该如何获得机器人在世界坐标系 $\{s\}$ 下的位置、速度等状态参量呢？对于机器人的关节角度，可以轻松地通过电机上的编码器读取。但是在没有卫星定位系统或动作捕捉系统的情况下，机器人在世界坐标系下的位置和速度是没有办法直接测量的。这种情况下，就需要根据机身惯性测量单元（IMU）的读数以及机器人足端的运动状态来估计机器人的位置和速度，这就是本章将要介绍的基于离散卡尔曼滤波器的四足机器人状态估计器。

7.1　IMU

IMU 广泛用于估计机器人运动距离以及测量机器人姿态。IMU 包含一个加速度计和一个陀螺仪，其中加速度计能够测量三维空间中的加速度向量，而陀螺仪能够测量三个方向的角速度。

加速度计可以被简化为质量块和弹簧组成的质量-弹簧模型，如图 7.1 所示。

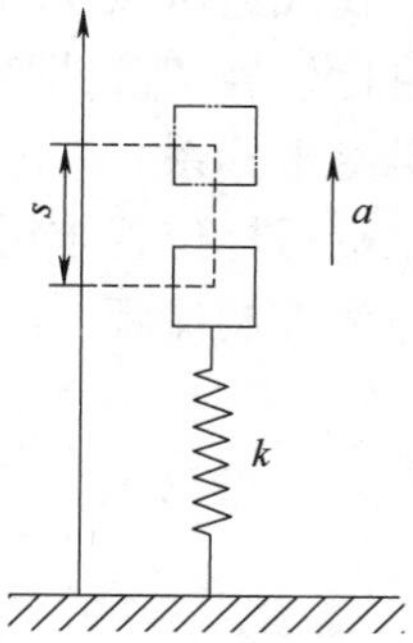

图 7.1　质量-弹簧模型

假设图 7.1 中的 IMU 处在失重环境，并且 IMU 整体沿坐标轴正方向以加速度 a 做加速运动，此时弹簧会压缩，质量块沿坐标轴负方向移动长度 s，弹簧末端产生沿坐标轴正方向的弹力。考虑到力与位移的方向相反，根据牛顿第二定律可得

$$ma=-ks \tag{7.1}$$

式中，m 为质量块的质量；k 为弹簧的刚度。所以可通过测量弹簧的形变量来计算加速度的读数 a_{out}：

$$a_{\text{out}}=-\frac{k}{m}s \tag{7.2}$$

但是如果在地球上的惯性系中使用 IMU，就必须考虑重力加速度的影响。假设重力方向为坐标轴负方向，所以重力加速度 $g=-9.81\text{m/s}^2$，于是式（7.1）中的方程变为

$$ma=-ks+mg$$

$$s=\frac{m}{k}(g-a) \tag{7.3}$$

在得到弹簧压缩长度 s 后，由式（7.2）可以计算得到加速度计的加速度读数 a_{out}：

$$a_{out}=-\frac{k}{m}s=a-g \tag{7.4}$$

可见在竖直方向上，测量得到的加速度受重力加速度的影响。当 IMU 静止时，竖直方向上的加速度读数 $a_{out}=-g=9.81\mathrm{m/s^2}$。IMU 上实际安装的加速度计为三维加速度计，假设 IMU 三个方向上的弹簧刚度均为 k，那么可以把式（7.3）改写为三维向量的形式，所以在 IMU 的局部坐标系 $\{b\}$ 中有

$$m\boldsymbol{a}=-k\boldsymbol{s}+m\boldsymbol{R}_{bs}\boldsymbol{g}$$
$$\boldsymbol{s}=\frac{m}{k}(\boldsymbol{R}_{bs}\boldsymbol{g}-\boldsymbol{a}) \tag{7.5}$$

式中，IMU 的加速度 $\boldsymbol{a}$、质量块移动距离 $\boldsymbol{s}$、重力加速度 $\boldsymbol{g}$ 都是三维向量，其中 $\boldsymbol{g}=[0\quad 0\quad -9.81]^{\mathrm{T}}$。但是这个重力加速度 $\boldsymbol{g}$ 是在世界坐标系下的数值，所以需要左乘旋转矩阵 $\boldsymbol{R}_{bs}$，从而将重力加速度旋转到 IMU 的局部坐标系 $\{b\}$ 中。所以加速度计的读数 $\boldsymbol{a}_{out}$ 为

$$\begin{aligned}\boldsymbol{a}_{out}&=-\frac{k}{m}\boldsymbol{s}=\boldsymbol{a}-\boldsymbol{R}_{bs}\boldsymbol{g}\\&=\boldsymbol{a}-\boldsymbol{R}_{sb}^{\mathrm{T}}\boldsymbol{g}\end{aligned} \tag{7.6}$$

可见 IMU 的读数 $\boldsymbol{a}_{out}$ 与它的姿态 $\boldsymbol{R}_{sb}$ 相关，所以 IMU 也能够通过 $\boldsymbol{a}_{out}$ 的值来估计姿态。关于这方面的算法已经非常成熟，在此不展开论述。在 unitree_guide 示例代码中，用户可以直接调用 LowlevelState 类中的 getRotMat 函数来获取 当前姿态 $\boldsymbol{R}_{sb}$。

IMU 在世界坐标系 $\{s\}$ 下的加速度 $\boldsymbol{a}_s$ 为

$$\begin{aligned}\boldsymbol{a}_s&=\boldsymbol{R}_{sb}\boldsymbol{a}\\&=\boldsymbol{R}_{sb}\boldsymbol{a}_{out}+\boldsymbol{R}_{sb}\boldsymbol{R}_{sb}^{\mathrm{T}}\boldsymbol{g}\\&=\boldsymbol{R}_{sb}\boldsymbol{a}_{out}+\boldsymbol{g}\end{aligned} \tag{7.7}$$

7.2 状态空间模型

状态空间模型是现代控制理论的基础，是分析控制系统的一个非常强大的数学工具。状态空间模型所属的线性系统（linear system）本身就是一门课程，所以本书不能对其面面俱到，仅简要介绍可能用到的少部分内容。

7.2.1 连续状态空间模型

一个时间连续的、定常⊖的线性系统可以用如下状态空间模型描述：

$$\begin{cases}\dot{\boldsymbol{x}}(t)=\boldsymbol{A}_c\boldsymbol{x}(t)+\boldsymbol{B}_c\boldsymbol{u}(t)\\ \boldsymbol{y}(t)=\boldsymbol{C}_c\boldsymbol{x}(t)\end{cases} \tag{7.8}$$

式中，$\boldsymbol{x}(t)$ 是系统的状态向量；$\boldsymbol{u}(t)$ 是控制向量；$\boldsymbol{y}(t)$ 是输出向量；(t) 表示上述三个向量

⊖ 表示系统本身不随时间改变。

都是与时间相关的函数；$\boldsymbol{A}_c$、$\boldsymbol{B}_c$、$\boldsymbol{C}_c$ 分别为系统矩阵、输入矩阵、输出矩阵。所以式（7.8）的物理意义就是，系统下一阶段的变化（即 $\dot{\boldsymbol{x}}(t)$）与系统的当前状态（即 $\boldsymbol{x}(t)$）和系统当前的输入（即 $\boldsymbol{u}(t)$）有关，而系统的输出量 $\boldsymbol{y}(t)$ 和系统的状态 $\boldsymbol{x}(t)$ 有关。为了书写简便，下面省略掉代表与时间相关的标识符 (t)。

状态估计器需要一个描述四足机器人运动的状态空间模型。顾名思义，状态估计器就是要估计状态向量 $\boldsymbol{x}$，这个估计的计算过程需要用到传感器直接测量的输出向量 $\boldsymbol{y}$，以及已知的控制向量 $\boldsymbol{u}$。所以应将要估计的量加入到状态向量 $\boldsymbol{x}$，并且将能够测量得到的物理量放到输出向量 $\boldsymbol{y}$ 中。

根据 Gerardo Bledt 等的研究，此处将要使用的状态估计器可以估计的状态量为世界坐标系 $\{s\}$ 下的机器人运动状态，即机身位置 $\boldsymbol{p}_b$、机身速度 $\boldsymbol{v}_b$，以及四个足端的位置 $\boldsymbol{p}_0$、$\boldsymbol{p}_1$、$\boldsymbol{p}_2$、$\boldsymbol{p}_3$。需要注意的是，这 6 个变量都是三维向量，所以状态向量 $\boldsymbol{x}$ 是一个 18 维向量：

$$\boldsymbol{x}=\begin{bmatrix}\boldsymbol{p}_b\\ \boldsymbol{v}_b\\ \boldsymbol{p}_0\\ \boldsymbol{p}_1\\ \boldsymbol{p}_2\\ \boldsymbol{p}_3\end{bmatrix} \tag{7.9}$$

接下来要考虑的就是状态向量的导数 $\dot{\boldsymbol{x}}$。假设四个足端都与地面稳定接触，则每个足端的速度都是 0。所以 $\dot{\boldsymbol{x}}$ 为

$$\dot{\boldsymbol{x}}=\begin{bmatrix}\dot{\boldsymbol{p}}_b\\ \dot{\boldsymbol{v}}_b\\ \dot{\boldsymbol{p}}_0\\ \dot{\boldsymbol{p}}_1\\ \dot{\boldsymbol{p}}_2\\ \dot{\boldsymbol{p}}_3\end{bmatrix}=\begin{bmatrix}\boldsymbol{v}_b\\ \boldsymbol{R}_{sb}\boldsymbol{a}_b+\boldsymbol{g}\\ \boldsymbol{0}_{3\times1}\\ \boldsymbol{0}_{3\times1}\\ \boldsymbol{0}_{3\times1}\\ \boldsymbol{0}_{3\times1}\end{bmatrix} \tag{7.10}$$

其中 $\boldsymbol{a}_b$ 是机身 IMU 加速度计读取的加速度值。根据式（7.7），世界坐标系 $\{s\}$ 下的机身加速度为 $\boldsymbol{R}_{sb}\boldsymbol{a}_b+\boldsymbol{g}$。如果将机身加速度视为系统的输入量 $\boldsymbol{u}$，则式（7.10）可以转化为 $\dot{\boldsymbol{x}}=\boldsymbol{A}_c\boldsymbol{x}+\boldsymbol{B}_c\boldsymbol{u}$ 的形式：

$$\dot{\boldsymbol{x}}=\begin{bmatrix}\boldsymbol{0}_{3\times3} & \boldsymbol{I}_3 & \boldsymbol{0}_{3\times12}\\ & \boldsymbol{0}_{3\times18} & \\ & \boldsymbol{0}_{12\times18} & \end{bmatrix}\boldsymbol{x}+\begin{bmatrix}\boldsymbol{0}_{3\times3}\\ \boldsymbol{I}_3\\ \boldsymbol{0}_{12\times3}\end{bmatrix}[\boldsymbol{R}_{sb}\boldsymbol{a}_b+\boldsymbol{g}] \tag{7.11}$$

对于状态估计器，输出向量 $\boldsymbol{y}$ 中的物理量都应该是可以直接测量得到的，那么目前的传感器都能测量哪些物理量呢？首先，通过 IMU 可以得到世界坐标系 $\{s\}$ 下的机身姿态 $\boldsymbol{R}_{sb}$、机身坐标系 $\{b\}$ 下的加速度 $\boldsymbol{a}_b$ 和旋转角速度 $\boldsymbol{\omega}_b$；其次，根据机器人各个关节的编码器和机器人的正向运动学，可求得在机身坐标系 $\{b\}$ 下足端相对于机身的位置 $\boldsymbol{p}_{bfB}$，又因为已知机身姿态 $\boldsymbol{R}_{sb}$，所以还可以得到世界坐标系 $\{s\}$ 下足端相对于机身的位置 $\boldsymbol{p}_{sfB}$：

$$\boldsymbol{p}_{sfB}=\boldsymbol{R}_{sb}\boldsymbol{p}_{bfB} \tag{7.12}$$

同时，根据 6.1.3 节推导的式（6.13），还可以得到世界坐标系$\{s\}$下足端相对于机身的速度$\boldsymbol{v}_{sfB}$。最后，因为假设四个足端全部触地，所以四个足端在空间中的高度都是 0。则输出向量$\boldsymbol{y}$可以设置为

$$\boldsymbol{y}=\begin{bmatrix}\boldsymbol{p}_{sfB0}\\ \boldsymbol{p}_{sfB1}\\ \boldsymbol{p}_{sfB2}\\ \boldsymbol{p}_{sfB3}\\ \boldsymbol{v}_{sfB0}\\ \boldsymbol{v}_{sfB1}\\ \boldsymbol{v}_{sfB2}\\ \boldsymbol{v}_{sfB3}\\ p_{sz0}\\ p_{sz1}\\ p_{sz2}\\ p_{sz3}\end{bmatrix}=\begin{bmatrix}\boldsymbol{R}_{sb}\boldsymbol{p}_{bfB0}\\ \boldsymbol{R}_{sb}\boldsymbol{p}_{bfB1}\\ \boldsymbol{R}_{sb}\boldsymbol{p}_{bfB2}\\ \boldsymbol{R}_{sb}\boldsymbol{p}_{bfB3}\\ \boldsymbol{R}_{sb}([\boldsymbol{\omega}_b]_\times\boldsymbol{p}_{bfB0}+\boldsymbol{J}_0\dot{\boldsymbol{\theta}}_0)\\ \boldsymbol{R}_{sb}([\boldsymbol{\omega}_b]_\times\boldsymbol{p}_{bfB1}+\boldsymbol{J}_1\dot{\boldsymbol{\theta}}_1)\\ \boldsymbol{R}_{sb}([\boldsymbol{\omega}_b]_\times\boldsymbol{p}_{bfB2}+\boldsymbol{J}_2\dot{\boldsymbol{\theta}}_2)\\ \boldsymbol{R}_{sb}([\boldsymbol{\omega}_b]_\times\boldsymbol{p}_{bfB3}+\boldsymbol{J}_3\dot{\boldsymbol{\theta}}_3)\\ 0\\ 0\\ 0\\ 0\end{bmatrix}\tag{7.13}$$

可见输出向量$\boldsymbol{y}$的元素自上而下分别是世界坐标系$\{s\}$下四个足端到机身的位置向量$\boldsymbol{p}_{sfB}$，世界坐标系$\{s\}$下四个足端到机身的速度$\boldsymbol{v}_{sfB}$，以及世界坐标系$\{s\}$下四个足端的高度$\boldsymbol{p}_{sz}$，并且给出了以上可测量物理量的计算方法。由于$\boldsymbol{p}_{sfB}$和$\boldsymbol{v}_{sfB}$都是三维向量，而p_{sz}为标量，所以输出向量$\boldsymbol{y}$是一个 28 维向量。

当然，根据式（7.8），输出向量$\boldsymbol{y}$也可以写成$\boldsymbol{y}=\boldsymbol{C}_c\boldsymbol{x}$的形式：

$$\boldsymbol{y}=\begin{bmatrix}\boldsymbol{p}_{sfB0}\\ \boldsymbol{p}_{sfB1}\\ \boldsymbol{p}_{sfB2}\\ \boldsymbol{p}_{sfB3}\\ \boldsymbol{v}_{sfB0}\\ \boldsymbol{v}_{sfB1}\\ \boldsymbol{v}_{sfB2}\\ \boldsymbol{v}_{sfB3}\\ p_{sz0}\\ p_{sz1}\\ p_{sz2}\\ p_{sz3}\end{bmatrix}=\begin{bmatrix}\boldsymbol{p}_0-\boldsymbol{p}_b\\ \boldsymbol{p}_1-\boldsymbol{p}_b\\ \boldsymbol{p}_2-\boldsymbol{p}_b\\ \boldsymbol{p}_3-\boldsymbol{p}_b\\ \boldsymbol{0}_{3\times1}-\boldsymbol{v}_b\\ \boldsymbol{0}_{3\times1}-\boldsymbol{v}_b\\ \boldsymbol{0}_{3\times1}-\boldsymbol{v}_b\\ \boldsymbol{0}_{3\times1}-\boldsymbol{v}_b\\ \boldsymbol{p}_0(2)\\ \boldsymbol{p}_1(2)\\ \boldsymbol{p}_2(2)\\ \boldsymbol{p}_3(2)\end{bmatrix}=\begin{bmatrix}-\boldsymbol{I}_3 & & \boldsymbol{I}_3 & & & \\ -\boldsymbol{I}_3 & & & \boldsymbol{I}_3 & & \\ -\boldsymbol{I}_3 & & & & \boldsymbol{I}_3 & \\ -\boldsymbol{I}_3 & & & & & \boldsymbol{I}_3\\ & -\boldsymbol{I}_3 & & & & \\ & -\boldsymbol{I}_3 & & & & \\ & -\boldsymbol{I}_3 & & & & \\ & -\boldsymbol{I}_3 & & & & \\ & & [0\ 0\ 1] & & & \\ & & & [0\ 0\ 1] & & \\ & & & & [0\ 0\ 1] & \\ & & & & & [0\ 0\ 1]\end{bmatrix}\boldsymbol{x}\tag{7.14}$$

式中，$\boldsymbol{p}_0(2)$代表$\boldsymbol{p}_0$向量的第三个元素，即z轴坐标。之所以 2 代表第三个元素，是为了和程序代码中的编号保持一致，都从 0 开始计数。

至此已经完成了状态估计器的连续状态空间模型。需要注意的是，在状态估计器的设计中，需要校核状态空间模型的可观测性和可估计性。只有当状态空间模型具有可估计性时，

才能将其用于状态估计器。限于篇幅，本书省略了这一部分的证明与校核。

7.2.2 离散状态空间模型

虽然已经得到了连续状态空间模型，但是这个模型并不能直接使用。因为控制程序是在数字计算机上运行的，程序必然只能每隔一段时间采样一次数据，这样的系统称为离散系统，需要使用与之对应的离散状态空间模型：

$$\begin{cases} \boldsymbol{x}(k)=\boldsymbol{A}\boldsymbol{x}(k-1)+\boldsymbol{B}\boldsymbol{u}(k-1) \\ \boldsymbol{y}(k)=\boldsymbol{C}\boldsymbol{x}(k) \end{cases} \tag{7.15}$$

其中的 k 代表第 k 个时刻，那么 $(k-1)$ 自然代表 k 时刻的上一个时刻。所以式（7.15）的物理意义即离散系统当前时刻的状态向量 $\boldsymbol{x}(k)$ 与其上一时刻的状态向量 $\boldsymbol{x}(k-1)$ 及输入向量 $\boldsymbol{u}(k-1)$ 相关，当前时刻的输出向量 $\boldsymbol{y}(k)$ 与当前时刻的状态向量 $\boldsymbol{x}(k)$ 相关。那么如何将连续状态空间模型转变为离散状态空间模型呢？这里采用的是一种近似但简单的离散化方法。

首先假设两次采样的时间间隔 $\mathrm{d}t$ 足够小，那么可以近似认为

$$\dot{\boldsymbol{x}}(k-1)=\frac{\boldsymbol{x}(k)-\boldsymbol{x}(k-1)}{\mathrm{d}t}$$

$$\boldsymbol{x}(k)=\boldsymbol{x}(k-1)+\mathrm{d}t\dot{\boldsymbol{x}}(k-1) \tag{7.16}$$

将式（7.8）代入式（7.16），可得

$$\begin{aligned} \boldsymbol{x}(k) &= \boldsymbol{x}(k-1)+\mathrm{d}t(\boldsymbol{A}_c\boldsymbol{x}(k-1)+\boldsymbol{B}_c\boldsymbol{u}(k-1)) \\ &= (\boldsymbol{I}+\mathrm{d}t\boldsymbol{A}_c)\boldsymbol{x}(k-1)+\mathrm{d}t\boldsymbol{B}_c\boldsymbol{u}(k-1) \end{aligned} \tag{7.17}$$

至于输出向量 $\boldsymbol{y}$ 的计算，离散系统和连续系统并没有差别，所以离散状态空间模型的 $\boldsymbol{A}$、$\boldsymbol{B}$、$\boldsymbol{C}$ 分别为

$$\begin{cases} \boldsymbol{A}=\boldsymbol{I}+\mathrm{d}t\boldsymbol{A}_c \\ \boldsymbol{B}=\mathrm{d}t\boldsymbol{B}_c \\ \boldsymbol{C}=\boldsymbol{C}_c \end{cases} \tag{7.18}$$

7.3 矩阵微积分

之前学习的微积分都是针对标量的，但是矩阵和向量也有对应的微积分计算法则。其实在前面的式（7.8）和式（7.16）中已经用到了针对向量的微分，下面介绍针对矩阵微积分的常用公式。限于篇幅，这里不给出具体的推导过程，有需要的读者可以查阅相关文献。

首先给出二次型的偏导数计算：

$$\frac{\partial \boldsymbol{x}^{\mathrm{T}}\boldsymbol{A}x}{\partial \boldsymbol{x}}=\boldsymbol{x}^{\mathrm{T}}\boldsymbol{A}^{\mathrm{T}}+\boldsymbol{x}^{\mathrm{T}}\boldsymbol{A} \tag{7.19}$$

当矩阵 $\boldsymbol{A}$ 为对称矩阵，即 $\boldsymbol{A}=\boldsymbol{A}^{\mathrm{T}}$ 时，偏导数可以简化为

$$\frac{\partial \boldsymbol{x}^{\mathrm{T}}\boldsymbol{A}x}{\partial \boldsymbol{x}}=2\boldsymbol{x}^{\mathrm{T}}\boldsymbol{A} \tag{7.20}$$

同样地，对于矩阵与向量的乘积，其偏导数公式为

$$\begin{cases}\dfrac{\partial \boldsymbol{A}\boldsymbol{x}}{\partial \boldsymbol{x}}=\boldsymbol{A}\\ \dfrac{\partial \boldsymbol{x}^{\mathrm{T}}\boldsymbol{A}}{\partial \boldsymbol{x}}=\boldsymbol{A}^{\mathrm{T}}\end{cases} \tag{7.21}$$

最后介绍与矩阵的迹，即 Tr( )有关的公式，迹 $\mathrm{Tr}(\boldsymbol{ABA}^{\mathrm{T}})$对于矩阵 $\boldsymbol{A}$ 的偏导数为

$$\frac{\partial \mathrm{Tr}(\boldsymbol{ABA}^{\mathrm{T}})}{\partial \boldsymbol{A}}=\boldsymbol{AB}^{\mathrm{T}}+\boldsymbol{AB} \tag{7.22}$$

同理，当矩阵 $\boldsymbol{B}$ 为对称矩阵时，式（7.22）可简化为

$$\frac{\partial \mathrm{Tr}(\boldsymbol{ABA}^{\mathrm{T}})}{\partial \boldsymbol{A}}=2\boldsymbol{AB} \tag{7.23}$$

7.4 二次规划

二次规划（Quadratic Programming，QP）广泛应用于最优化问题，因为将要使用的卡尔曼滤波器就是最优状态估计的一种，所以下面先简单介绍一下二次规划。

其实前面已涉及标量的二次规划，如图 7.2 所示，对于 $y=ax^2+bx+c$，当 $a>0$ 时，y 在最小值处斜率为 0。如果想要知道当 x 取何值时 y 的值最小，则可以令 y 的导数 $\dot{y}=0$：

$$\dot{y}=2ax+b=0$$
$$x=-\frac{b}{2a} \tag{7.24}$$

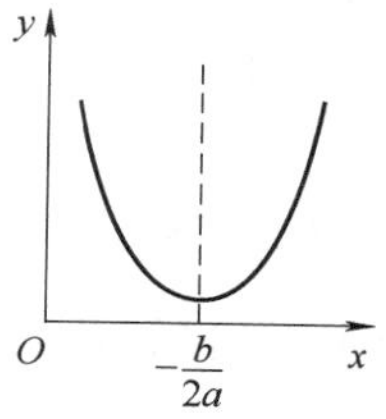

图 7.2　标量的二次规划

同样地，也可以将二次规划的做法推广到向量。例如，定义代价函数（cost function）J 为标量：

$$J=\boldsymbol{x}^{\mathrm{T}}\boldsymbol{A}\boldsymbol{x}+\boldsymbol{b}\boldsymbol{x}+c \tag{7.25}$$

假设其中的矩阵 $\boldsymbol{A}$ 为对称矩阵，并且矩阵 $\boldsymbol{A}$ 为正定矩阵㊀，根据 7.3 节的矩阵微积分计算公式可得，J 对 $\boldsymbol{x}$ 的偏微分为

$$\frac{\partial J}{\partial \boldsymbol{x}}=2\boldsymbol{A}\boldsymbol{x}+\boldsymbol{b}=0 \tag{7.26}$$

所以当 J 取得最小值时，$\boldsymbol{x}$ 的值为

$$\boldsymbol{x}=-\frac{1}{2}\boldsymbol{A}^{-1}\boldsymbol{b} \tag{7.27}$$

式（7.27）为二次规划的理论解，其将会在卡尔曼滤波器的推导当中使用。同时，在后续章节还会用二次规划的数值求解器解决带约束的二次规划问题。

7.5 概率理论

实际和理论之间总是有一定的偏差，各种各样的偏差汇总起来，就形成了无处不在的噪

㊀ 所谓正定矩阵 $\boldsymbol{A}$，即对于任意非零向量$\boldsymbol{v}$，都有$\boldsymbol{v}^{\mathrm{T}}\boldsymbol{A}\boldsymbol{v}>0$。从意义上看，可以认为矩阵 $\boldsymbol{A}$ 正定相当于图 7.2 中要求 $a>0$。

声。正是因为有噪声的存在，才需要使用卡尔曼滤波器来估计系统的状态。由于噪声可以用概率理论来简洁地描述，所以这里会简单介绍卡尔曼滤波器用到的概率知识。限于篇幅，本书不对有关基础概念做非常严格的定义，有兴趣的读者可以参考概率论或最优估计方面的书籍。

7.5.1 期望与方差

随机变量 $\boldsymbol{x}$ 的期望被定义为大量实验的平均值，记为 $\boldsymbol{E}(x)$，有时也简写为 $\bar{x}$。对于随机变量 x 和随机变量 y 之和，有

$$E(x+y)=E(x)+E(y) \tag{7.28}$$

随机变量 x 的方差 σ_x^2 可以用来描述随机变量 x 对其期望 $\bar{x}$ 离散程度的大小，方差 σ_x^2 的定义为

$$\sigma_x^2=E[(x-\bar{x})^2] \tag{7.29}$$

在后文中，我们用 $x\sim(E(x),\ \sigma_x^2)$ 表示随机变量 x 的期望为 $E(x)$，方差为 σ_x^2。

7.5.2 独立事件

如果一个事件的发生对另外一个事件发生的概率没有影响，那么这两个事件之间互为独立事件。假设有随机变量 x 和 y，则可以定义它们的协方差为

$$C_{xy}=E[(x-\bar{x})(y-\bar{y})] \tag{7.30}$$

当随机变量 x 和 y 互为独立事件时，它们的协方差 $C_{xy}=0$。

7.5.3 向量随机变量

前面讨论的随机变量都是标量，但是应用中的随机变量多为向量，因此需要将上述内容拓展到向量中。如果随机变量是一个向量 $\boldsymbol{x}$，那么它的期望 $E(\boldsymbol{x})$ 就是对向量 $\boldsymbol{x}$ 中的每一个元素求期望。同理，矩阵的期望也是对矩阵中的每一个元素分别求期望。

所以可以定义随机变量 $\boldsymbol{x}$ 和 $\boldsymbol{y}$ 的协方差矩阵 $\boldsymbol{C}_{xy}$ 为

$$\boldsymbol{C}_{xy}=E[(\boldsymbol{x}-\bar{\boldsymbol{x}})(\boldsymbol{y}-\bar{\boldsymbol{y}})^{\mathrm{T}}] \tag{7.31}$$

和方差类似，也可以计算随机变量 $\boldsymbol{x}$ 与自己的协方差矩阵：

$$\boldsymbol{C}_x=E[(\boldsymbol{x}-\bar{\boldsymbol{x}})(\boldsymbol{x}-\bar{\boldsymbol{x}})^{\mathrm{T}}] \tag{7.32}$$

为了研究协方差矩阵 $\boldsymbol{C}_x$ 的性质，将式（7.32）展开可得

$$\boldsymbol{C}_x=\begin{bmatrix} E[(x_1-\bar{x}_1)^2] & E[(x_1-\bar{x}_1)(x_2-\bar{x}_2)] & \cdots & E[(x_1-\bar{x}_1)(x_n-\bar{x}_n)] \\ E[(x_2-\bar{x}_2)(x_1-\bar{x}_1)] & E[(x_2-\bar{x}_2)^2] & \cdots & E[(x_2-\bar{x}_2)(x_n-\bar{x}_n)] \\ \vdots & \vdots & & \vdots \\ E[(x_n-\bar{x}_n)(x_1-\bar{x}_1)] & E[(x_n-\bar{x}_n)(x_2-\bar{x}_2)] & \cdots & E[(x_n-\bar{x}_n)^2] \end{bmatrix} \tag{7.33}$$

可见协方差矩阵 $\boldsymbol{C}_x$ 是对称矩阵，并且对角项分别为随机变量 $\boldsymbol{x}$ 中各项的方差。如果随机变量 $\boldsymbol{x}$ 中的各项互相独立，那么协方差矩阵 $\boldsymbol{C}_x$ 是一个对角矩阵，即非对角项为 0。同理也可以证明协方差矩阵 $\boldsymbol{C}_{xy}$ 是对称矩阵。

7.5.4 噪声及其协方差矩阵

本章中所有的噪声都是白噪声。所谓白噪声，是指 t_1 时刻的噪声向量 $\boldsymbol{v}(t_1)$ 与 t_2 时刻的

噪声向量 $\boldsymbol{v}(t_2)$ 之间互相独立，所以可以对任一时刻的噪声单独分析。

同时，如果噪声向量$\boldsymbol{v}$ 中的每一项之间也互相独立，那么噪声向量$\boldsymbol{v}$ 的协方差矩阵为对角矩阵，且每一个对角项都是噪声向量$\boldsymbol{v}$ 中对应元素的方差值：

$$\boldsymbol{C}_v=E(\boldsymbol{v}\boldsymbol{v}^{\mathrm{T}})=\begin{bmatrix}\sigma_1^2 & 0 & \cdots & 0\\ 0 & \sigma_2^2 & \cdots & 0\\ \vdots & \vdots & & \vdots\\ 0 & 0 & \cdots & \sigma_n^2\end{bmatrix} \tag{7.34}$$

不过从后续的分析中可以看到，四足机器人噪声之间的每一项往往不是相互独立的，这种情况下就不能将噪声的协方差矩阵 $\boldsymbol{C}_v$ 定义为对角矩阵。

7.5.5　条件概率

如果随机变量 $\boldsymbol{x}$ 和随机变量 $\boldsymbol{y}$ 之间并不独立，那么在不同的 $\boldsymbol{y}$ 值下，随机变量 $\boldsymbol{x}$ 的期望 $E(\boldsymbol{x})$ 也不同。将这种已知 $\boldsymbol{y}=\boldsymbol{y}_1$ 条件下的 $\boldsymbol{x}$ 的期望表示为 $E\{\boldsymbol{x}\mid\boldsymbol{y}_1\}$。

7.6　最小二乘估计

在工程应用中，测量得到的输出向量 $\boldsymbol{y}$ 中肯定包含噪声向量$\boldsymbol{v}$，假设状态向量 $\boldsymbol{x}_k$ 为一个定值 $\boldsymbol{x}$，那么离散状态空间中的 $\boldsymbol{y}$ 变为

$$\boldsymbol{y}_k=\boldsymbol{C}\boldsymbol{x}+\boldsymbol{v}_k \tag{7.35}$$

在分析中，一般假设每个测量值的噪声都是零均值且相互独立的，所以测量噪声 $\boldsymbol{v}\sim(0,\boldsymbol{R})$，且根据式（7.34），$\boldsymbol{R}$ 为对角矩阵：

$$R=E(\boldsymbol{v}\boldsymbol{v}^{\mathrm{T}})=\begin{bmatrix}\sigma_1^2 & 0 & \cdots & 0\\ 0 & \sigma_2^2 & \cdots & 0\\ \vdots & \vdots & & \vdots\\ 0 & 0 & \cdots & \sigma_n^2\end{bmatrix} \tag{7.36}$$

下面介绍如何在有噪声干扰的情况下获得状态向量 $\boldsymbol{x}$ 的最优估计值 $\hat{\boldsymbol{x}}$。

7.6.1　加权最小二乘估计

定义测量残差 $\boldsymbol{\epsilon}_y$ 为

$$\boldsymbol{\epsilon}_y=y-\boldsymbol{C}\hat{\boldsymbol{x}} \tag{7.37}$$

当测量残差 $\boldsymbol{\epsilon}_y$ 中各项的二次方和取得最小值时，状态向量 $\boldsymbol{x}$ 的值就是最优估计值 $\hat{\boldsymbol{x}}$。通过 7.4 节中的二次规划方法，代价函数 J 可以定义为

$$J=\boldsymbol{\epsilon}_{y1}^2+\boldsymbol{\epsilon}_{y2}^2+\cdots+\boldsymbol{\epsilon}_{yn}^2=\boldsymbol{\epsilon}_y^{\mathrm{T}}\boldsymbol{\epsilon}_y \tag{7.38}$$

但是各个测量值之间的可信度不同，例如有些传感器性能很好，所以误差的方差很小，有些传感器的性能不佳，那么对应误差的方差就很大。状态估计器当然更信任误差方差小的传感器，所以要在代价函数中给测量值赋予不同的权重，权重越大代表越信任这个测量值，因此权重应该和方差成反比：

$$J=\frac{\epsilon_{y1}^2}{\sigma_1^2}+\frac{\epsilon_{y2}^2}{\sigma_2^2}+\cdots+\frac{\epsilon_{yn}^2}{\sigma_n^2}=\boldsymbol{\epsilon}_y^{\mathrm{T}}\boldsymbol{R}^{-1}\boldsymbol{\epsilon}_y$$
$$=(\boldsymbol{y}-\boldsymbol{C}\hat{\boldsymbol{x}})^{\mathrm{T}}\boldsymbol{R}^{-1}(\boldsymbol{y}-\boldsymbol{C}\hat{\boldsymbol{x}})$$
$$=\boldsymbol{y}^{\mathrm{T}}\boldsymbol{R}^{-1}\boldsymbol{y}-\boldsymbol{y}^{\mathrm{T}}\boldsymbol{R}^{-1}\boldsymbol{C}\hat{\boldsymbol{x}}-\hat{\boldsymbol{x}}^{\mathrm{T}}\boldsymbol{C}^{\mathrm{T}}\boldsymbol{R}^{-1}\boldsymbol{y}+\hat{\boldsymbol{x}}^{\mathrm{T}}\boldsymbol{C}^{\mathrm{T}}\boldsymbol{R}^{-1}\boldsymbol{C}\hat{\boldsymbol{x}} \tag{7.39}$$

因为矩阵 $\boldsymbol{R}$ 是对角矩阵，所以 $\boldsymbol{R}^{-1}$ 也是对角矩阵，并且其对角线上每一项都是 $\boldsymbol{R}$ 对应项的倒数。根据二次规划的方法，首先计算代价函数 J 对 $\hat{\boldsymbol{x}}$ 的偏导数：

$$\frac{\partial J}{\partial \hat{\boldsymbol{x}}}=-\boldsymbol{y}^{\mathrm{T}}\boldsymbol{R}^{-1}\boldsymbol{C}-(\boldsymbol{C}^{\mathrm{T}}\boldsymbol{R}^{-1}\boldsymbol{y})^{\mathrm{T}}+\hat{\boldsymbol{x}}^{\mathrm{T}}[\boldsymbol{C}^{\mathrm{T}}\boldsymbol{R}^{-1}\boldsymbol{C}+(\boldsymbol{C}^{\mathrm{T}}\boldsymbol{R}^{-1}\boldsymbol{C})^{\mathrm{T}}]$$
$$=-\boldsymbol{y}^{\mathrm{T}}\boldsymbol{R}^{-1}\boldsymbol{C}-\boldsymbol{y}^{\mathrm{T}}(\boldsymbol{R}^{-1})^{\mathrm{T}}\boldsymbol{C}+\hat{\boldsymbol{x}}^{\mathrm{T}}[\boldsymbol{C}^{\mathrm{T}}\boldsymbol{R}^{-1}\boldsymbol{C}+\boldsymbol{C}^{\mathrm{T}}(\boldsymbol{R}^{-1})^{\mathrm{T}}\boldsymbol{C}]$$
$$=-2\boldsymbol{y}^{\mathrm{T}}\boldsymbol{R}^{-1}\boldsymbol{C}+2\hat{\boldsymbol{x}}^{\mathrm{T}}\boldsymbol{C}^{\mathrm{T}}\boldsymbol{R}^{-1}\boldsymbol{C} \tag{7.40}$$

令该偏导数为 0，可得

$$2\hat{\boldsymbol{x}}^{\mathrm{T}}\boldsymbol{C}^{\mathrm{T}}\boldsymbol{R}^{-1}\boldsymbol{C}=2\boldsymbol{y}^{\mathrm{T}}\boldsymbol{R}^{-1}\boldsymbol{C}$$
$$\boldsymbol{C}^{\mathrm{T}}\boldsymbol{R}^{-1}\boldsymbol{C}\hat{\boldsymbol{x}}=\boldsymbol{C}^{\mathrm{T}}\boldsymbol{R}^{-1}\boldsymbol{y}$$
$$\hat{\boldsymbol{x}}=(\boldsymbol{C}^{\mathrm{T}}\boldsymbol{R}^{-1}\boldsymbol{C})^{-1}\boldsymbol{C}^{\mathrm{T}}\boldsymbol{R}^{-1}\boldsymbol{y} \tag{7.41}$$

至此已经完成了加权最小二乘估计，式（7.41）中的 $\hat{\boldsymbol{x}}$ 就是对状态 $\boldsymbol{x}$ 的最优估计结果。但是如果想要利用一段时间内的所有测量值 $\boldsymbol{y}$，而不是像上式那样只用一组测量值 $\boldsymbol{y}$，就需要将 $\boldsymbol{C}$ 矩阵变得很大，这会占用更多的内存，同时影响计算速度。而递推最小二乘估计可解决这一问题。

7.6.2 递推最小二乘估计

定义状态向量 $\boldsymbol{x}$ 的最优估计值 $\hat{\boldsymbol{x}}$ 的递推公式为

$$\begin{cases}\boldsymbol{y}_k=\boldsymbol{C}\boldsymbol{x}+\boldsymbol{v}_k\\ \hat{\boldsymbol{x}}_k=\hat{\boldsymbol{x}}_{k-1}+\boldsymbol{K}_k(\boldsymbol{y}_k-\boldsymbol{C}\hat{\boldsymbol{x}}_{k-1})\end{cases} \tag{7.42}$$

式（7.42）中各项的物理意义：$\boldsymbol{y}_k$ 为当前时刻的测量结果，同时仍然假设状态向量 $\boldsymbol{x}$ 是一个固定的常量；$\hat{\boldsymbol{x}}_{k-1}$ 为上一时刻的最优状态估计，可以用测量值 $\boldsymbol{y}_k$ 与估计值 $\hat{\boldsymbol{x}}_{k-1}$ 的差值 $(\boldsymbol{y}_k-\boldsymbol{C}\hat{\boldsymbol{x}}_{k-1})$ 来修正上一时刻的最优状态估计 $\hat{\boldsymbol{x}}_{k-1}$，从而得到当前时刻的最优状态估计 $\hat{\boldsymbol{x}}_k$；$\boldsymbol{K}_k$ 为最优的修正系数矩阵。

定义 k 时刻的状态估计误差 $\boldsymbol{\omega}_k$ 为

$$\boldsymbol{\omega}_k=\boldsymbol{x}-\hat{\boldsymbol{x}}_k=\boldsymbol{x}-\hat{\boldsymbol{x}}_{k-1}-\boldsymbol{K}_k(\boldsymbol{y}_k-\boldsymbol{C}\hat{\boldsymbol{x}}_{k-1})$$
$$=\boldsymbol{\omega}_{k-1}-\boldsymbol{K}_k(\boldsymbol{C}\boldsymbol{x}+\boldsymbol{v}_k-\boldsymbol{C}\hat{\boldsymbol{x}}_{k-1})$$
$$=\boldsymbol{\omega}_{k-1}-\boldsymbol{K}_k\boldsymbol{C}(\boldsymbol{x}-\hat{\boldsymbol{x}}_{k-1})-\boldsymbol{K}_k\boldsymbol{v}_k$$
$$=(\boldsymbol{I}-\boldsymbol{K}_k\boldsymbol{C})\boldsymbol{\omega}_{k-1}-\boldsymbol{K}_k\boldsymbol{v}_k \tag{7.43}$$

那么接下来的问题就是如何求解出最优的修正系数矩阵 $\boldsymbol{K}_k$。其方法仍然是使用二次规划，所选择的优化目标是令 k 时刻各个状态估计误差二次方和的期望最小，也就是误差的方差之和最小。因此 k 时刻的代价函数 J_k 为

$$J_k=E(\omega_{k1}^2+\omega_{k2}^2+\cdots+\omega_{kn}^2)$$

$$
\begin{aligned}
&=\sigma_{k1}^2+\sigma_{k2}^2+\cdots+\sigma_{kn}^2 \\
&=\mathrm{Tr}(\boldsymbol{P}_k)
\end{aligned} \tag{7.44}
$$

根据式（7.33），$\boldsymbol{\omega}_k$ 在 k 时刻的协方差矩阵 $\boldsymbol{P}_k=E(\boldsymbol{\omega}_k\boldsymbol{\omega}_k^{\mathrm{T}})$ 为对称矩阵，且对角项为各个误差的方差，因此代价函数 J_k 可以表达为协方差矩阵 $\boldsymbol{P}_k$ 的迹，即 $\mathrm{Tr}(\boldsymbol{P}_k)$。将 $\boldsymbol{\omega}_k$ 的协方差矩阵 $\boldsymbol{P}_k$ 展开可得

$$
\begin{aligned}
\boldsymbol{P}_k &=E(\boldsymbol{\omega}_k\boldsymbol{\omega}_k^{\mathrm{T}}) \\
&=E\{[(\boldsymbol{I}-\boldsymbol{K}_k\boldsymbol{C})\boldsymbol{\omega}_{k-1}-\boldsymbol{K}_k\boldsymbol{v}_k][(\boldsymbol{I}-\boldsymbol{K}_k\boldsymbol{C})\boldsymbol{\omega}_{k-1}-\boldsymbol{K}_k\boldsymbol{v}_k]^{\mathrm{T}}\} \\
&=(\boldsymbol{I}-\boldsymbol{K}_k\boldsymbol{C})E(\boldsymbol{\omega}_{k-1}\boldsymbol{\omega}_{k-1}^{\mathrm{T}})(\boldsymbol{I}-\boldsymbol{K}_k\boldsymbol{C})^{\mathrm{T}}-(\boldsymbol{I}-\boldsymbol{K}_k\boldsymbol{C})E(\boldsymbol{\omega}_{k-1}\boldsymbol{v}_k^{\mathrm{T}})\boldsymbol{K}_k^{\mathrm{T}}- \\
&\quad \boldsymbol{K}_kE(\boldsymbol{v}_k\boldsymbol{\omega}_{k-1}^{\mathrm{T}})(\boldsymbol{I}-\boldsymbol{K}_k\boldsymbol{C})^{\mathrm{T}}+\boldsymbol{K}_kE(\boldsymbol{v}_k\boldsymbol{v}_k^{\mathrm{T}})\boldsymbol{K}_k^{\mathrm{T}}
\end{aligned} \tag{7.45}
$$

因为状态估计误差 $\boldsymbol{\omega}_{k-1}$ 和测量噪声 $\boldsymbol{v}_{k-1}$ 之间相互独立，且都是零均值噪声，所以有

$$
\begin{cases}
E(\boldsymbol{\omega}_{k-1}\boldsymbol{v}_k^{\mathrm{T}})=E(\boldsymbol{\omega}_{k-1})E(\boldsymbol{v}_k^{\mathrm{T}})=0 \\
E(\boldsymbol{v}_k\boldsymbol{\omega}_{k-1}^{\mathrm{T}})=E(\boldsymbol{v}_k)E(\boldsymbol{\omega}_{k-1}^{\mathrm{T}})=0
\end{cases} \tag{7.46}
$$

因此式（7.45）可以简化为

$$
P_k=(\boldsymbol{I}-\boldsymbol{K}_k\boldsymbol{C})\boldsymbol{P}_{k-1}(\boldsymbol{I}-\boldsymbol{K}_k\boldsymbol{C})^{\mathrm{T}}+\boldsymbol{K}_k\boldsymbol{R}\boldsymbol{K}_k^{\mathrm{T}} \tag{7.47}
$$

其中矩阵 $\boldsymbol{R}$ 即是通过式（7.33）计算得到的测量误差 $\boldsymbol{v}$ 的协方差。可见当前 k 时刻的估计误差协方差 $\boldsymbol{P}_k$ 与上一时刻协方差 $\boldsymbol{P}_{k-1}$ 及测量误差协方差 $\boldsymbol{R}$ 有关，这就是估计误差的协方差递推计算公式。

所以对于式（7.44）中的代价函数 J_k，当得到最优的 $\boldsymbol{K}_k$ 使 J_k 取得最小值时，J_k 对 $\boldsymbol{K}_k$ 的偏导数为 0。根据式（7.23）中对迹求偏导的公式可得

$$
\begin{aligned}
\frac{\partial J_k}{\partial \boldsymbol{K}_k}&=\frac{\partial \mathrm{Tr}(\boldsymbol{P}_k)}{\partial \boldsymbol{K}_k} \\
&=\frac{\partial \mathrm{Tr}((\boldsymbol{I}-\boldsymbol{K}_k\boldsymbol{C})\boldsymbol{P}_{k-1}(\boldsymbol{I}-\boldsymbol{K}_kC)^{\mathrm{T}})}{\partial(\boldsymbol{I}-\boldsymbol{K}_k\boldsymbol{C})}\cdot\frac{\partial(\boldsymbol{I}-\boldsymbol{K}_k\boldsymbol{C})}{\partial \boldsymbol{K}_k}+\frac{\partial \mathrm{Tr}(\boldsymbol{K}_k\boldsymbol{R}\boldsymbol{K}_k^{\mathrm{T}})}{\partial \boldsymbol{K}_k} \\
&=2(\boldsymbol{I}-\boldsymbol{K}_k\boldsymbol{C})\boldsymbol{P}_{k-1}(-\boldsymbol{C}^{\mathrm{T}})+2\boldsymbol{K}_k\boldsymbol{R} \\
&=0
\end{aligned} \tag{7.48}
$$

$$
\boldsymbol{K}_k\boldsymbol{R}=(\boldsymbol{I}-\boldsymbol{K}_k\boldsymbol{C})\boldsymbol{P}_{k-1}\boldsymbol{C}^{\mathrm{T}}
$$

$$
\boldsymbol{K}_k(\boldsymbol{R}+\boldsymbol{C}\boldsymbol{P}_{k-1}\boldsymbol{C}^{\mathrm{T}})=\boldsymbol{P}_{k-1}\boldsymbol{C}^{\mathrm{T}}
$$

所以可以求得最优的 $\boldsymbol{K}_k$ 为

$$
\boldsymbol{K}_k=\boldsymbol{P}_{k-1}\boldsymbol{C}^{\mathrm{T}}(\boldsymbol{R}+\boldsymbol{C}\boldsymbol{P}_{k-1}\boldsymbol{C}^{\mathrm{T}})^{-1} \tag{7.49}
$$

因为卡尔曼滤波器的计算流程和递推最小二乘估计有相似性，所以为了方便后面理解卡尔曼滤波器，这里先整理一下最小二乘估计的计算流程：

1）确定初始状态的最优状态估计值 $\hat{\boldsymbol{x}}_0$ 和估计值的协方差 $\boldsymbol{P}_0$。如果对系统状态 $\boldsymbol{x}$ 完全没有了解，则可以将 $\hat{\boldsymbol{x}}_0$ 设置为任意值，同时令 $\boldsymbol{P}_0=\infty\boldsymbol{I}$。这一操作类似于 7.6.1 节中的加权最小二乘估计，协方差越大代表可信度越低。所以当完全不信任 $\hat{\boldsymbol{x}}_0$ 时，它的协方差 $\boldsymbol{P}_0$ 就应该是 $\infty\boldsymbol{I}$。同理，当对 $\hat{\boldsymbol{x}}_0$ 的值非常确定时，可以令 $\boldsymbol{P}_0=0$。

2）当估计器开始运行时，时刻 $k=1$，机器人读取各个传感器的数据获得 $\boldsymbol{y}_1$ 的值，同时根据式（7.49），可以计算当前时刻的 $\boldsymbol{K}_1$：

$$\boldsymbol{K}_k=\boldsymbol{P}_{k-1}\boldsymbol{C}^{\mathrm{T}}(R+\boldsymbol{C}\boldsymbol{P}_{k-1}\boldsymbol{C}^{\mathrm{T}})^{-1}$$
$$\boldsymbol{K}_1=\boldsymbol{P}_0\boldsymbol{C}^{\mathrm{T}}(\boldsymbol{R}+\boldsymbol{C}\boldsymbol{P}_0\boldsymbol{C}^{\mathrm{T}})^{-1} \tag{7.50}$$

所以根据最优估计值 $\hat{\boldsymbol{x}}$ 的递推公式（7.42），可以得到当前时刻的最优状态估计值 $\hat{\boldsymbol{x}}_1$ 为

$$\hat{\boldsymbol{x}}_k=\hat{\boldsymbol{x}}_{k-1}+\boldsymbol{K}_k(\boldsymbol{y}_k-\boldsymbol{C}\hat{\boldsymbol{x}}_{k-1})$$
$$\hat{\boldsymbol{x}}_1=\hat{\boldsymbol{x}}_0+\boldsymbol{K}_1(\boldsymbol{y}_1-\boldsymbol{C}\hat{\boldsymbol{x}}_0) \tag{7.51}$$

并且通过协方差的递推公式（7.47）可得

$$\boldsymbol{P}_k=(\boldsymbol{I}-\boldsymbol{K}_k\boldsymbol{C})\boldsymbol{P}_{k-1}(\boldsymbol{I}-\boldsymbol{K}_k\boldsymbol{C})^{\mathrm{T}}+\boldsymbol{K}_k\boldsymbol{R}\boldsymbol{K}_k^{\mathrm{T}}$$
$$\boldsymbol{P}_1=(\boldsymbol{I}-\boldsymbol{K}_1\boldsymbol{C})\boldsymbol{P}_0(\boldsymbol{I}-\boldsymbol{K}_1\boldsymbol{C})^{\mathrm{T}}+\boldsymbol{K}_1\boldsymbol{R}\boldsymbol{K}_1^{\mathrm{T}} \tag{7.52}$$

3）当 $k=2,3,\cdots$ 时，估计器重复执行步骤 2）中的操作，估计值 $\hat{\boldsymbol{x}}_k$ 会不断逼近真实状态 $\boldsymbol{x}$。

7.6.3　状态向量和协方差随时间的变化

在 7.6.1 节和 7.6.2 节中，考虑的都是固定不变的状态向量 $\boldsymbol{x}$，下面研究变化的状态向量 $\boldsymbol{x}_k$，推导出状态的期望和状态的协方差是如何随时间变化的。

参照式（7.15）中的离散状态空间模型，增加过程噪声 $\boldsymbol{w}$：

$$\boldsymbol{x}_k=\boldsymbol{A}\boldsymbol{x}_{k-1}+\boldsymbol{B}\boldsymbol{u}_{k-1}+\boldsymbol{w}_{k-1} \tag{7.53}$$

过程噪声 $\boldsymbol{w}$ 可能来自于模型的误差、建模过程的简化等，将其看作一个零均值白噪声，所以期望 $E(\boldsymbol{w})=0$，协方差为 $\boldsymbol{Q}$。假设已知状态向量 $\boldsymbol{x}$ 在 $(k-1)$ 时刻的期望为 $\bar{\boldsymbol{x}}_{k-1}=E(\boldsymbol{x}_{k-1})$，如果没有对这个系统进行观测，即没有获得新的关于状态向量 $\boldsymbol{x}$ 的有用信息，那么 k 时刻的状态期望 $\bar{\boldsymbol{x}}_k=E(\boldsymbol{x}_k)$ 为

$$\begin{aligned}\bar{\boldsymbol{x}}_k=E(\boldsymbol{x}_k)&=\boldsymbol{A}E(\boldsymbol{x}_{k-1})+\boldsymbol{B}E(\boldsymbol{u}_{k-1})+E(\boldsymbol{w}_{k-1})\\&=\boldsymbol{A}\bar{\boldsymbol{x}}_{k-1}+\boldsymbol{B}\boldsymbol{u}_{k-1}\end{aligned} \tag{7.54}$$

式（7.54）说明了离散系统的状态是如何随时间变化的，也就是离散系统状态的时间递推公式。下面来推导状态向量 $\boldsymbol{x}_k$ 的协方差 $\boldsymbol{P}_k$：

$$\boldsymbol{P}_k=E[(\boldsymbol{x}_k-\bar{\boldsymbol{x}}_k)(\boldsymbol{x}_k-\bar{\boldsymbol{x}}_k)^{\mathrm{T}}] \tag{7.55}$$

展开分析式（7.55）中的 $(\boldsymbol{x}_k-\bar{\boldsymbol{x}}_k)(\boldsymbol{x}_k-\bar{\boldsymbol{x}}_k)^{\mathrm{T}}$，代入式（7.53）和式（7.54）可得

$$\begin{aligned}&(\boldsymbol{x}_k-\bar{\boldsymbol{x}}_k)(\boldsymbol{x}_k-\bar{\boldsymbol{x}}_k)^{\mathrm{T}}\\&=[\boldsymbol{A}(\boldsymbol{x}_{k-1}-\bar{\boldsymbol{x}}_{k-1})+\boldsymbol{w}_{k-1}][\boldsymbol{A}(\boldsymbol{x}_{k-1}-\bar{\boldsymbol{x}}_{k-1})+\boldsymbol{w}_{k-1}]^{\mathrm{T}}\\&=\boldsymbol{A}(\boldsymbol{x}_{k-1}-\bar{\boldsymbol{x}}_{k-1})(\boldsymbol{x}_{k-1}-\bar{\boldsymbol{x}}_{k-1})^{\mathrm{T}}\boldsymbol{A}^{\mathrm{T}}+\boldsymbol{A}(\boldsymbol{x}_{k-1}-\bar{\boldsymbol{x}}_{k-1})\boldsymbol{w}_{k-1}^{\mathrm{T}}+\boldsymbol{w}_{k-1}(\boldsymbol{x}_{k-1}-\bar{\boldsymbol{x}}_{k-1})^{\mathrm{T}}\boldsymbol{A}^{\mathrm{T}}+\boldsymbol{w}_{k-1}\boldsymbol{w}_{k-1}^{\mathrm{T}}\end{aligned} \tag{7.56}$$

由于 $(\boldsymbol{x}_{k-1}-\bar{\boldsymbol{x}}_{k-1})$ 与 $\boldsymbol{w}_{k-1}$ 不相关，所以式（7.56）中第二、第三项的期望为 0。则状态向量 $\boldsymbol{x}_k$ 的协方差 $\boldsymbol{P}_k$ 为

$$\boldsymbol{P}_k=\boldsymbol{A}\boldsymbol{P}_{k-1}\boldsymbol{A}^{\mathrm{T}}+\boldsymbol{Q} \tag{7.57}$$

可见当前时刻 k 的状态向量协方差 $\boldsymbol{P}_k$ 与上一时刻 $(k-1)$ 的协方差 $\boldsymbol{P}_{k-1}$ 及过程噪声的协方差 $\boldsymbol{Q}$ 有关。需要注意的是，过程噪声的协方差 $\boldsymbol{Q}$ 只与系统有关，而与时间无关，在此是一个常量。

7.7 离散卡尔曼滤波器

离散卡尔曼滤波器也是一种最优状态估计，它和 7.6.2 节介绍的递推最小二乘估计很相似，但是递推最小二乘估计是对固定状态 $\boldsymbol{x}$ 的估计，而离散卡尔曼滤波器可以对变化的状态 $\boldsymbol{x}_k$ 进行估计。

7.7.1 离散卡尔曼滤波器的理论推导

首先将式（7.35）中的测量值 $\boldsymbol{y}_k$ 和式（7.53）中的系统状态向量 $\boldsymbol{x}_k$ 组合起来：

$$\begin{cases}\boldsymbol{x}_k=\boldsymbol{A}\boldsymbol{x}_{k-1}+\boldsymbol{B}\boldsymbol{u}_{k-1}+\boldsymbol{w}_{k-1}\\ \boldsymbol{y}_k=\boldsymbol{C}\boldsymbol{x}_k+\boldsymbol{v}_k\end{cases} \tag{7.58}$$

其中的过程噪声 $\boldsymbol{w}$ 和测量噪声 $\boldsymbol{v}$ 都是零均值且不相关的白噪声，并且其协方差矩阵分别为 $\boldsymbol{Q}$ 和 $\boldsymbol{R}$：

$$\boldsymbol{w}\sim(0,\boldsymbol{Q}),\ \boldsymbol{v}\sim(0,\boldsymbol{R}) \tag{7.59}$$

卡尔曼滤波器的作用就是，在已知两个协方差矩阵 $\boldsymbol{Q}$ 和 $\boldsymbol{R}$，以及各个时刻测量值 $\boldsymbol{y}$ 的条件下，估计系统在当前 k 时刻的最优状态向量 $\hat{\boldsymbol{x}}_k$。由于 $\hat{\boldsymbol{x}}_k$ 是基于测量值 $\boldsymbol{y}$ 计算得到的，根据 7.5.5 节的条件概率，可以把 k 时刻的最优状态估计向量 $\hat{\boldsymbol{x}}_k$ 分为先验估计（priori estimate）$\hat{\boldsymbol{x}}_k^-$ 和后验估计（posteriori estimate）$\hat{\boldsymbol{x}}_k^+$：

$$\begin{cases}\hat{\boldsymbol{x}}_k^-=E\{\boldsymbol{x}_k\mid\boldsymbol{y}_1,\boldsymbol{y}_2,\cdots,\boldsymbol{y}_{k-1}\}\\ \hat{\boldsymbol{x}}_k^+=E\{\boldsymbol{x}_k\mid\boldsymbol{y}_1,\boldsymbol{y}_2,\cdots,\boldsymbol{y}_{k-1},\boldsymbol{y}_k\}\end{cases} \tag{7.60}$$

可见，如果只用 1 到$(k-1)$时刻的测量值 $\boldsymbol{y}$ 来估计 $\boldsymbol{x}_k$，那么就是先验估计 $\hat{\boldsymbol{x}}_k^-$；如果在此基础上增加了 k 时刻的测量值 $\boldsymbol{y}_k$，那么得到的就是后验估计 $\hat{\boldsymbol{x}}_k^+$。同样，$\hat{\boldsymbol{x}}_k^-$ 和 $\hat{\boldsymbol{x}}_k^+$ 也有其对应的先验协方差 $\boldsymbol{P}_k^-$ 和后验协方差 $\boldsymbol{P}_k^+$：

$$\begin{cases}\boldsymbol{P}_k^-=E[(\boldsymbol{x}_k-\hat{\boldsymbol{x}}_k^-)(\boldsymbol{x}_k-\hat{\boldsymbol{x}}_k^-)^{\mathrm{T}}]\\ \boldsymbol{P}_k^+=E[(\boldsymbol{x}_k-\hat{\boldsymbol{x}}_k^+)(\boldsymbol{x}_k-\hat{\boldsymbol{x}}_k^+)^{\mathrm{T}}]\end{cases} \tag{7.61}$$

显然，利用的测量值越多，估计的精度就越高，所以后验估计 $\hat{\boldsymbol{x}}_k^+$ 比先验估计 $\hat{\boldsymbol{x}}_k^-$ 更接近状态向量 $\boldsymbol{x}$ 的真实值，同理后验协方差 $\boldsymbol{P}_k^+$ 也小于先验协方差 $\boldsymbol{P}_k^-$。

考虑式（7.58）中线性系统的状态向量和协方差随时间的变化，其方法和 7.6.3 节的算法类似。考虑到从 $\hat{\boldsymbol{x}}_{k-1}^+$ 到 $\hat{\boldsymbol{x}}_k^-$，时间前进了一步，但是并没有加入新的观测值，都只是使用了 1 到$(k-1)$时刻的测量值。所以由式（7.54）可得

$$\hat{\boldsymbol{x}}_k^-=\boldsymbol{A}\hat{\boldsymbol{x}}_{k-1}^++\boldsymbol{B}\boldsymbol{u}_{k-1} \tag{7.62}$$

同理，由式（7.57）可得

$$\boldsymbol{P}_k^-=\boldsymbol{A}\boldsymbol{P}_{k-1}^+\boldsymbol{A}^{\mathrm{T}}+\boldsymbol{Q} \tag{7.63}$$

式（7.62）和式（7.63）分别为 $\hat{\boldsymbol{x}}$ 和 $\boldsymbol{P}$ 的时间更新方程，即通过上一时刻的后验估计 $\hat{\boldsymbol{x}}_{k-1}^+$ 和后验协方差 $\boldsymbol{P}_{k-1}^+$ 来计算当前时刻的先验估计 $\hat{\boldsymbol{x}}_k^-$ 和先验协方差 $\boldsymbol{P}_k^-$。

当取得 k 时刻的测量结果 $\boldsymbol{y}_k$ 后，就可以计算得到 k 时刻的后验估计 $\hat{\boldsymbol{x}}_k^+$ 和后验协方差

$\boldsymbol{P}_k^+$。而这一部分的计算方法和7.6.2节中的递推最小二乘估计相似。在7.6.2节中，所研究的是对一个固定状态 $\boldsymbol{x}$，当新增加一个测量值，如何计算最优状态估计 $\hat{\boldsymbol{x}}$。而在卡尔曼滤波器中，k 时刻的先验估计 $\hat{\boldsymbol{x}}_k^-$ 和后验估计 $\hat{\boldsymbol{x}}_k^+$ 针对的都是同一个状态向量值 $\boldsymbol{x}_k$，所以可以认为这是和7.6.2节中一样的固定状态问题，故可以直接套用7.6.2节中的递推公式：

$$\begin{cases}\boldsymbol{K}_k=\boldsymbol{P}_k^-\boldsymbol{C}^{\mathrm{T}}(\boldsymbol{R}+\boldsymbol{C}\boldsymbol{P}_k^-\boldsymbol{C}^{\mathrm{T}})^{-1}\\ \hat{\boldsymbol{x}}_k^+=\hat{\boldsymbol{x}}_k^-+\boldsymbol{K}_k(\boldsymbol{y}_k-\boldsymbol{C}\hat{\boldsymbol{x}}_k^-)\\ \boldsymbol{P}_k^+=(\boldsymbol{I}-\boldsymbol{K}_k\boldsymbol{C})\boldsymbol{P}_k^-(\boldsymbol{I}-\boldsymbol{K}_k\boldsymbol{C})^{\mathrm{T}}+\boldsymbol{K}_k\boldsymbol{R}\boldsymbol{K}_k^{\mathrm{T}}\end{cases}\tag{7.64}$$

这就是根据新的测量值 $\boldsymbol{y}_k$ 来更新 $\hat{\boldsymbol{x}}$ 和 $\hat{\boldsymbol{P}}$ 的方程，其中的 $\boldsymbol{K}_k$ 称为卡尔曼滤波增益，同时后验估计 $\hat{\boldsymbol{x}}_k^+$ 也就是 k 时刻的最优状态估计。至此已经完成了离散卡尔曼滤波器的全部推导过程。

7.7.2 离散卡尔曼滤波器的计算流程

离散卡尔曼滤波器的计算流程和递推最小二乘估计比较接近，下面来分步说明。

1）与递推最小二乘估计相同，需要先给出初始状态的最优状态估计值 $\hat{\boldsymbol{x}}_0^+$ 和协方差 $\boldsymbol{P}_0^+$，其方法和递推最小二乘估计相同。

2）当离散卡尔曼滤波器开始运行时，时刻 $k=1$，首先根据式（7.62）和式（7.63）来计算 $k=1$ 时刻的先验估计 $\hat{\boldsymbol{x}}_1^-$ 和先验协方差 $\boldsymbol{P}_1^-$：

$$\begin{cases}\hat{\boldsymbol{x}}_k^-=\boldsymbol{A}\hat{\boldsymbol{x}}_{k-1}^++\boldsymbol{B}\boldsymbol{u}_{k-1}\\ \boldsymbol{P}_k^-=\boldsymbol{A}\boldsymbol{P}_{k-1}^+\boldsymbol{A}^{\mathrm{T}}+\boldsymbol{Q}\end{cases}\tag{7.65}$$

$$\begin{cases}\hat{\boldsymbol{x}}_1^-=\boldsymbol{A}\hat{\boldsymbol{x}}_0^++\boldsymbol{B}\boldsymbol{u}_0\\ \boldsymbol{P}_1^-=\boldsymbol{A}\boldsymbol{P}_0^+\boldsymbol{A}^{\mathrm{T}}+\boldsymbol{Q}\end{cases}\tag{7.66}$$

根据式（7.64）来计算卡尔曼滤波增益 $\boldsymbol{K}_1$：

$$\begin{cases}\boldsymbol{K}_k=\boldsymbol{P}_k^-\boldsymbol{C}^{\mathrm{T}}(\boldsymbol{R}+\boldsymbol{C}\boldsymbol{P}_k^-\boldsymbol{C}^{\mathrm{T}})^{-1}\\ \boldsymbol{K}_1=\boldsymbol{P}_1^-\boldsymbol{C}^{\mathrm{T}}(\boldsymbol{R}+\boldsymbol{C}\boldsymbol{P}_1^-\boldsymbol{C}^{\mathrm{T}})^{-1}\end{cases}\tag{7.67}$$

然后读取各个传感器的测量值，将其代入式（7.13），即可得到测量值 $\boldsymbol{y}_1$，并且根据式（7.64）来计算后验估计 $\hat{\boldsymbol{x}}_1^+$ 和后验协方差 $\boldsymbol{P}_1^+$：

$$\begin{cases}\hat{\boldsymbol{x}}_k^+=\hat{\boldsymbol{x}}_k^-+\boldsymbol{K}_k(\boldsymbol{y}_k-\boldsymbol{C}\hat{\boldsymbol{x}}_k^-)\\ \boldsymbol{P}_k^+=(\boldsymbol{I}-\boldsymbol{K}_k\boldsymbol{C})\boldsymbol{P}_k^-(\boldsymbol{I}-\boldsymbol{K}_k\boldsymbol{C})^{\mathrm{T}}+\boldsymbol{K}_k\boldsymbol{R}\boldsymbol{K}_k^{\mathrm{T}}\end{cases}\tag{7.68}$$

$$\begin{cases}\hat{\boldsymbol{x}}_1^+=\hat{\boldsymbol{x}}_1^-+\boldsymbol{K}_1(\boldsymbol{y}_1-\boldsymbol{C}\hat{\boldsymbol{x}}_1^-)\\ \boldsymbol{P}_1^+=(\boldsymbol{I}-\boldsymbol{K}_1\boldsymbol{C})\boldsymbol{P}_1^-(\boldsymbol{I}-\boldsymbol{K}_1\boldsymbol{C})^{\mathrm{T}}+\boldsymbol{K}_1\boldsymbol{R}\boldsymbol{K}_1^{\mathrm{T}}\end{cases}\tag{7.69}$$

这时的 $\hat{\boldsymbol{x}}_1^+$ 就是 $k=1$ 时刻的最优状态估计。

3）当 $k=2,3,\cdots$ 时，离散卡尔曼滤波器重复执行步骤2）中的操作。

7.8 协方差的测量

在离散卡尔曼滤波器中，需要确定两个关键参数，即过程噪声的协方差 $\boldsymbol{Q}$ 和测量噪声

的协方差 $\boldsymbol{R}$。其中比较容易确定的是测量噪声的协方差 $\boldsymbol{R}$，因为它的物理意义非常明显，即每次读取测量值的协方差，所以可以直接测量得到协方差矩阵 $\boldsymbol{R}$。但是和 7.6.2 节的问题一样，如果要保存大量的测量值，并且最终统一计算协方差矩阵，就会给计算机的内存带来比较大的压力。所以需要推导出一种逐步递推的平均值和协方差的计算方法。

7.8.1　平均值与协方差的递推公式

当样本量较大时，可以认为一个数据的期望等于这个数据的平均值。基于这一点，就可以使用平均值来计算期望和协方差。

对于平均值的递推公式，假设 $\bar{\boldsymbol{x}}_n$ 代表 n 个 $\boldsymbol{x}_i$ 的平均值，即

$$\bar{\boldsymbol{x}}_n = \frac{1}{n}\sum_{i=1}^{n}\boldsymbol{x}_i,\ \bar{\boldsymbol{x}}_{n-1} = \frac{1}{n-1}\sum_{i=1}^{n-1}\boldsymbol{x}_i \tag{7.70}$$

所以可以推导得出平均值 $\bar{\boldsymbol{x}}_n$ 的递推公式：

$$\begin{aligned}\bar{\boldsymbol{x}}_n &= \frac{1}{n}\sum_{i=1}^{n}\boldsymbol{x}_i = \frac{1}{n}\left(\boldsymbol{x}_n + \sum_{i=1}^{n-1}\boldsymbol{x}_i\right)\\ &= \frac{1}{n}[\boldsymbol{x}_n + (n-1)\bar{\boldsymbol{x}}_{n-1}]\\ &= \bar{\boldsymbol{x}}_{n-1} + \frac{\boldsymbol{x}_n - \bar{\boldsymbol{x}}_{n-1}}{n}\end{aligned} \tag{7.71}$$

将式（7.70）中的 $\bar{\boldsymbol{x}}_n$ 移项，可得

$$n\bar{\boldsymbol{x}}_n = \sum_{i=1}^{n}\boldsymbol{x}_i$$

$$\sum_{i=1}^{n}(\boldsymbol{x}_i - \bar{\boldsymbol{x}}_n) = \boldsymbol{0} \tag{7.72}$$

可见各个数据与它们平均值之差的累加和为 $\boldsymbol{0}$，同理，对于 $\bar{\boldsymbol{x}}_{n-1}$ 也有完全相同的性质，在此不再赘述。

协方差矩阵也可以得到类似的递推公式，首先假设 n 个 $\boldsymbol{x}_i$ 的协方差为 $\boldsymbol{C}_n$，即

$$\begin{cases}\boldsymbol{C}_n = \dfrac{1}{n}\displaystyle\sum_{i=1}^{n}(\boldsymbol{x}_i - \bar{\boldsymbol{x}}_n)(\boldsymbol{x}_i - \bar{\boldsymbol{x}}_n)^{\mathrm{T}}\\ \boldsymbol{C}_{n-1} = \dfrac{1}{n-1}\displaystyle\sum_{i=1}^{n-1}(\boldsymbol{x}_i - \bar{\boldsymbol{x}}_{n-1})(\boldsymbol{x}_i - \bar{\boldsymbol{x}}_{n-1})^{\mathrm{T}}\end{cases} \tag{7.73}$$

展开分析 $\boldsymbol{C}_n$ 中的 $(\boldsymbol{x}_i-\bar{\boldsymbol{x}}_n)(\boldsymbol{x}_i-\bar{\boldsymbol{x}}_n)^{\mathrm{T}}$，代入式（7.71）可得

$$\begin{aligned}(\boldsymbol{x}_i-\bar{\boldsymbol{x}}_n)(\boldsymbol{x}_i-\bar{\boldsymbol{x}}_n)^{\mathrm{T}} &= \left[(\boldsymbol{x}_i-\bar{\boldsymbol{x}}_{n-1})-\frac{\boldsymbol{x}_n-\bar{\boldsymbol{x}}_{n-1}}{n}\right]\left[(\boldsymbol{x}_i-\bar{\boldsymbol{x}}_{n-1})-\frac{\boldsymbol{x}_n-\bar{\boldsymbol{x}}_{n-1}}{n}\right]^{\mathrm{T}}\\ &= (\boldsymbol{x}_i-\bar{\boldsymbol{x}}_{n-1})(\boldsymbol{x}_i-\bar{\boldsymbol{x}}_{n-1})^{\mathrm{T}} - (\boldsymbol{x}_i-\bar{\boldsymbol{x}}_{n-1})\frac{(\boldsymbol{x}_n-\bar{\boldsymbol{x}}_{n-1})^{\mathrm{T}}}{n} -\\ &\quad \frac{\boldsymbol{x}_n-\bar{\boldsymbol{x}}_{n-1}}{n}(\boldsymbol{x}_i-\bar{\boldsymbol{x}}_{n-1})^{\mathrm{T}} + \frac{1}{n^2}(\boldsymbol{x}_n-\bar{\boldsymbol{x}}_{n-1})(\boldsymbol{x}_n-\bar{\boldsymbol{x}}_{n-1})^{\mathrm{T}}\end{aligned} \tag{7.74}$$

因此，可以将式（7.73）中 $\boldsymbol{C}_n$ 的求和公式里 $i=n$ 对应的项目提取出来：

$$\begin{aligned}\boldsymbol{C}_n = &\frac{1}{n}\cdot(\boldsymbol{x}_n-\bar{\boldsymbol{x}}_{n-1})(\boldsymbol{x}_n-\bar{\boldsymbol{x}}_{n-1})^{\mathrm{T}} - \\ &\frac{1}{n}\cdot\frac{2}{n}(\boldsymbol{x}_n-\bar{\boldsymbol{x}}_{n-1})(\boldsymbol{x}_n-\bar{\boldsymbol{x}}_{n-1})^{\mathrm{T}} + \\ &\frac{1}{n}\cdot n\cdot\frac{1}{n^2}(\boldsymbol{x}_n-\bar{\boldsymbol{x}}_{n-1})(\boldsymbol{x}_n-\bar{\boldsymbol{x}}_{n-1})^{\mathrm{T}} + \\ &\frac{1}{n}\cdot\sum_{i=1}^{n-1}(\boldsymbol{x}_i-\bar{\boldsymbol{x}}_{n-1})(\boldsymbol{x}_i-\bar{\boldsymbol{x}}_{n-1})^{\mathrm{T}} - \\ &\frac{1}{n}\cdot\left[\sum_{i=1}^{n-1}(\boldsymbol{x}_i-\bar{\boldsymbol{x}}_{n-1})\right]\frac{(\boldsymbol{x}_n-\bar{\boldsymbol{x}}_{n-1})^{\mathrm{T}}}{n} - \\ &\frac{1}{n}\cdot\frac{\boldsymbol{x}_n-\bar{\boldsymbol{x}}_{n-1}}{n}\sum_{i=1}^{n-1}(\boldsymbol{x}_i-\bar{\boldsymbol{x}}_{n-1})^{\mathrm{T}}\end{aligned} \tag{7.75}$$

式中，前三项都包含$(\boldsymbol{x}_n-\bar{\boldsymbol{x}}_{n-1})(\boldsymbol{x}_n-\bar{\boldsymbol{x}}_{n-1})^{\mathrm{T}}$，故可以合并为一项；第四项的形式和$\boldsymbol{C}_{n-1}$类似，故可以代入式（7.73）；根据式（7.72）可知，后两项的求和等于$\boldsymbol{0}$。因此可以得到协方差的递推公式：

$$\boldsymbol{C}_n=\frac{n-1}{n^2}(\boldsymbol{x}_n-\bar{\boldsymbol{x}}_{n-1})(\boldsymbol{x}_n-\bar{\boldsymbol{x}}_{n-1})^{\mathrm{T}}+\frac{n-1}{n}\boldsymbol{C}_{n-1} \tag{7.76}$$

至此已经完成了平均值$\bar{\boldsymbol{x}}_n$和协方差$\boldsymbol{C}_n$的递推公式推导。

7.8.2 测量四足机器人传感器的协方差

在估计器中，会用到机身 IMU 和各个关节的编码器，这些传感器都会产生噪声。由于离散卡尔曼滤波器中所有的噪声都视为零均值的白噪声，所以只需要测量各个传感器噪声的协方差。

以k时刻的测量误差$\boldsymbol{v}_k$为例，在式（7.58）中有

$$\boldsymbol{y}_k=\boldsymbol{C}\boldsymbol{x}_k+\boldsymbol{v}_k \tag{7.77}$$

假设机器人静止不动，此时的机器人状态$\boldsymbol{x}_k$为常量$\boldsymbol{x}_0$，那么测量值$\boldsymbol{y}$的平均值$\bar{\boldsymbol{y}}$为

$$\bar{\boldsymbol{y}}=\boldsymbol{C}\bar{\boldsymbol{x}}+\bar{\boldsymbol{v}}=\boldsymbol{C}\boldsymbol{x}_0 \tag{7.78}$$

所以根据式（7.73），测量值$\boldsymbol{y}$的协方差矩阵$\boldsymbol{C}_y$为

$$\begin{aligned}\boldsymbol{C}_y &= \frac{1}{n}\sum_{k=1}^{n}(\boldsymbol{y}_k-\bar{\boldsymbol{y}})(\boldsymbol{y}_k-\bar{\boldsymbol{y}})^{\mathrm{T}} \\ &= \frac{1}{n}\sum_{k=1}^{n}[\boldsymbol{C}(\boldsymbol{x}_k-\boldsymbol{x}_0)+\boldsymbol{v}_k][\boldsymbol{C}(\boldsymbol{x}_k-\boldsymbol{x}_0)+\boldsymbol{v}_k]^{\mathrm{T}}\end{aligned} \tag{7.79}$$

由式（7.72）可知，$\sum_{k=1}^{n}(\boldsymbol{x}_k-\boldsymbol{x}_0)=\boldsymbol{0}$，所以式(7.79)中的$\boldsymbol{C}_y$展开后，只有不含$(\boldsymbol{x}_k-\boldsymbol{x}_0)$的累加项不为零，即

$$\boldsymbol{C}_y=\frac{1}{n}\sum_{k=1}^{n}\boldsymbol{v}_k\boldsymbol{v}_k^{\mathrm{T}}=\boldsymbol{R} \tag{7.80}$$

式中的$\boldsymbol{R}$即是式（7.59）中定义的测量噪声$\boldsymbol{v}$的协方差。由此可见，当机器人处于静止状态时，测量噪声$\boldsymbol{v}$的协方差$\boldsymbol{R}$等于测量值$\boldsymbol{y}$的协方差$\boldsymbol{C}_y$，因此可以通过计算协方差$\boldsymbol{C}_y$来

获得 $\boldsymbol{R}$。

由于式（7.58）中的输入量 $\boldsymbol{u}$ 是利用 IMU 的数据，通过式（7.11）计算得到的，所以输入量 $\boldsymbol{u}$ 也需要测量它的协方差矩阵 $\boldsymbol{C}_u$。根据 7.8.1 节中给出的平均值和协方差递推公式，可以使用递推的方法求得 $\boldsymbol{R}$ 和 $\boldsymbol{C}_u$。

但是由式（7.58）可以看到：

$$\boldsymbol{x}_k=\boldsymbol{A}\boldsymbol{x}_{k-1}+\boldsymbol{B}\boldsymbol{u}_{k-1}+\boldsymbol{w}_{k-1} \tag{7.81}$$

可见离散卡尔曼滤波器将所有的过程噪声都归纳进了 $\boldsymbol{w}$ 中，并且有 $\boldsymbol{w}\sim(0,\boldsymbol{Q})$。所以过程噪声 $\boldsymbol{w}$ 中包含了输入量 $\boldsymbol{u}$ 的噪声，过程噪声的协方差 $\boldsymbol{Q}$ 中也包括了输入量噪声协方差 $\boldsymbol{C}_u$。为了计算 $\boldsymbol{C}_u$ 对 $\boldsymbol{Q}$ 的影响，首先只考虑输入量 $\boldsymbol{u}$ 的噪声 $\boldsymbol{o}$：

$$\begin{aligned}\boldsymbol{x}_k&=\boldsymbol{A}\boldsymbol{x}_{k-1}+\boldsymbol{B}(\boldsymbol{u}_{k-1}+\boldsymbol{o}_{k-1})\\&=\boldsymbol{A}\boldsymbol{x}_{k-1}+\boldsymbol{B}\boldsymbol{u}_{k-1}+\boldsymbol{B}\boldsymbol{o}_{k-1}\end{aligned} \tag{7.82}$$

所以过程噪声 $\boldsymbol{w}$ 中由输入量 $\boldsymbol{u}$ 产生的部分为 $\boldsymbol{w}_u=\boldsymbol{B}\boldsymbol{o}_{k-1}$，因此 $\boldsymbol{w}_u$ 的协方差矩阵 $\boldsymbol{Q}_u$ 为

$$\begin{aligned}\boldsymbol{Q}_u&=\frac{1}{n}\sum_{i=1}^{n}(\boldsymbol{w}_{ui}-\overline{\boldsymbol{w}}_{un})(\boldsymbol{w}_{ui}-\overline{\boldsymbol{w}}_{un})^{\mathrm{T}}\\&=\frac{1}{n}\sum_{i=1}^{n}\boldsymbol{B}(\boldsymbol{o}_i-\overline{\boldsymbol{o}}_n)(\boldsymbol{o}_i-\overline{\boldsymbol{o}}_n)^{\mathrm{T}}\boldsymbol{B}^{\mathrm{T}}\\&=\boldsymbol{B}\boldsymbol{C}_u\boldsymbol{B}^{\mathrm{T}}\end{aligned} \tag{7.83}$$

7.9 离散卡尔曼滤波器的参数调试

在 7.8.2 节中，通过测量可得到测量噪声的协方差 $\boldsymbol{R}$，以及输入量 $\boldsymbol{u}$ 产生的过程噪声的协方差 $\boldsymbol{Q}_u$。但是过程噪声并不仅仅包括输入量的噪声，而且建模和离散化的误差等也都会表现在过程噪声之中，但这些噪声是无法测量的。因此需要在试验中调试离散卡尔曼滤波器的参数，尤其是过程噪声协方差 $\boldsymbol{Q}$。为了使参数调试更具有方向性，本节总结一些在参数调试中的有用规律。

7.9.1 协方差的比值

如果给过程噪声协方差 $\boldsymbol{Q}$、测量噪声协方差 $\boldsymbol{R}$ 和初始最优估计协方差 $\boldsymbol{P}_0^+$ 乘一个相同的系数 a，那么离散卡尔曼滤波器的计算结果没有变化。下面通过一个例子来证明这一性质，假设给上述三个协方差矩阵乘一个系数 a，即 $\boldsymbol{Q}'=a\boldsymbol{Q}$、$\boldsymbol{R}'=a\boldsymbol{R}$、$\boldsymbol{P}_0^{+\prime}=a\boldsymbol{P}_0^+$，然后通过 7.7.2 节中的计算流程来运行离散卡尔曼滤波器，由式（7.65）可知，$k=1$ 时刻的先验估计 $\hat{\boldsymbol{x}}_1^-$ 没有变化，而先验协方差 $\boldsymbol{P}_1^{-\prime}$则变为原先的 a 倍：

$$\boldsymbol{P}_1^{-\prime}=\boldsymbol{A}a\boldsymbol{P}_0^+\boldsymbol{A}^{\mathrm{T}}+a\boldsymbol{Q}=a(\boldsymbol{A}\boldsymbol{P}_0^+\boldsymbol{A}^{\mathrm{T}}+\boldsymbol{Q})=a\boldsymbol{P}_1^- \tag{7.84}$$

由式（7.67）可知，$k=1$ 时刻的卡尔曼滤波增益 $\boldsymbol{K}_1$ 为

$$\begin{aligned}\boldsymbol{K}_1'&=\boldsymbol{P}_1^{-\prime}\boldsymbol{C}^{\mathrm{T}}(\boldsymbol{R}'+\boldsymbol{C}\boldsymbol{P}_1^{-\prime}\boldsymbol{C}^{\mathrm{T}})^{-1}\\&=a\boldsymbol{P}_1^-\boldsymbol{C}^{\mathrm{T}}\frac{1}{a}(\boldsymbol{R}+\boldsymbol{C}\boldsymbol{P}_1^-\boldsymbol{C}^{\mathrm{T}})^{-1}\\&=\boldsymbol{K}_1\end{aligned} \tag{7.85}$$

可见 $k=1$ 时刻的卡尔曼滤波增益没有变化，因此估计器得到的最优状态估计 $\hat{\boldsymbol{x}}_1^+$ 也不会变化。同理，也可以证明在任意 k 时刻计算得到的最优状态估计 $\hat{\boldsymbol{x}}_k^+$ 都没有变化，这意味着可以任意等比例缩放协方差矩阵，以使其处于方便计算的数量级。

7.9.2 协方差矩阵 $\boldsymbol{Q}$ 与 $\boldsymbol{R}$

在实际应用中，由于通常对机器人的初始状态 $\hat{\boldsymbol{x}}_0^+$ 缺乏了解，所以会给初始最优估计协方差 $\boldsymbol{P}_0^+$ 赋予一个很大的值。至于测量噪声协方差 $\boldsymbol{R}$，其中的大部分协方差可以直接测量得到，所以需要调试的主要是过程噪声协方差 $\boldsymbol{Q}$。

对于离散卡尔曼滤波器，由于它内部包含了一个状态空间模型，所以可以认为离散卡尔曼滤波器将自己状态空间模型估计的状态与通过测量值估计的状态进行了“加权最小二乘估计”，而它们的权重，就分别是过程噪声协方差 $\boldsymbol{Q}$ 和测量噪声协方差 $\boldsymbol{R}$。

从定性分析的角度来看，如果减小协方差矩阵 $\boldsymbol{Q}$，那么代表增加了对状态空间模型的信任。此时如果状态空间模型的精度很差，则会导致估计的结果出现错误，并且这个错误的误差可能会随着时间放大，从而导致离散卡尔曼滤波器无法收敛。

但是如果将协方差矩阵 $\boldsymbol{Q}$ 给得过大，根据 7.9.1 节的结论，就相当于变相地缩小了测量噪声协方差 $\boldsymbol{R}$，导致离散卡尔曼滤波器过度信任测量值。如果测量值的噪声较大，就会导致估计器计算得到的最优状态估计也有较大噪声，通常会表现为状态向量的高频振动。

所以在调试过程噪声协方差矩阵 $\boldsymbol{Q}$ 时，为了保证估计结果不会有太大的错误，通常会先给一个较大的过程噪声协方差 $\boldsymbol{Q}$，如果测量结果产生了高频振动，则应逐渐减小协方差 $\boldsymbol{Q}$。由于本章中介绍的估计器状态空间模型比较简单，所以对协方差矩阵 $\boldsymbol{Q}$ 和 $\boldsymbol{R}$ 的值并不是非常敏感，可以比较轻松地调试出足够精确的状态估计器。

7.9.3 足端的腾空与触地

在估计器的状态空间模型中，一般假设四个足端处于触地状态。但是在机器人行走过程中，足端有可能处于腾空状态，这就需要对协方差矩阵 $\boldsymbol{Q}$ 和 $\boldsymbol{R}$ 进行修改。

首先由式（7.10）可知，在状态空间模型中，四个足端的位置 $\boldsymbol{p}_0$、$\boldsymbol{p}_1$、$\boldsymbol{p}_2$、$\boldsymbol{p}_3$ 的计算都是基于足端稳定触地这一假设。所以当足端处于腾空状态时，状态空间模型计算得到的足端位置结果不符合假设，这个结果就很不可信，因此需要将过程噪声协方差矩阵 $\boldsymbol{Q}$ 中该足端对应的协方差设置为$+\infty$。同理，由式（7.14）可见，测量值 $\boldsymbol{y}$ 中的足端到机身的速度 $\boldsymbol{v}_{sfB}$ 以及足端高度 p_{sz} 也都依赖于足端触地这一假设。所以当足端腾空时，测量噪声协方差矩阵 $\boldsymbol{R}$ 中的对应部分也要设置为$+\infty$。在计算机程序中，不可能将一个变量赋值为$+\infty$，所以使用一个很大的数 L 来代替。

当足端处于触地状态时，需要考虑足端是否稳定触地。因为在足端刚刚开始触地和准备结束触地开始腾空时，足端的位置都会有一定的抖动，此时仍然需要使用较大的协方差。而当支撑腿稳定触地时，足端位置的抖动就会小很多，对应的协方差也小很多。所以，应给支撑腿设置一个可变的协方差。

为了实现这一功能，引入窗口函数（window function）这一概念。如图 7.3 所示，令可信度 $\sigma(x)$ 为一个窗口函数，可信度 $\sigma(x)$ 在定义域两端比较小，在中间比较大。这就满足了人们比较信任触地过程的中间部分，而不那么信任触地过程的开始与结束部分的要求。

图 7.3 中的窗口函数可以用分段函数来表示：

$$\sigma(x)=\begin{cases}\dfrac{x}{w_r}, & x<w_r\\ 1, & w_r\leqslant x\leqslant 1-w_r\\ \dfrac{1-x}{w_r}, & x>1-w_r\end{cases} \tag{7.86}$$

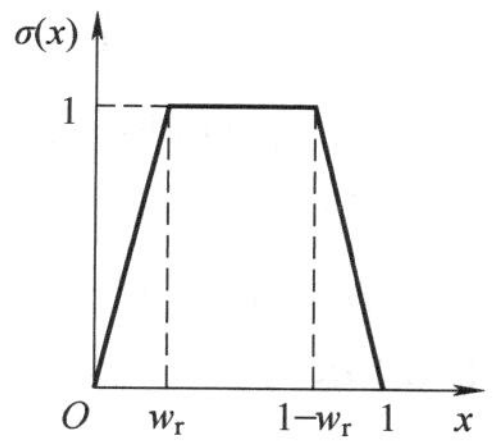

图 7.3　窗口函数

假设一个足端在稳定触地时的噪声协方差矩阵为 C_{init}，那么在整个触地周期中，它的噪声协方差矩阵 $\boldsymbol{C}_{\text{stance}}$ 应该为

$$\boldsymbol{C}_{\text{stance}}=[1+(1-\sigma)L]\boldsymbol{C}_{\text{init}} \tag{7.87}$$

式中，L 为用来代替 $+\infty$ 的极大数。可见当可信度 $\sigma=1$ 时，人们非常信任这个足端的数据，噪声协方差 $\boldsymbol{C}_{\text{stance}}=\boldsymbol{C}_{\text{init}}$。而当可信度 $\sigma=0$ 时，人们不信任这个足端的数据，噪声协方差 $\boldsymbol{C}_{\text{stance}}=(1+L)\boldsymbol{C}_{\text{init}}$，可见协方差 $\boldsymbol{C}_{\text{stance}}$ 非常大，这样就能够实现支撑腿的可变协方差。

需要注意的是，由于已假设足端始终触地，所以估计器并不能较好地估计处于腾空状态的足端位置。因此，如果需要获得第 i 号足端在世界坐标系 $\{s\}$ 下的坐标，则最好的方法是使用机器人腿的正向运动学，根据各个关节的角度计算得到足端到机身的坐标 $\boldsymbol{p}_{ib}$，然后再使用式（7.88）计算足端在世界坐标系 $\{s\}$ 下的位置坐标 $\boldsymbol{p}_{is}$：

$$\boldsymbol{p}_{is}=\boldsymbol{p}+\boldsymbol{R}_{sb}\boldsymbol{p}_{ib} \tag{7.88}$$

式中，$\boldsymbol{p}$ 为机身在世界坐标系 $\{s\}$ 下的坐标；$\boldsymbol{R}_{sb}$ 为机身的姿态。将机身坐标系 $\{b\}$ 下的足端位置坐标 $\boldsymbol{p}_{ib}$ 左乘 $\boldsymbol{R}_{sb}$ 变换到世界坐标系 $\{s\}$ 下，再叠加上机身的位置坐标 $\boldsymbol{p}$，即可得到足端在世界坐标系 $\{s\}$ 下的坐标 $\boldsymbol{p}_{is}$。同理，也可以计算得到第 i 号足端在世界坐标系 $\{s\}$ 下的速度 $\boldsymbol{v}_{is}$：

$$\boldsymbol{v}_{is}=\boldsymbol{v}+\boldsymbol{v}_{sfBi} \tag{7.89}$$

式中，$\boldsymbol{v}$ 为机身在世界坐标系 $\{s\}$ 下的速度；$\boldsymbol{v}_{sfBi}$ 是由式（6.13）计算得到的世界坐标系 $\{s\}$ 下第 i 号足端相对于机身中心的速度，显然将两者叠加就可以得到 $\boldsymbol{v}_{is}$。

7.10　实践：完成状态估计器

在控制程序中，为状态估计器单独创建了一个类，即 Estimator 类，其代码在 src/control/Estimator.cpp 文件中。下面会介绍 Estimator 类中的各个函数，并且利用 7.8 节中的方法来 确定测量噪声 $\boldsymbol{v}$ 的协方差 $\boldsymbol{R}$ 和输入量的协方差 $\boldsymbol{C}_u$。

7.10.1　Estimator 类

Estimator 类中的函数如下：

1）Estimator：估计器的构造函数，在该函数中调用了_initSystem 函数，完成了所有参数的初始化。

2）run：将估计器运行一步，即 7.7.2 节的步骤 2）。在有限状态机中，每执行一步都会运行估计器的 run 函数。

3）getPosition：返回机器人中心的当前位置，即式（7.68）中 $\hat{\boldsymbol{x}}_k^+$ 的第1、2、3个元素。

4）getVelocity：返回机器人中心的当前速度，即式（7.68）中 $\hat{\boldsymbol{x}}_k^+$ 的第4、5、6个元素。

5）getFootPos(i)：返回第 i 号足端在世界坐标系 $\{s\}$ 下的位置坐标，参照式（7.88）。

6）getFeetPos：返回所有足端在世界坐标系 $\{s\}$ 下的位置坐标，相当于执行了四次 getFootPos(i)。

7）getFeetVel：返回所有足端在世界坐标系 $\{s\}$ 下的速度向量，参照式（7.89）。

8）getPosFeet2BGlobal：返回所有足端在世界坐标系{s}下相对于机身中心的位置。

7.10.2 AvgCov 类

为了方便按 7.8.1 节测量平均值（Average）和协方差（Covariance），这里构建了 AvgCov 类，该类的代码在 include/common/mathTools.h 文件中。AvgCov 类的构造函数中有许多参数，其各参数的含义如下：

1）size：计算对象的维度，例如如果要测量一个三维向量的平均值和协方差，那么 size = 3。

2）name：该计算对象的名称，用于在计算时显示结果。

3）avgOnly：如果 avgOnly = true，那么在显示结果时，不显示协方差的计算结果，这样的终端显示界面比较简洁。

4）showPeriod：如果 showPeriod = 1000，那么每计算 1000 次就会显示一次计算结果。

5）waitCount：在机器人刚刚启动的时候，由于存在运动，所以读取结果的扰动会比较大，因此希望在估计器启动一段时间之后再开始计算平均值与协方差。如果令 waitCount = 5000，那么 AvgCov 类就会在运行 5000 次之后才开始计算平均值与协方差。

6）zoomFactor：当测量协方差时，协方差矩阵中的每个元素可能数值非常小，由于限制了显示结果的小数位数，所以对于数值很小的元素会损失有效数字，影响精度。因此如果 zoomFactor = 10000，那么在显示测量结果时，平均值和协方差会放大 10000 倍。

在程序运行时，可以执行 AvgCov 类的成员函数 measure，将新的测量值 newValue 输入给 AvgCov 类，并且通过 updateAvgCov 函数来计算平均值与协方差。

7.10.3 测量 $\boldsymbol{R}$ 与 $\boldsymbol{C}_u$

为了方便，一般直接在 Estimator 类中测量 $\boldsymbol{R}$ 与 $\boldsymbol{C}_u$。在 Estimator 类中，定义了两个 AvgCov 类的指针 _RCheck 和 _uCheck，它们分别代表对 $\boldsymbol{R}$ 矩阵和 $\boldsymbol{C}_u$ 矩阵的测量。因此在 _initSystem 函数中，可如下实例化这两个对象：

```
_RCheck = new AvgCov(28, _estName + " R");
_uCheck = new AvgCov(3, _estName + " u");
```

原因在于 $\boldsymbol{R}$ 矩阵是测量值 $\boldsymbol{y}$ 的协方差矩阵，$\boldsymbol{C}_u$ 矩阵是输入量 $\boldsymbol{u}$ 的协方差矩阵，而 $\boldsymbol{y}$ 和 $\boldsymbol{u}$ 的维度分别为 28 和 3。而其他的参数都是默认值，即 showPeriod = 1000，waitCount = 5000，zoomFactor = 10000。因为程序已设置为每 0.002s 运行一次，所以程序会在运行 10s 后开始计算平均值与协方差，并且每 2s 显示一次计算结果，显示结果为真实值的 10000 倍。之后在估计器的 run 函数中，每次运行时都会输入当前的测量值 $\boldsymbol{y}$ 和输入量 $\boldsymbol{u}$：

```
_RCheck->measure(_y);
_uCheck->measure(_u);
```

需要注意的是，严格来说测量噪声 $\boldsymbol{v}$ 的协方差 $\boldsymbol{R}$ 并不是一个常量。但可以近似地认为编码器测量角度和角速度的噪声是方差恒定的，那么当机器人的腿处于不同姿态时，编码器的噪声会产生不同的机器人足端位置、速度噪声，因此测量值的协方差 $\boldsymbol{R}$ 也会不同。所以为了保证测量得到的协方差 $\boldsymbol{R}$ 与机器人实际工作时的协方差接近，需要让机器人在站立姿态下测量。因为估计器在程序刚开始执行时就会开始运行，所以应在控制程序开始之后的 10s 之内切换到固定站立姿态，即 FixedStand 模式下。

当控制程序启动 10s 之后，运行控制程序的终端窗口就会开始显示计算结果，等待十几秒之后，终端显示的协方差矩阵就会趋于稳定。此时即可停止控制程序，获取测量的协方差结果。从结果上来看，$\boldsymbol{R}$ 矩阵中和足端位置相关的部分，即 $\boldsymbol{R}$ 矩阵左上角 12×12 区域中的数值都很小，而与足端速度相关的部分，即从 $\boldsymbol{R}$ 矩阵第 13 行第 13 列开始的 12×12 区域中的数值都大出几个数量级。这个结果符合我们的预期，因为关节编码器的速度是由角度差分得到的，差分的过程就会产生噪声，进而使得对应的协方差增大。至于 $\boldsymbol{R}$ 矩阵右下角 4×4 的区域，必然恒定为 0，原因在于这部分对应的是测量值 $\boldsymbol{y}$ 的最后四个元素，即足端高度，而这四个值在程序中固定为常数 0，所以其协方差测量值也固定为 0。由于输入量 $\boldsymbol{u}$ 与机器人的 IMU 相关，而 IMU 的噪声较大，所以输入量 $\boldsymbol{u}$ 协方差矩阵 $\boldsymbol{C}_u$ 中元素的数值显著大于 $\boldsymbol{R}$ 矩阵。

7.10.4　修改 Estimator 类的代码

在得到 $\boldsymbol{R}$ 矩阵和 $\boldsymbol{C}_u$ 矩阵的值后，就可以在 Estimator 类_initSystem 函数下将其分别赋值给_RInit 和_Cu 两个成员变量。对于 $\boldsymbol{R}$ 矩阵，其测量值的对角项可能为 0，但是为了求解的稳定，需要保证对角项不为 0。$\boldsymbol{R}$ 矩阵的前 12 个对角项出现 0 的原因在于测量得到的值太小，所以可以将 0 改为一个很小的值。$\boldsymbol{R}$ 矩阵的后 4 个对角项为 0 的原因则是人为规定四个足端的高度为 0，实际上这只是假设，考虑到由于足端弹性导致的振动等因素，可以给 $\boldsymbol{R}$ 矩阵的后 4 个对角项比较大的值。

同时，测量得到的 $\boldsymbol{C}_u$ 矩阵只能反映输入量 $\boldsymbol{u}$ 的噪声产生的过程噪声协方差，还要在这个基础上考虑建模和离散化产生的过程噪声。在 Estimator 类的构造函数 Estimator 下，向量_Qdig 代表给过程噪声协方差 $\boldsymbol{Q}$ 矩阵的对角项 增加的数值。$\boldsymbol{Q}$ 矩阵前 6 个对角项对应的误差噪声源自于对机身位置和速度的估计，这部分估计的误差较小，所以_Qdig 前 6 项的数值应该比较小。而 $\boldsymbol{Q}$ 矩阵后 12 个对角项对应的误差噪声源自于机器人足端在触地时的抖动，所以这部分的对角项数值相应更大。

由式（7.67）可见，计算卡尔曼滤波增益 $\boldsymbol{K}_k$ 时需要对矩阵求逆。在使用计算机数值计算时，直接对矩阵求逆的效率很低且精度不高，所以会采取一些手段来简化矩阵求逆的计算。假设要求解 $\boldsymbol{w}=\boldsymbol{S}^{-1}\boldsymbol{v}$ 中 $\boldsymbol{w}$ 的值，那么可以做如下变换：

$$\boldsymbol{S}\boldsymbol{w}=\boldsymbol{v} \tag{7.90}$$

其中，$\boldsymbol{w}$ 和 $\boldsymbol{v}$ 都是向量，$\boldsymbol{S}$ 为方阵。可见式（7.90）的形式和线性方程组一致，所以可以用高斯消元或 LU 分解的方式来求解上述线性方程组，这些算法的计算精度和效率都明显高于矩阵求逆。同理，假设 $\boldsymbol{W}$ 和 $\boldsymbol{V}$ 是矩阵，那么可以用相同的方法计算 $\boldsymbol{W}=\boldsymbol{S}^{-1}\boldsymbol{V}$ 中 $\boldsymbol{W}$ 的值，即对 $\boldsymbol{W}$ 矩阵的每一列分别使用式（7.90）进行求解。综上所述，如果要求解矩阵的逆与一个向量或矩阵的乘积，那么可以不需要直接对矩阵求逆，在控制程序中，使用 Eigen 的 LU 分解功能来计算。

下面来对状态估计器中的计算进行简化，令 $\boldsymbol{S}=\boldsymbol{R}+\boldsymbol{C}\boldsymbol{P}_k^-\boldsymbol{C}^{\mathrm{T}}$，则式（7.67）可以化简为

$$\begin{aligned}\boldsymbol{K}_k&=\boldsymbol{P}_k^-\boldsymbol{C}^{\mathrm{T}}(\boldsymbol{R}+\boldsymbol{C}\boldsymbol{P}_k^-\boldsymbol{C}^{\mathrm{T}})^{-1}\\&=\boldsymbol{P}_k^-\boldsymbol{C}^{\mathrm{T}}\boldsymbol{S}^{-1}\end{aligned}\tag{7.91}$$

所以式（7.68）中的 $\hat{\boldsymbol{x}}_k^+$ 可以化简为

$$\hat{\boldsymbol{x}}_k^+=\hat{\boldsymbol{x}}_k^-+\boldsymbol{P}_k^-\boldsymbol{C}^{\mathrm{T}}\boldsymbol{S}^{-1}(\boldsymbol{y}_k-\boldsymbol{C}\hat{\boldsymbol{x}}_k^-)\tag{7.92}$$

同理，$\boldsymbol{P}_k^+$ 可以转化为

$$\begin{aligned}\boldsymbol{P}_k^+&=(\boldsymbol{I}-\boldsymbol{P}_k^-\boldsymbol{C}^{\mathrm{T}}\boldsymbol{S}^{-1}\boldsymbol{C})\boldsymbol{P}_k^-(\boldsymbol{I}-\boldsymbol{P}_k^-\boldsymbol{C}^{\mathrm{T}}\boldsymbol{S}^{-1}\boldsymbol{C})^{\mathrm{T}}+\boldsymbol{P}_k^-\boldsymbol{C}^{\mathrm{T}}\boldsymbol{S}^{-1}\boldsymbol{R}(\boldsymbol{P}_k^-\boldsymbol{C}^{\mathrm{T}}\boldsymbol{S}^{-1})^{\mathrm{T}}\\&=(\boldsymbol{I}-\boldsymbol{P}_k^-\boldsymbol{C}^{\mathrm{T}}\boldsymbol{S}^{-1}\boldsymbol{C})\boldsymbol{P}_k^-(\boldsymbol{I}-\boldsymbol{P}_k^-\boldsymbol{C}^{\mathrm{T}}\boldsymbol{S}^{-1}\boldsymbol{C})^{\mathrm{T}}+\boldsymbol{P}_k^-\boldsymbol{C}^{\mathrm{T}}\boldsymbol{S}^{-1}\boldsymbol{R}(\boldsymbol{S}^{\mathrm{T}})^{-1}\boldsymbol{C}(\boldsymbol{P}_k^-)^{\mathrm{T}}\end{aligned}\tag{7.93}$$

可见为了不对 $\boldsymbol{S}$ 矩阵直接求逆，需要求解 $\boldsymbol{S}^{-1}(\boldsymbol{y}_k-\boldsymbol{C}\hat{\boldsymbol{x}}_k^-)$、$\boldsymbol{S}^{-1}\boldsymbol{C}$、$\boldsymbol{S}^{-1}\boldsymbol{R}$ 和$(\boldsymbol{S}^{\mathrm{T}})^{-1}\boldsymbol{C}$ 四项的值，在实例代码中，它们的计算代码如下：

```
_Sy = _S.lu().solve(_y - _yhat);
_Sc = _S.lu().solve(_C);
_SR = _S.lu().solve(_R);
_STC = (_S.transpose()).lu().solve(_C);
```

至此已经可以完成整个状态估计器。

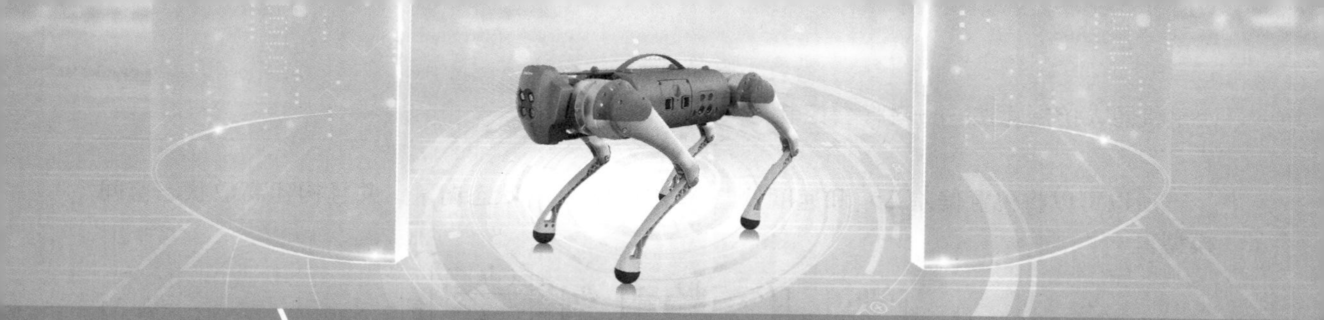

第 8 章 平衡控制器

在 3.4 节中，已经可以让机器人稳定地固定站立，同时在 6.5 节中，还可以让机器人稳定地改变姿势。那么为什么还要再研究平衡控制器呢？其原因在于，上述的两种控制状态都是对机器人的足端位置进行控制。就像 3.4 节开头说的，处于固定站立状态的机器人可以被视为一个四条腿的桌子，同样地，在原地姿态控制时，机器人也是对足端位置进行控制，可以被视为一个能够伸缩桌腿的桌子。众所周知，桌子在不平坦的地面是站不稳的，同理，只控制足端位置的四足机器人也不能很好地适应崎岖的复杂地形。所以需要建立一个基于足端力控制，而不是位置控制的平衡控制器。

8.1 机身位姿反馈控制

由式（6.10）可知，通过控制各个足端力 $\boldsymbol{f}_{is}$ 可生成期望的机身线加速度 $\dot{\boldsymbol{v}}_s$ 和机身角加速度 $\dot{\boldsymbol{\omega}}_s$，如下标所示，上述三个物理量都是世界坐标系 $\{s\}$ 下的坐标。因此，将机身线加速度 $\dot{\boldsymbol{v}}_s$ 和机身角加速度 $\dot{\boldsymbol{\omega}}_s$ 视为可以控制的输入量，从而实现机身位姿的反馈控制。下面分别讨论如何控制机身的位置 $\boldsymbol{p}_s$ 和姿态 $\boldsymbol{R}_{sb}$。

8.1.1 机身位置反馈控制系统

设机身在世界坐标系 $\{s\}$ 下的坐标为 p，所以机身的线速度 $\boldsymbol{v}=\dot{\boldsymbol{p}}$，线加速度 $\dot{\boldsymbol{v}}=\ddot{\boldsymbol{p}}$。考虑到机器人的控制是一个离散系统，所以从 k 时刻到 $k+1$ 时刻这时长为 $\mathrm{d}t$ 的时间段内，机身位置 $\boldsymbol{p}$ 和机身速度 $\dot{\boldsymbol{p}}$ 的变化为

$$\begin{cases}\boldsymbol{p}_{k+1}=\boldsymbol{p}_k+\mathrm{d}t\dot{\boldsymbol{p}}_k+\dfrac{(\mathrm{d}t)^2}{2}\ddot{\boldsymbol{p}}_k\\ \dot{\boldsymbol{p}}_{k+1}=\dot{\boldsymbol{p}}_k+\mathrm{d}t\ddot{\boldsymbol{p}}_k\end{cases} \tag{8.1}$$

同时令机身的目标位置为 $\boldsymbol{r}$，目标速度为 $\dot{\boldsymbol{r}}$，目标加速度 $\ddot{\boldsymbol{r}}=\boldsymbol{0}$，并且定义位置偏差为 $\Delta\boldsymbol{p}_k=\boldsymbol{r}_k-\boldsymbol{p}_k$，速度偏差为 $\Delta\dot{\boldsymbol{p}}_k=\dot{\boldsymbol{r}}_k-\dot{\boldsymbol{p}}_k$，所以可得

$$\begin{cases}\Delta\boldsymbol{p}_{k+1}=\boldsymbol{r}_{k+1}-\boldsymbol{p}_{k+1}=\boldsymbol{r}_k+\mathrm{d}t\dot{\boldsymbol{r}}_k-\boldsymbol{p}_k-\mathrm{d}t\dot{\boldsymbol{p}}_k-\dfrac{(\mathrm{d}t)^2}{2}\ddot{\boldsymbol{p}}_k\\ \qquad=\Delta\boldsymbol{p}_k+\mathrm{d}t\Delta\dot{\boldsymbol{p}}_k-\dfrac{(\mathrm{d}t)^2}{2}\ddot{\boldsymbol{p}}_k\\ \Delta\dot{\boldsymbol{p}}_{k+1}=\dot{\boldsymbol{r}}_{k+1}-\dot{\boldsymbol{p}}_{k+1}=\dot{\boldsymbol{r}}_k-\dot{\boldsymbol{p}}_k-\mathrm{d}t\ddot{\boldsymbol{p}}_k\\ \qquad=\Delta\dot{\boldsymbol{p}}_k-\mathrm{d}t\ddot{\boldsymbol{p}}_k\end{cases} \tag{8.2}$$

所以可以将位置偏差 $\Delta \boldsymbol{p}_k$ 和速度偏差 $\Delta \dot{\boldsymbol{p}}_k$ 作为系统的状态向量，并且构建离散状态空间模型：

$$\begin{bmatrix} \Delta \boldsymbol{p}_{k+1} \\ \Delta \dot{\boldsymbol{p}}_{k+1} \end{bmatrix} = \begin{bmatrix} \boldsymbol{I}_{3\times3} & \mathrm{d}t\boldsymbol{I}_{3\times3} \\ \boldsymbol{0}_{3\times3} & \boldsymbol{I}_{3\times3} \end{bmatrix} \begin{bmatrix} \Delta \boldsymbol{p}_k \\ \Delta \dot{\boldsymbol{p}}_k \end{bmatrix} - \begin{bmatrix} \dfrac{(\mathrm{d}t)^2}{2}\boldsymbol{I} \\ \mathrm{d}t\boldsymbol{I} \end{bmatrix} \ddot{\boldsymbol{p}}_k \tag{8.3}$$

由式（8.3）可见，机身在 x、y、z 方向的运动互相之间没有影响，所以可以仅取其中 x 方向的运动进行分析：

$$\begin{bmatrix} \Delta x_{k+1} \\ \Delta \dot{x}_{k+1} \end{bmatrix} = \begin{bmatrix} 1 & \mathrm{d}t \\ 0 & 1 \end{bmatrix} \begin{bmatrix} \Delta x_k \\ \Delta \dot{x}_k \end{bmatrix} - \begin{bmatrix} \dfrac{(\mathrm{d}t)^2}{2} \\ \mathrm{d}t \end{bmatrix} \ddot{x}_k \tag{8.4}$$

为了保持机身的稳定，可以加入比例-微分控制，即 PD 控制。具体的方法就是，将控制量 $\ddot{x}_k$ 变为 Δx_k 和 $\Delta \dot{x}_k$ 的函数：

$$\ddot{x}_k = k_{\mathrm{p}} \Delta x_k + k_{\mathrm{d}} \Delta \dot{x}_k \tag{8.5}$$

其中的 k_{p}，$k_{\mathrm{d}}>0$，所以将式（8.5）代入式（8.4），可得

$$\begin{aligned} \begin{bmatrix} \Delta x_{k+1} \\ \Delta \dot{x}_{k+1} \end{bmatrix} &= \begin{bmatrix} 1 & \mathrm{d}t \\ 0 & 1 \end{bmatrix} \begin{bmatrix} \Delta x_k \\ \Delta \dot{x}_k \end{bmatrix} - \begin{bmatrix} \dfrac{(\mathrm{d}t)^2}{2} \\ \mathrm{d}t \end{bmatrix} \begin{bmatrix} k_{\mathrm{p}} & k_{\mathrm{d}} \end{bmatrix} \begin{bmatrix} \Delta x_k \\ \Delta \dot{x}_k \end{bmatrix} \\ &= \begin{bmatrix} 1-\dfrac{(\mathrm{d}t)^2}{2}k_{\mathrm{p}} & \mathrm{d}t-\dfrac{(\mathrm{d}t)^2}{2}k_{\mathrm{d}} \\ -\mathrm{d}tk_{\mathrm{p}} & 1-\mathrm{d}tk_{\mathrm{d}} \end{bmatrix} \begin{bmatrix} \Delta x_k \\ \Delta \dot{x}_k \end{bmatrix} \end{aligned} \tag{8.6}$$

式（8.6）可以被视为一个递推公式，可简写为 $\boldsymbol{x}_{k+1}=\boldsymbol{A}\boldsymbol{x}_k$。所以假如初始状态是 $\boldsymbol{x}_0$，那么在 k 时刻的系统状态 $\boldsymbol{x}_k=\boldsymbol{A}^k\boldsymbol{x}_0$。将矩阵 $\boldsymbol{A}$ 对角化，即 $\boldsymbol{A}=\boldsymbol{PDP}^{-1}$，且对角矩阵 $\boldsymbol{D}$ 的对角项分别为矩阵 $\boldsymbol{A}$ 的两个特征值。所以

$$\begin{aligned} \boldsymbol{x}_k &= \boldsymbol{A}^k\boldsymbol{x}_0 = (\boldsymbol{PDP}^{-1})(\boldsymbol{PDP}^{-1})\cdots(\boldsymbol{PDP}^{-1})\boldsymbol{x}_0 = \boldsymbol{PD}^k\boldsymbol{P}^{-1}\boldsymbol{x}_0 \\ &= \boldsymbol{P}\begin{bmatrix} \lambda_1^k & 0 \\ 0 & \lambda_2^k \end{bmatrix}\boldsymbol{P}^{-1}\boldsymbol{x}_0 \end{aligned} \tag{8.7}$$

式中，λ_1 和 λ_2 分别是矩阵 $\boldsymbol{A}$ 的两个特征值，且 λ_1 和 λ_2 是一对共轭复数。如果 λ_1 和 λ_2 的虚部 $\mathrm{Im}(\lambda_1)=\mathrm{Im}(\lambda_2)=0$，即两个特征值都是实数，并且 λ_1，$\lambda_2\in(0,1)$，那么当 $k\to\infty$ 时，式（8.7）中的 λ_1^k，$\lambda_2^k\to 0$，而且是以图 8.1 中的指数函数无振荡地收敛到 0。这意味着随着时间的推移，$\boldsymbol{x}_k$ 中的位置偏差 Δx_k 和速度偏差 $\Delta \dot{x}_k$ 也会无振荡地收敛到 0，即机身的位置和速度无振荡地收敛到目标位置和目标速度。

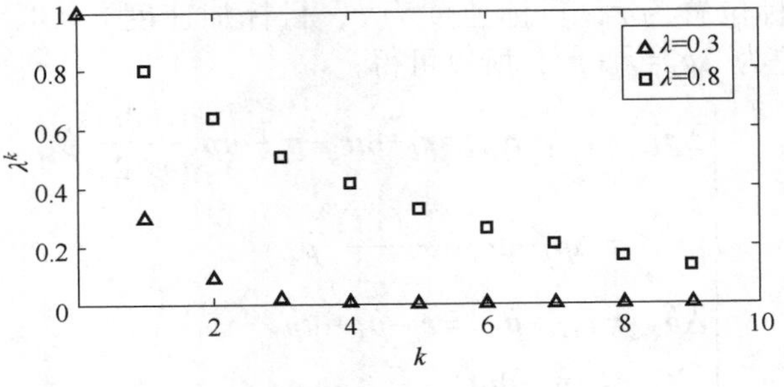

图 8.1　指数函数收敛

笔记　对于式（8.7）中的离散状态空间系统，只要 λ_1 和 λ_2 的模长 $|\lambda_1|$、$|\lambda_2|$ 都小于 1，$\boldsymbol{x}_k$ 就能最终收敛到 $\mathbf{0}$。但是如果 λ_1 或 λ_2 不是(0,1)区间的实数，则 $\boldsymbol{x}_k$ 的收敛过程就会出现振荡。对于大部分控制系统，收敛过程的振荡并非不可接受，但是对于四足机器人的平衡控制器，一般不希望产生振荡，因此要求两个特征值都是(0,1)区间的实数。

下面来计算矩阵 $\boldsymbol{A}$ 的特征值。根据特征值 λ 的定义，存在非零向量 $\boldsymbol{v}$ 使得式（8.8）成立：

$$\boldsymbol{A}\boldsymbol{v}=\lambda\boldsymbol{v}$$

$$(\boldsymbol{A}-\lambda\boldsymbol{I})\boldsymbol{v}=\mathbf{0} \tag{8.8}$$

由于向量 $\boldsymbol{v}\neq\mathbf{0}$，所以要使式（8.8）成立，矩阵 $(\boldsymbol{A}-\lambda\boldsymbol{I})$ 的行列式必然为 0：

$$|\boldsymbol{A}-\lambda\boldsymbol{I}|=\begin{vmatrix}\left(1-\dfrac{(\mathrm{d}t)^2}{2}k_\mathrm{p}\right)-\lambda & \mathrm{d}t-\dfrac{(\mathrm{d}t)^2}{2}k_\mathrm{d}\\ -\mathrm{d}tk_\mathrm{p} & (1-\mathrm{d}tk_\mathrm{d})-\lambda\end{vmatrix}=0$$

$$\lambda^2-\left(1-\frac{(\mathrm{d}t)^2}{2}k_\mathrm{p}+1-\mathrm{d}tk_\mathrm{d}\right)\lambda+\left(1-\frac{(\mathrm{d}t)^2}{2}k_\mathrm{p}\right)(1-\mathrm{d}tk_\mathrm{d})+\mathrm{d}tk_\mathrm{p}\left(\mathrm{d}t-\frac{(\mathrm{d}t)^2}{2}k_\mathrm{d}\right)=0 \tag{8.9}$$

合并同类项后，式（8.9）可以化简为

$$a\lambda^2+b\lambda+c=0 \tag{8.10}$$

其中：

$$\begin{cases}a=1\\ b=-2+\dfrac{(\mathrm{d}t)^2}{2}k_\mathrm{p}+\mathrm{d}tk_\mathrm{d}\\ c=1+\dfrac{(\mathrm{d}t)^2}{2}k_\mathrm{p}-\mathrm{d}tk_\mathrm{d}\end{cases}$$

根据一元二次方程的求根公式可知，两个特征值 λ_1、λ_2 为

$$\lambda_1,\lambda_2=\frac{-b\pm\sqrt{b^2-4ac}}{2a} \tag{8.11}$$

由于希望特征值 λ_1、λ_2 是实数，所以需要 $b^2-4ac\geqslant0$。同时由图 8.1 可知，特征值 λ 越小收敛速度越快，所以令 $b^2-4ac=0$[⊖]：

$$b^2-4ac=0$$

$$4+\left[\frac{(\mathrm{d}t)^2}{2}k_\mathrm{p}+\mathrm{d}tk_\mathrm{d}\right]^2-4\left[\frac{(\mathrm{d}t)^2}{2}k_\mathrm{p}+\mathrm{d}tk_\mathrm{d}\right]-4\left[1+\frac{(\mathrm{d}t)^2}{2}k_\mathrm{p}-\mathrm{d}tk_\mathrm{d}\right]=0$$

$$\left[\frac{(\mathrm{d}t)^2}{2}k_\mathrm{p}+\mathrm{d}tk_\mathrm{d}\right]^2-4(\mathrm{d}t)^2k_\mathrm{p}=0$$

$$\left[\frac{(\mathrm{d}t)^2}{2}k_\mathrm{p}+\mathrm{d}tk_\mathrm{d}+2\mathrm{d}t\sqrt{k_\mathrm{p}}\right]\left[\frac{(\mathrm{d}t)^2}{2}k_\mathrm{p}+\mathrm{d}tk_\mathrm{d}-2\mathrm{d}t\sqrt{k_\mathrm{p}}\right]=0 \tag{8.12}$$

由于在一开始已规定 k_p，$k_\mathrm{d}>0$，所以必然有 $\dfrac{(\mathrm{d}t)^2}{2}k_\mathrm{p}+\mathrm{d}tk_\mathrm{d}+2\mathrm{d}t\sqrt{k_\mathrm{p}}>0$，因此式（8.12）可以化简为

⊖ 即二阶系统的临界阻尼状态，具体细节可以参考控制理论相关的书籍。

$$\frac{(\mathrm{d}t)^2}{2}k_\mathrm{p}+\mathrm{d}tk_\mathrm{d}-2\mathrm{d}t\sqrt{k_\mathrm{p}}=0$$

$$k_\mathrm{d}=2\sqrt{k_\mathrm{p}}-\frac{\mathrm{d}t}{2}k_\mathrm{p} \tag{8.13}$$

此时 $b^2-4ac=0$，所以矩阵 $\boldsymbol{A}$ 的两个特征值相等：

$$\lambda_1=\lambda_2=\frac{-b}{2a}=1-\frac{(\mathrm{d}t)^2}{4}k_\mathrm{p}-\frac{\mathrm{d}t}{2}k_\mathrm{d} \tag{8.14}$$

将式（8.13）代入式（8.14），可得

$$\lambda_1=\lambda_2=1-\frac{(\mathrm{d}t)^2}{4}k_\mathrm{p}-\mathrm{d}t\sqrt{k_\mathrm{p}}+\frac{(\mathrm{d}t)^2}{4}k_\mathrm{p}=1-\mathrm{d}t\sqrt{k_\mathrm{p}} \tag{8.15}$$

由式（8.15）可见，在使用式（8.13）计算 k_d 的情况下，任意大于 0 的实数 k_p 都可满足矩阵 $\boldsymbol{A}$ 的特征值 λ_1，$\lambda_2<1$ 的要求。由于系统稳定的另一个条件是 λ_1，$\lambda_2>0$，也就是

$$1-\mathrm{d}t\sqrt{k_\mathrm{p}}>0$$

$$k_\mathrm{p}<\frac{1}{(\mathrm{d}t)^2} \tag{8.16}$$

因为控制器运行的频率比较高（500Hz），所以 $\mathrm{d}t$ 的时间很短（0.002s），即 $k_\mathrm{p}<250000$。在实际应用中不可能使用这么大的 k_p，因此可以认为常用的系数 k_p 都能满足系统稳定的要求，这时需要考虑的问题就变成了如何让系统的动态性能更好，即让系统的稳定速度更快。

由式（8.15）可知，k_p 越大，矩阵 $\boldsymbol{A}$ 的特征值 λ_1 和 λ_2 就越小，系统的稳定速度就越快。但是过大的 k_p 也会导致超出关节力矩限制、高频振荡等问题，所以需要在试验中确定 k_p，再利用式（8.13）来计算得到对应的 k_d。将 x、y、z 三个方向合并起来，就完成了机身位置的反馈控制系统：

$$\begin{bmatrix}\ddot{x}_k\\ \ddot{y}_k\\ \ddot{z}_k\end{bmatrix}=\begin{bmatrix}k_{\mathrm{p}x}&0&0\\0&k_{\mathrm{p}y}&0\\0&0&k_{\mathrm{p}z}\end{bmatrix}\begin{bmatrix}\Delta x_k\\ \Delta y_k\\ \Delta z_k\end{bmatrix}+\begin{bmatrix}k_{\mathrm{d}x}&0&0\\0&k_{\mathrm{d}y}&0\\0&0&k_{\mathrm{d}z}\end{bmatrix}\begin{bmatrix}\Delta\dot{x}_k\\ \Delta\dot{y}_k\\ \Delta\dot{z}_k\end{bmatrix}$$

$$\ddot{\boldsymbol{p}}=\boldsymbol{K}_\mathrm{p}\Delta\boldsymbol{p}+\boldsymbol{K}_\mathrm{d}\Delta\dot{\boldsymbol{p}} \tag{8.17}$$

只要让机身能够产生式（8.17）中的线加速度 $\ddot{\boldsymbol{p}}$，机身的位置 $\boldsymbol{p}$ 和速度 $\dot{\boldsymbol{p}}$ 就能收敛到目标位置 $\boldsymbol{r}$ 和目标速度 $\dot{\boldsymbol{r}}$。

8.1.2 机身姿态反馈控制系统

与机身位置 $\boldsymbol{p}$ 不同，机身姿态 $\boldsymbol{R}_{sb}$ 没有办法分解到互不相关 x、y、z 轴分别计算，必须作为一个整体看待。关于机身姿态的 PD 控制推导用到了李群、李代数等更高级的数学工具，这里不进行详细的推导，只给出结论与相关解释。

由 8.1.1 节可知，机身在 x 轴上的控制量，即反馈加速度 $\ddot{x}$ 为

$$\ddot{x}=k_\mathrm{p}\Delta x+k_\mathrm{d}\Delta\dot{x}=k_\mathrm{p}(r_x-x)+k_\mathrm{d}(\dot{r}_x-\dot{x}) \tag{8.18}$$

式中，r_x 代表在 x 轴上的目标位置；$\dot{r}_x$ 代表在 x 轴上的目标速度；$\Delta x=r_x-x$ 是当前位置到目标位置的差；$\Delta\dot{x}=\dot{r}_x-\dot{x}$ 是当前速度到目标速度的差。由式（8.18）可得不断驱使机身靠近目标位置 r_x 和目标速度 $\dot{r}_x$ 的反馈加速度 $\ddot{x}$。为了实现机身姿态的反馈控制，还需要定

义当前姿态到目标姿态的差，以及当前角速度到目标角速度的差。

假设当前机身的姿态为 $\boldsymbol{R}_{sb}$，目标姿态为 $\boldsymbol{R}_d$，那么存在旋转矩阵 $\boldsymbol{R}$ 满足：

$$\boldsymbol{R}\boldsymbol{R}_{sb}=\boldsymbol{R}_d$$

$$\boldsymbol{R}=\boldsymbol{R}_d\boldsymbol{R}_{sb}^{-1}=\boldsymbol{R}_d\boldsymbol{R}_{sb}^{\mathrm{T}} \tag{8.19}$$

由于矩阵 $\boldsymbol{R}_{sb}$是可逆的，所以必定存在满足式（8.19）的旋转矩阵 $\boldsymbol{R}$。利用 4.3.5 节的方法，可以计算得到旋转矩阵 $\boldsymbol{R}$ 的指数坐标 $\hat{\boldsymbol{\omega}}\theta$。由于对当前姿态 $\boldsymbol{R}_{sb}$左乘旋转矩阵 $\boldsymbol{R}$ 后等于目标姿态 $\boldsymbol{R}_d$，所以可以认为将当前姿态 $\boldsymbol{R}_{sb}$绕世界坐标系$\{s\}$中的 $\hat{\boldsymbol{\omega}}$ 轴旋转 θ 角后，就能到达目标姿态 $\boldsymbol{R}_d$。因此，将旋转矩阵 $\boldsymbol{R}$ 的指数坐标 $\hat{\boldsymbol{\omega}}\theta$ 定义为当前姿态 $\boldsymbol{R}_{sb}$到目标姿态 $\boldsymbol{R}_d$ 的差。

如果反馈角加速度 $\dot{\boldsymbol{\omega}}$ 只考虑姿态偏差 $\hat{\boldsymbol{\omega}}\theta$，那么就构成了对机身姿态的比例控制，即 P 控制：

$$\dot{\boldsymbol{\omega}}=k_{\mathrm{p}}\hat{\boldsymbol{\omega}}\theta=k_{\mathrm{p}}\theta\hat{\boldsymbol{\omega}} \tag{8.20}$$

注意式中的 k_{p} 是一个标量。式（8.20）的几何意义是，已知绕 $\hat{\boldsymbol{\omega}}$ 轴旋转可以接近目标姿态 $\boldsymbol{R}_d$，那么就让反馈角加速度 $\dot{\boldsymbol{\omega}}$ 也沿 $\hat{\boldsymbol{\omega}}$ 轴方向，并且大小为 $k_{\mathrm{p}}\theta$。这样反馈角加速度 $\dot{\boldsymbol{\omega}}$ 就能产生 $\hat{\boldsymbol{\omega}}$ 轴方向的角速度，驱使当前姿态 $\boldsymbol{R}_{sb}$收敛到目标姿态 $\boldsymbol{R}_d$。

机身当前角速度 $\boldsymbol{\omega}$ 到目标角速度 $\boldsymbol{\omega}_d$ 的差可以直接定义为 $\boldsymbol{\omega}_d-\boldsymbol{\omega}$。所以机身姿态的微分控制，即 D 控制可以设计为

$$\dot{\boldsymbol{\omega}}=\boldsymbol{K}_{\mathrm{d}}(\boldsymbol{\omega}_d-\boldsymbol{\omega}),\quad \boldsymbol{K}_{\mathrm{d}}=\begin{bmatrix}k_{\mathrm{d}x} & 0 & 0\\ 0 & k_{\mathrm{d}y} & 0\\ 0 & 0 & k_{\mathrm{d}z}\end{bmatrix} \tag{8.21}$$

注意式中的 $\boldsymbol{K}_{\mathrm{d}}$ 是一个矩阵，通常将其设置为一个对角矩阵。所以将机身姿态的比例控制与微分控制叠加起来，就得到了机身姿态的比例-微分控制，即 PD 控制：

$$\dot{\boldsymbol{\omega}}=k_{\mathrm{p}}\hat{\boldsymbol{\omega}}\theta+\boldsymbol{K}_{\mathrm{d}}(\boldsymbol{\omega}_d-\boldsymbol{\omega}) \tag{8.22}$$

所以只要让机身产生式（8.22）中的角加速度 $\dot{\boldsymbol{\omega}}$，就能让机身姿态收敛到目标姿态 $\boldsymbol{R}_d$，机身角速度收敛到目标角速度 $\boldsymbol{\omega}_d$。

可见机身位置的控制需要让机身产生期望的线加速度 $\ddot{\boldsymbol{p}}$，机身姿态的控制需要让机身产生期望的角加速度 $\dot{\boldsymbol{\omega}}$，而产生它们的方法就是控制各个足端上的力。

8.2 足端力控制

所谓的足端力控制，就是指不再控制足端的位置，而是控制足端与地面之间的作用力。假如足端稳定地站在水平地面上，地面对该足端的作用力 $\boldsymbol{f}_{is}$包括沿 z 轴方向竖直向上的支撑力 F_z，以及沿 x 轴和 y 轴的摩擦力 F_x 和 F_y。假设地面与机器人足端之间的静摩擦系数为 μ，且足端相对地面没有滑动，同时足端也没有离开地面腾空，则有如下约束：

$$\begin{cases}-\mu F_z<F_x<\mu F_z\\ -\mu F_z<F_y<\mu F_z\\ \quad 0<F_z\end{cases} \tag{8.23}$$

令地面对该足端的作用力$\boldsymbol{f}_{is}=[F_x \quad F_y \quad F_z]^{\mathrm{T}}$，那么可以将式（8.23）中的不等式约束条件整理为矩阵形式：

$$\begin{bmatrix} 1 & 0 & \mu \\ -1 & 0 & \mu \\ 0 & 1 & \mu \\ 0 & -1 & \mu \\ 0 & 0 & 1 \end{bmatrix} \boldsymbol{f}_{is} \geqslant \boldsymbol{0} \tag{8.24}$$

可见在式（8.24）的约束下，向量$\boldsymbol{f}_{is}$的可行域是一个如图 8.2 所示的四棱锥，称其为摩擦四棱锥。

从摩擦力的原理来看，向量$\boldsymbol{f}_{is}$的可行域应该是一个圆锥。但是为了方便后续的计算，一般仍将其简化为式（8.24）所示的线性约束。

如果足端并没有触地，而是处于腾空状态，那么显然足端上的作用力$\boldsymbol{f}_{is}=\boldsymbol{0}$，可以有如下等式约束：

$$\boldsymbol{I}\boldsymbol{f}_{is}=\boldsymbol{0} \tag{8.25}$$

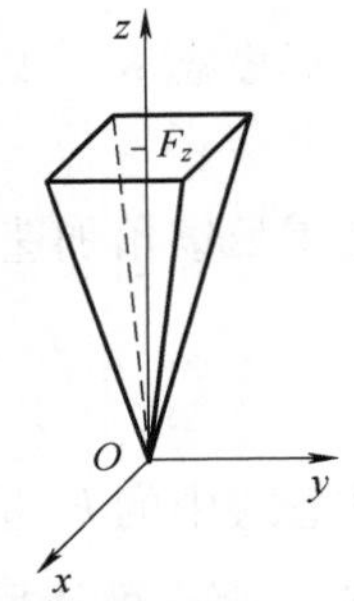

图 8.2　摩擦四棱锥约束

8.3 求解机器人动力学方程

现在再看式（6.40）中的机器人动力学简化方程，目前可以使用第 7 章的状态估计器来获得世界坐标系$\{s\}$下机器人重心到足端 i 的向量坐标$\boldsymbol{p}_{gi}$，可以使用机身的 IMU 获取机身姿态$\boldsymbol{R}_{sb}$，也可以采用 8.1 节的方法计算出期望的机身线加速度$\dot{\boldsymbol{v}}_s=\ddot{\boldsymbol{p}}$，以及期望的角加速度$\dot{\boldsymbol{\omega}}_s=\dot{\boldsymbol{\omega}}$。看似已经可以求解各个足端的足端力，但其存在的问题是式（6.40）的行数为 6，即有 6 个线性方程。但是 4 个足端力共有 12 个未知数，因为未知数的数量大于方程的数量，所以式（6.40）中的动力学方程解不唯一，需要使用二次规划的方法来求解式（6.40）中的动力学方程。

8.3.1　二次规划求解线性方程组

在 7.4 节中曾讨论过二次规划在优化问题上的应用，下面来讨论如何使用二次规划来求解线性方程组。以式（6.40）为例，由于它的线性方程数量少于未知数的数量，所以式（6.40）的解有无数个。因此二次规划的方法就是帮助人们从这无数个解中，挑选出最符合要求的那一个解。从这个角度来看，使用二次规划来求解线性方程组本质上还是一个优化问题，不过和 7.4 节中讨论的不同，这里是一个带约束的优化问题。

先来假设一个问题：

$$\boldsymbol{A}\boldsymbol{x}-\boldsymbol{b}=\boldsymbol{0} \tag{8.26}$$

$$\boldsymbol{C}_e\boldsymbol{x}+\boldsymbol{c}_e=\boldsymbol{0} \tag{8.27}$$

$$\boldsymbol{C}_i\boldsymbol{x}+\boldsymbol{c}_i \geqslant \boldsymbol{0} \tag{8.28}$$

其中向量$\boldsymbol{x}$是未知数向量，式(8.26)是要求解的线性方程组，式(8.27)是对$\boldsymbol{x}$的等式约束，式(8.28)是对$\boldsymbol{x}$的不等式约束。其中矩阵$\boldsymbol{A}$、$\boldsymbol{C}_e$、$\boldsymbol{C}_i$与向量$\boldsymbol{b}$、$\boldsymbol{c}_e$、$\boldsymbol{c}_i$分别为对应方程的系数。和式(7.25)一样，首先需要定义一个代价函数 J。如果希望在满足式(8.26)中线性方程

组的同时，解 $\boldsymbol{x}$ 中各项的绝对值应尽量得小，那么代价函数 J 可以定义为

$$J=(\boldsymbol{Ax}-\boldsymbol{b})^{\mathrm{T}}\boldsymbol{S}(\boldsymbol{Ax}-\boldsymbol{b})+\boldsymbol{x}^{\mathrm{T}}\boldsymbol{Wx} \tag{8.29}$$

式中，矩阵 $\boldsymbol{S}$、$\boldsymbol{W}$ 为正定矩阵，并且为了方便调节参数，矩阵 $\boldsymbol{S}$、$\boldsymbol{W}$ 通常是对角矩阵。可见代价函数 J 的第一项是向量 $\boldsymbol{Ax}-\boldsymbol{b}$ 的二次型，第二项是向量 $\boldsymbol{x}$ 的二次型，所以可以认为矩阵 $\boldsymbol{S}$ 和 $\boldsymbol{W}$ 分别是这两个二次型的权重。为了让代价函数 J 尽量得小，向量 $\boldsymbol{Ax}-\boldsymbol{b}$ 和向量 $\boldsymbol{x}$ 应尽量接近于 $\boldsymbol{0}$。这样就既能满足式（8.26）中的线性方程组，又能够使解 $\boldsymbol{x}$ 中各项的绝对值尽量得小。显然上述两个目标之间是矛盾的，也就是说无法让代价函数 J 中的两个二次型 同时取得最小值。这时就需要调节两个二次型的权重 $\boldsymbol{S}$ 和 $\boldsymbol{W}$，例如如果增大权重 $\boldsymbol{S}$，那么第一个二次型对代价函数 J 的影响就会增大，当 J 取得最小值时，向量 $\boldsymbol{Ax}-\boldsymbol{b}$ 也会更接近于 $\boldsymbol{0}$。同样地，增大权重矩阵 $\boldsymbol{S}$ 对角线上的第 n 项，也会增大向量 $\boldsymbol{Ax}-\boldsymbol{b}$ 中第 n 项在代价函数 J 中的权重，当 J 取得最小值时，向量 $\boldsymbol{Ax}-\boldsymbol{b}$ 中的第 n 项会更接近于 0。对于权重矩阵 $\boldsymbol{W}$ 也是同理，在此不再赘述。

关于二次规划，目前已经有很多开源的求解器，例如本书中使用的开源求解器 QuadProg++。为了使用这些开源求解器，需要将待求解的问题化简为标准形式，以 QuadProg++为例，其问题的标准形式为

$$\begin{cases} J=\dfrac{1}{2}\boldsymbol{x}^{\mathrm{T}}\boldsymbol{Gx}+\boldsymbol{g}_0\boldsymbol{x} \\ \boldsymbol{C}_E^{\mathrm{T}}\boldsymbol{x}+\boldsymbol{c}_E=\boldsymbol{0} \\ \boldsymbol{C}_I^{\mathrm{T}}\boldsymbol{x}+\boldsymbol{c}_I\geqslant\boldsymbol{0} \end{cases} \tag{8.30}$$

可见需要对式（8.29）定义的代价函数 J 进行化简：

$$\begin{aligned} J &=\boldsymbol{x}^{\mathrm{T}}\boldsymbol{A}^{\mathrm{T}}\boldsymbol{SAx}-2\boldsymbol{b}^{\mathrm{T}}\boldsymbol{SAx}+\boldsymbol{b}^{\mathrm{T}}\boldsymbol{Sb}+\boldsymbol{x}^{\mathrm{T}}Wx \\ &=\boldsymbol{x}^{\mathrm{T}}(\boldsymbol{A}^{\mathrm{T}}\boldsymbol{SA}+\boldsymbol{W})\boldsymbol{x}-2\boldsymbol{b}^{\mathrm{T}}\boldsymbol{SAx}+\boldsymbol{b}^{\mathrm{T}}\boldsymbol{Sb} \\ &=2\left[\frac{1}{2}\boldsymbol{x}^{\mathrm{T}}(\boldsymbol{A}^{\mathrm{T}}\boldsymbol{SA}+\boldsymbol{W})\boldsymbol{x}-\boldsymbol{b}^{\mathrm{T}}\boldsymbol{SAx}\right]+\boldsymbol{b}^{\mathrm{T}}\boldsymbol{Sb} \end{aligned} \tag{8.31}$$

其中，最后一项与 $\boldsymbol{x}$ 无关，忽略后不影响 $\boldsymbol{x}$ 与 J 最小值之间的对应关系，所以可以忽略。同时，对代价函数 J 整体乘一个系数也不会影响最后求解得到的 $\boldsymbol{x}$ 结果，所以可以有一个等效的代价函数 J'：

$$J'=\frac{1}{2}\boldsymbol{x}^{\mathrm{T}}(\boldsymbol{A}^{\mathrm{T}}\boldsymbol{SA}+\boldsymbol{W})\boldsymbol{x}-\boldsymbol{b}^{\mathrm{T}}\boldsymbol{SAx} \tag{8.32}$$

因此，可以转化为 QuadProg++下的标准形式：

$$\begin{cases} \boldsymbol{G}=\boldsymbol{A}^{\mathrm{T}}\boldsymbol{SA}+\boldsymbol{W}, & \boldsymbol{g}_0=-\boldsymbol{b}^{\mathrm{T}}\boldsymbol{SA} \\ \boldsymbol{C}_E=\boldsymbol{C}_e^{\mathrm{T}}, & \boldsymbol{c}_E=\boldsymbol{c}_e \\ \boldsymbol{C}_I=\boldsymbol{C}_i^{\mathrm{T}}, & \boldsymbol{c}_I=\boldsymbol{c}_i \end{cases} \tag{8.33}$$

至此，已经可以利用 QuadProg++求解器来 求解线性方程组。细心的读者可能已经发现，式（8.26）中的线性方程组和式（8.27）中的等式约束在数学形式上完全一致，那么可不可以直接将式（8.26）中的线性方程组也作为一个等式约束呢？理论上这是完全没有问题的，但是对于二次规划问题，等式约束的数量不能超过未知数的数量。由 8.3.2 节可知，当机器人四条腿全部腾空时，会有 12 个等式约束，等式约束的数量已经等于未知数的

数量，所以不能再增加新的等式约束，只能将式（8.26）中的线性方程组放置到代价函数 J 之中。

8.3.2 二次规划求解机器人动力学方程

下面就利用 8.3.1 节中介绍的方法来求解式（6.40），即机器人动力学方程。首先定义矩阵 $\boldsymbol{A}$ 和向量 $\boldsymbol{b}_d$：

$$\boldsymbol{A}=\begin{bmatrix}\boldsymbol{I} & \boldsymbol{I} & \boldsymbol{I} & \boldsymbol{I}\\ [\boldsymbol{p}_{g0}]_\times & [\boldsymbol{p}_{g1}]_\times & [\boldsymbol{p}_{g2}]_\times & [\boldsymbol{p}_{g3}]_\times\end{bmatrix},\quad \boldsymbol{b}_d=\begin{bmatrix} m(\dot{\boldsymbol{v}}_s-\boldsymbol{g})\\ \boldsymbol{R}_{sb}\boldsymbol{I}_b\boldsymbol{R}_{sb}^{\mathrm{T}}\dot{\boldsymbol{\omega}}_s\end{bmatrix} \tag{8.34}$$

这样即可将式（6.40）缩写为 $\boldsymbol{Af}-\boldsymbol{b}_d=0$，其中向量 $\boldsymbol{f}$ 即为各个足端力组成的向量。接下来要确定二次规划所用的代价函数 J，为了让足端力 $\boldsymbol{f}$ 的计算结果符合机器人动力学方程，代价函数 J 中必须包含向量 $\boldsymbol{Af}-\boldsymbol{b}_d$，然后还希望足端力能够尽可能得小，并且让当前状态的足端力不要与上一个状态之间差别太大，即减小足端力 $\boldsymbol{f}$ 的突变。综合以上目标，可以令代价函数 J 为

$$\begin{aligned}J&=(\boldsymbol{Af}-\boldsymbol{b}_d)^{\mathrm{T}}\boldsymbol{S}(\boldsymbol{Af}-\boldsymbol{b}_d)+\boldsymbol{f}^{\mathrm{T}}\alpha\boldsymbol{Wf}+(\boldsymbol{f}-\boldsymbol{f}_{\mathrm{prev}})^{\mathrm{T}}\beta\boldsymbol{U}(\boldsymbol{f}-\boldsymbol{f}_{\mathrm{prev}})\\&=\boldsymbol{f}^{\mathrm{T}}\boldsymbol{A}^{\mathrm{T}}\boldsymbol{SAf}-2\boldsymbol{b}_d^{\mathrm{T}}\boldsymbol{SAf}+\boldsymbol{b}_d^{\mathrm{T}}\boldsymbol{Sb}_d+\boldsymbol{f}^{\mathrm{T}}\alpha\boldsymbol{Wf}+\boldsymbol{f}^{\mathrm{T}}\beta\boldsymbol{Uf}-2\boldsymbol{f}_{\mathrm{prev}}^{\mathrm{T}}\beta\boldsymbol{Uf}+\boldsymbol{f}_{\mathrm{prev}}^{\mathrm{T}}\beta\boldsymbol{Uf}_{\mathrm{prev}}\end{aligned} \tag{8.35}$$

式中，$\boldsymbol{f}_{\mathrm{prev}}$ 是上一轮计算得到的足端力向量；α 和 β 可以认为是权重 $\boldsymbol{W}$ 和 $\boldsymbol{U}$ 的系数。化简得到等效的代价函数 J' 为

$$J'=\frac{1}{2}\boldsymbol{f}^{\mathrm{T}}(\boldsymbol{A}^{\mathrm{T}}\boldsymbol{SA}+\alpha\boldsymbol{W}+\beta\boldsymbol{U})\boldsymbol{f}+(-b_d^{\mathrm{T}}\boldsymbol{SA}-\boldsymbol{f}_{\mathrm{prev}}^{\mathrm{T}}\beta\boldsymbol{U})\boldsymbol{f} \tag{8.36}$$

关于足端与地面的接触状态，只有触地与腾空两种。当足端处于触地状态时，该足端上的足端力需要满足式（8.24）中的不等式约束；而当足端处于腾空状态时，该足端上的足端力需要满足式（8.25）中的等式约束。假设当前状态有 n 个足端腾空，m 个足端触地，显然 $n+m=4$。此时有 $3n$ 个等式约束，假设当前腾空的是编号为 0、1 和 3 的足端，则 $n=3$，那么等式约束为

$$\begin{bmatrix}\boldsymbol{I}_3 & \boldsymbol{0}_{3\times3} & \boldsymbol{0}_{3\times3} & \boldsymbol{0}_{3\times3}\\ \boldsymbol{0}_{3\times3} & \boldsymbol{I}_3 & \boldsymbol{0}_{3\times3} & \boldsymbol{0}_{3\times3}\\ \boldsymbol{0}_{3\times3} & \boldsymbol{0}_{3\times3} & \boldsymbol{0}_{3\times3} & \boldsymbol{I}_3\end{bmatrix}\boldsymbol{f}=\boldsymbol{0}_{9\times1} \tag{8.37}$$

当有 m 个足端处于触地状态时，会有 $5m$ 个不等式约束。将式（8.24）简写为 $\boldsymbol{F}_\mu\boldsymbol{f}_{is}\geqslant\boldsymbol{0}$，假设编号为 0、2 和 3 的足端触地，则 $m=3$，此时不等式约束为

$$\begin{bmatrix}\boldsymbol{F}_\mu & \boldsymbol{0}_{5\times3} & \boldsymbol{0}_{5\times3} & \boldsymbol{0}_{5\times3}\\ \boldsymbol{0}_{5\times3} & \boldsymbol{0}_{5\times3} & \boldsymbol{F}_\mu & \boldsymbol{0}_{5\times3}\\ \boldsymbol{0}_{5\times3} & \boldsymbol{0}_{5\times3} & \boldsymbol{0}_{5\times3} & \boldsymbol{F}_\mu\end{bmatrix}\boldsymbol{f}\geqslant\boldsymbol{0}_{15\times1} \tag{8.38}$$

最后只需要调用开源求解器 QuadProg++，就能够求解得到所希望的各个足端的足端力 $\boldsymbol{f}$。

8.4 四足机器人的简化逆向动力学

在第 5 章中，已介绍了四足机器人单腿的正向运动学和逆向运动学，其中的正向运动学

是根据各个关节的角度来计算足端的空间位置，而逆向运动学是根据足端的空间位置来计算各个关节的角度。同样地，对于机器人的单腿，还可以分析它的正向动力学和逆向动力学。对于单腿的正向动力学，就是根据当前的足端力以及关节的力矩、角度、角速度来计算各个关节的角加速度。而单腿的逆向动力学是根据当前的足端力和各个关节的角度、角速度、角加速度来计算各个关节的力矩。

现在已经能够求得机器人各个足端的足端力 $\boldsymbol{f}$，但只能通过给各个关节电机发送命令来进行控制，而不能直接控制腿的足端力，因此需要通过逆向动力学来计算各个关节的力矩命令来实现足端力控制。由于上述逆向动力学的理论部分超出了本书的范围，所以这里使用 5.3.2 节中介绍的单腿静力学来作为一个简化的逆向动力学，以此来计算关节力矩命令。

在 5.3.2 节中，已研究了单腿的静力学，即在机器人的腿处于静止状态时，如何通过足端力来计算各个关节的力矩。之所以让机器人的腿处于静止状态，是因为要用到机器人单腿总功率为 0 这一假设。当机器人的腿触地时，腿的速度一般都变化很小，而且又因为机器人腿的质量比较小，此时可以认为单腿的总功率近似于 0。所以在足端力控制时，可以直接使用单腿静力学来近似计算各个关节的力矩，即

$$\boldsymbol{\tau}_i = -\boldsymbol{J}_i^{\mathrm{T}}\boldsymbol{f}_{ib} = -\boldsymbol{J}_i^{\mathrm{T}}\boldsymbol{R}_{bs}\boldsymbol{f}_{is} = -\boldsymbol{J}_i^{\mathrm{T}}\boldsymbol{R}_{sb}^{\mathrm{T}}\boldsymbol{f}_{is} \tag{8.39}$$

式中，$\boldsymbol{\tau}_i$ 是机器人第 i 条腿上三个关节的力矩向量；$\boldsymbol{J}_i$ 是该腿的雅可比矩阵；$\boldsymbol{f}_{ib}$ 是机身坐标系 $\{b\}$ 下地面对该足端的作用力；$\boldsymbol{R}_{sb}$ 是描述机身姿态的旋转矩阵；$\boldsymbol{f}_{is}$ 是世界坐标系 $\{s\}$ 下地面对该足端的作用力，即求解机器人动力学方程得到的足端力。

8.5 四足机器人简化模型的质量属性

到现在为止，已经做了很多简化。首先是在分析机器人整体动力学时，将机器人视为一个单刚体模型，并且忽略掉了欧拉方程式（6.22）中的非线性项。而且在进行足端力控制时，是通过单腿的静力学来近似计算各个关节的力矩，这个过程中忽略了腿的惯性和重力。

当使用的模型过于简化时，这种模型就很难符合机器人的实际情况，从而需要在简化模型上修修补补。对于目前的控制器来说，就需要在单刚体简化模型的质量属性上进行调整。

式（8.34）中；m 代表单刚体简化模型的质量；$\boldsymbol{I}_b$ 代表单刚体简化模型的转动惯量；$\boldsymbol{p}_{g0}$ 到 $\boldsymbol{p}_{g3}$ 分别代表从单刚体简化模型重心到四个足端的向量。前面一直没有讨论单刚体简化模型的质量、转动惯量和重心位置，其原因在于这三个参数并不是那么简单就能得到的。

首先从单刚体简化模型的质量开始讨论，有的读者会认为单刚体简化模型的质量应该等于机器人整体的质量或是机器人躯干的质量，但是实际的情况要更加复杂。以图 8.3 为例，假设机器人的四肢重量为 0，只有躯干中心处 C 点有质量 m_C。此时，单刚体简化模型的质量就是 m_C，静止站立时四条腿的足端力都是 $m_C g/4$，根据 8.4 节介绍的简化逆向动力学可求得各个关节的力矩。保持刚才计算得到的力矩不变，再在机器人足端的 A 点施加质量 m_A，显然这部分额外的重力 $m_A g$ 会完全被地面承担，通过关节力矩产生的足端力还是 $m_C g/4$，所以机器人的关节不需要增大力矩。而

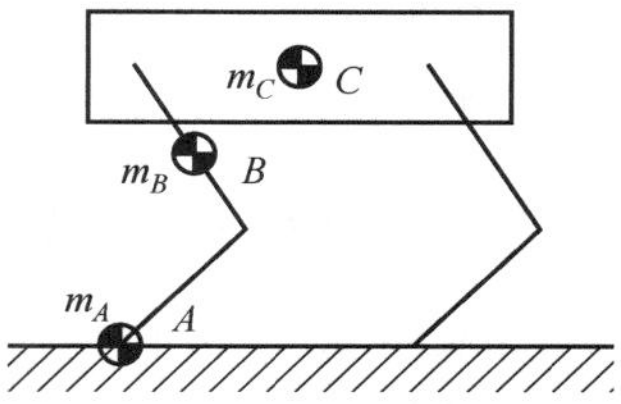

图 8.3　机器人单刚体简化模型质量属性

如果在腿上的 B 点施加质量 m_B，这部分额外的重力 m_Bg 不能由地面直接承担，而是需要通过增大机器人关节力矩来克服这部分重力，因此需要在单刚体简化模型中加入质量 rm_B，其中 r 是一个系数，且 $r\in(0,1)$。

可见在机器人腿上，有的位置的质量不能被计入单刚体简化模型，而有的位置需要被部分加入，甚至上面提到的系数 r 还和机器人的关节角度相关。这导致单刚体简化模型的质量无法精确计算得到，而只知道该质量在躯干质量到整个机器人质量之间，具体数值需要通过实验来确定。当机器人使用本章介绍的平衡控制器静止站立时，首先适当减小式（8.17）中的位置刚度系数 $\boldsymbol{K}_{\mathrm{p}}$，这样可以让实验现象更加明显。如果发现机器人站立高度高于目标高度，则说明机器人足端力过大，单刚体简化模型的质量偏大，需要减小质量。反之，如果站立高度低于目标高度，就需要增大质量。

既然连单刚体简化模型的质量都无法准确求得，那么它的重心位置和转动惯量自然也无法计算得到，也需要通过实验得到。首先适当减小式（8.22）中的姿态刚度系数 k_{p}，然后让机器人使用平衡控制器静止站立。此时观察机器人的姿态，如果机器人处于低头姿态，则说明后腿的足端力过大，单刚体简化模型的重心偏后，需要将重心向前移动。同理，如果机器人处于抬头姿态，则需要将重心向后移动。可见单刚体简化模型的质量和重心位置的调整都依赖于重力，而转动惯量与重力无关，因此不能直接通过实验来调整转动惯量，而只能估算。本书中使用的方法是，首先从三维设计软件（如 SolidWorks）中计算得到机器人站立姿态下的整机转动惯量 $\boldsymbol{I}_w$，再对机器人进行称重得到整机质量 m_w，根据上面实验得到的单刚体简化模型质量 m 等比例缩放可以得到近似的单刚体简化模型转动惯量 $\boldsymbol{I}_b$：

$$\boldsymbol{I}_b=\boldsymbol{I}_w\frac{m}{m_w} \tag{8.40}$$

需要注意的是，上述的单刚体简化模型质量、重心位置和转动惯量都与机器人关节角度相关，读者可以在本章中将上述参数调整到一个大致的数值，然后在后续调整行走控制器时，再对上述参数进行调整。

所以，在理论上简化的东西，需要在控制器的调试中补偿。在学习完本书的内容后，读者可以了解一下如何使用 WBC（Whole-Body Control，全身控制）方法来实现逆向动力学。WBC 方法并没有使用单刚体简化模型，而是考虑到了机器人所有构件的质量属性，这样就不需要进行烦琐的参数调整。

8.6 实践：通过控制足端力来控制机器人位姿

在 6.5 节中，通过对足端的位置控制实现了机器人的位姿控制，下面通过对足端力的控制来实现类似的功能。

8.6.1 BalanceCtrl 类

BalanceCtrl 类的代码存放在 src/control/BalanceCtrl.cpp 文件中，该类的主要作用是利用二次规划方法求解机器人动力学方程，即 8.3.2 节的内容。下面来解释一下该类中各个成员变量的实际含义：

1）_mass：机器人的总质量。

2）_Ib：机器人的惯性张量，由于将机器人整体简化为一个刚体，所以这个惯性张量应该取机器人大致处于站立状态时的惯性张量。

3）_g：重力加速度。

4）_S：参照式（8.35），_S 即为动力学方程的权重矩阵 $\boldsymbol{S}$。

5）_W：参照式（8.35），_W 即为足端力大小的权重矩阵 $\boldsymbol{W}$。

6）_alpha：参照式（8.35），_alpha 即为权重矩阵 $\boldsymbol{W}$ 的系数 α。

7）_U：参照式（8.35），_U 即为足端力改变量的权重矩阵 $\boldsymbol{U}$。

8）_beta：参照式（8.35），_beta 即为权重矩阵 $\boldsymbol{U}$ 的系数 β。

9）_Fprev：参照式（8.35），_Fprev 即为上一步的足端力 $\boldsymbol{f}_{\text{prev}}$。

10）_fricRatio：地面与足端之间的静摩擦系数。

11）_fricMat：参照式（8.24），_fricMat 就是摩擦四棱锥的不等式约束矩阵。

当需要计算足端力时，就可以调用 BalanceCtrl 类的成员函数 calF，该函数的返回值就是各个足端的足端力，同时函数 calF 的各参数含义如下：

1）ddPcd：机身的目标加速度，即式（8.34）中的 $\dot{\boldsymbol{v}}_s$。

2）dWbd：机身的目标角加速度，即式（8.34）中的 $\dot{\boldsymbol{\omega}}_s$。

3）rotM：机身的当前姿态，即式（8.34）中的 $\boldsymbol{R}_{sb}$。

4）feetPos2B：当前机身几何中心到各个足端的向量在世界坐标系 $\{s\}$ 下的坐标，feetPos2B 的四列分别为式（8.34）中的 $\boldsymbol{p}_{g0}$、$\boldsymbol{p}_{g1}$、$\boldsymbol{p}_{g2}$、$\boldsymbol{p}_{g3}$。

5）contact：当前四个足端与地面的接触情况，1 表示与地面接触，0 表示腾空。

8.6.2 State_BalanceTest 类

State_BalanceTest 类对应的是有限状态机中的 BalanceTest 状态，它的代码存放在 src/FSM/State_BalanceTest.cpp 文件中。按下键盘上的<0>键或手柄上的<L1+X>组合键即可进入 BalanceTest 状态，从而在这个状态下调试平衡控制相关的代码。同时可以在这个状态下控制机器人的位姿，考虑到手柄只有两个摇杆，这里选择控制机器人 x、y、z 轴的位置以及 z 轴的旋转，也就是欧拉角中的偏航角 yaw。根据手柄的信号，可以生成机器人中心在世界坐标系下的目标位置_pcd，以及机器人的目标姿态_Rd。在成员函数 calcTau 中，可按照如下顺序进行关节力矩_tau 的计算：

1）计算期望的机身加速度_ddPcd，参照式（8.17），_Kpp 就是式中 $\boldsymbol{K}_{\text{p}}$，_Kdp 对应的是 $\boldsymbol{K}_{\text{d}}$。

2）计算期望的机身角加速度_dWbd，参照式（8.22），_kpw 就是式中 k_{p}，_Kdw 对应的是 $\boldsymbol{K}_{\text{d}}$。

3）计算当前机身几何中心到各个足端的向量在世界坐标系 $\{s\}$ 下的坐标_posFeet2BGlobal，方法是调用状态估计器的 getPosFeet2BGlobal 函数。

4）调用 BalanceCtrl 类的 calF 函数计算得到世界坐标系 $\{s\}$ 下足端对外界的作用力_forceFeetGlobal，注意其中的负号是因为 calF 函数计算得到的足端力是外界对足端的作用力，与_forceFeetGlobal 互为反作用力。然后再通过坐标变换计算得到机身坐标系 $\{b\}$ 下足端对外界的作用力_forceFeetBody。

5）通过 QuadrupedRobot 类的 getTau 函数计算得到各个关节对应的力矩_tau。

在完成关节力矩_tau 的计算并下发给机器人的各个关节后，就可以在仿真和实机上使用足端力控制的方法来保持机器人平衡 并且改变机身位姿。在调试代码或调节控制参数时，常需要监控某些参数的变化，此时可将这些参数绘制成折线图。不过在 C++中并没有像 MATLAB 或 Python 中那样的画图功能，因此提供了 PyPlot 类来绘制折线图。

8.6.3 PyPlot 类

为了方便在 C++程序中画图，Benno Evers 等多位开发者 开发了开源库 matplotlib-cpp。matplotlib-cpp 库相当于从 C++程序中调用 Python 中绘制图表的 matplotlib 库，并且使用十分简单，只需要引用头文件 include/thirdParty/matplotlibcpp.h 即可。不过为了更适合调试控制算法，在 matplotlib-cpp 库的基础上 增添了一些功能，最终形成了 PyPlot 类。

为了展示如何使用 PyPlot 类，在 src/test.cpp 文件中提供了一个使用范例。如果用户打开编译配置文件 CMakeLists.txt，就会发现 src/test.cpp 文件和 src/main.cpp 文件是平级的，将 src/main.cpp 文件中的 main 函数编译为可执行文件 junior_ctrl，而将 src/test.cpp 文件中的 main 函数编译为可执行文件 myTest。当需要对一小部分代码进行测试时，就可以将其写到 test.cpp 文件的 main 函数中，同样使用 catkin_make 进行编译，然后在任意终端中运行命令 rosrun unitree_guide myTest，即可查看程序的运行结果。

以 test.cpp 文件中的“PyPlot 多个静态图测试”为例，绘制折线图的第一步就是创建一个 PyPlot 类的实例，一个 PyPlot 类中可以包含多个折线图，每个折线图中又可以有多根折线。

addPlot 函数的作用就是增加一个折线图，该函数有三个参数，依次为 plotName、curveCount、labelVec。其中，plotName 表示该折线图的图名；curveCount 表示该折线图中折线的数量；labelVec 表示各根折线的名称，如果不指定 labelVec，则会默认按照数字给折线命名。

addFrame 函数的作用是为折线图输入数据，该函数的三个参数分别为 plotName、x、value。其中，plotName 表示要输入数据的折线图图名；x 表示数据的 x 坐标，这个参数可以省略，省略后就会以输入数据的时间为 x 坐标；value 代表输入的数据，可以为标量、数组、Eigen 格式的向量或 Vector 格式的向量，value 的维度应该与 plotName 对应的折线图中折线的数量一致。

最后是显示图像的函数 showPlot 和 showPlotAll，其中 showPlot 函数可以输入一个或多个折线图的图名，然后就可以显示这些折线图，而 showPlotAll 函数会显示所有折线图。需要注意的是，当显示折线图时，整个程序处于阻塞状态，即程序暂停运行。所以在实际调试中，通常将 showPlotAll 函数放在有限状态机某个状态的 exit 函数中，这样当切换机器人状态时，就可以显示我们感兴趣的折线图。

如果一个 PyPlot 类下有多个折线图，并且这些折线图的 x 坐标都是时间，那么这几张图之间的时间是对齐的，即几张图之间相同的 x 坐标对应着相同的时间。可见，为了方便调试控制程序，希望所有的折线图都属于同一个 PyPlot 类。虽然可以使用单例模式来简洁地实现，但是为了提高代码的可读性，一般使用另一种方法。用户可以打开 unitree_guide/include/control/CtrlComponents.h 文件，并且在 geneObj 函数中为 PyPlot 类 addPlot，同时不要自己新建 PyPlot 类的实例，而是只使用 CtrlComponents 中的 PyPlot 类实例指针，即 plot，这样就可以保证所有的折线图都是在 plot 下的。同时用户可以把 showPlotAll 函数放在调试的有限状态机某个状态的 exit 函数中，或 main 函数的结尾执行，这样当切换状态或终止控制程序时就会显示折线图。需要注意的是，当显示折线图时，控制程序整体处于卡死状态，因此要保证机器人不在危险的状态时显示折线图。

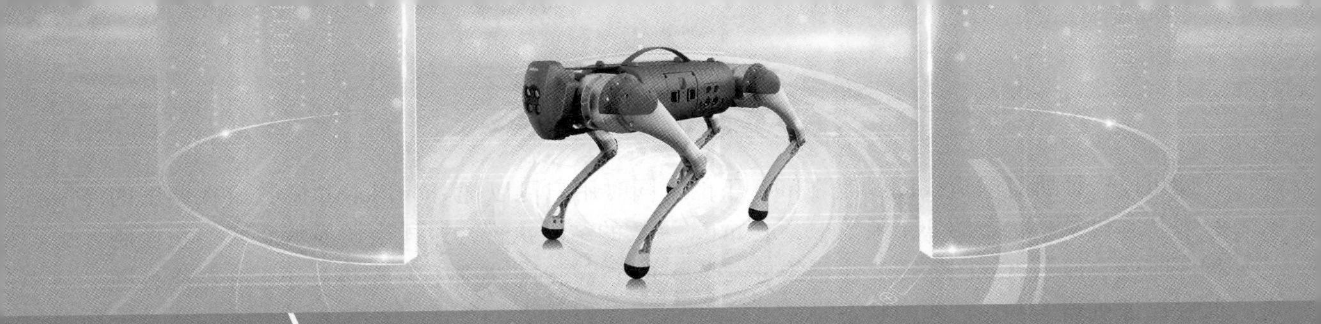

第 9 章 四足机器人的步态与轨迹规划

由第 8 章可见，通过对四个足端的力控制可实现机器人的平衡，并且能够实现机器人的小范围移动。但是当希望机器人能够大范围移动时，就必须要让机器人的足端从地面上抬起，移动到目标位置，落地支撑机器人，然后再抬起，依此往复。如果说履带是没有尽头的铁轨，那么四足机器人的足端就是没有尽头的基座。本章将会讨论如何移动机器人的足端，从而实现四足机器人的行走。

9.1 四足机器人的常用步态

机器人的足端只有触地和腾空两种状态，触地状态对应的机械腿被称为支撑腿（stance leg），腾空状态对应的机械腿被称为摆动腿（swing leg）。当四足机器人行走时，每个足端都会在这两种状态之间周期性切换，将四个足端切换状态的不同模式称为步态（gait）。

足端完成一轮步态循环的时间称为步态周期 P。图 9.1 所示为用条状图来表示足端在一个步态周期 P 中的状态。其中黑色填充部分代表触地状态，白色部分代表腾空状态。约定以刚开始触地时刻为一个步态周期的起始时刻，由于各条腿之间往往是交替运动，所以不同腿的步态之间会有时间差，定义 $t=0$ 时刻到第一个步态周期的起始时刻之前的时间为某条腿步态的偏移时间 b，并且定义触地时长占步态周期 P 的比例为触地系数 r（duty factor），所以触地时长为 rP，腾空时长为 $(1-r)P$。

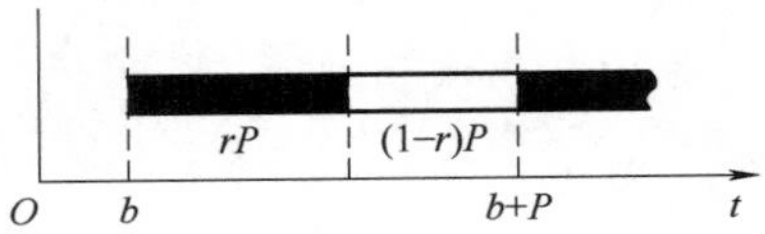

图 9.1 步态条状图

通常四条腿的步态周期 P 相等，这里也只考虑步态周期相等的情况。图 9.2a 所示为常用的对角步态（trot），可见在一个步态周期 P 中，触地和腾空状态各占了一半时间，即触地系数 $r=0.5$。并且右前腿和左后腿的偏移时间 $b=0$，左前腿和右后腿的偏移时间 $b=\dfrac{P}{2}$。因为右前腿、左后腿同步运动，同时左前腿、右后腿同步运动，所以称其为对角步态。由于其触地和腾空状态各占了一半时间，因此任意时刻下都有两条腿触地，并且这两条腿分布在机身的对角线方向。实验结果证明，这样的对角步态具有很好的稳定性和灵活性。

根据触地时长的不同，对角步态有两种变体，即图 9.2b 所示的步行对角步态（walking trot）和图 9.2c 所示的奔跑对角步态（running trot）。其中步行对角步态的触地时长超过了步态周期的一半，即触地系数 $r>0.5$，所以会出现四个足端同时触地的状态。如图 9.2b 所示，存在两段四足同时触地的状态，且时长都是 c，那么有

$$rP=c+(1-r)P+c$$

$$c=rP-\frac{P}{2} \tag{9.1}$$

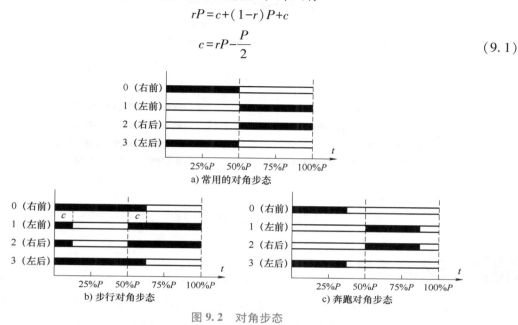

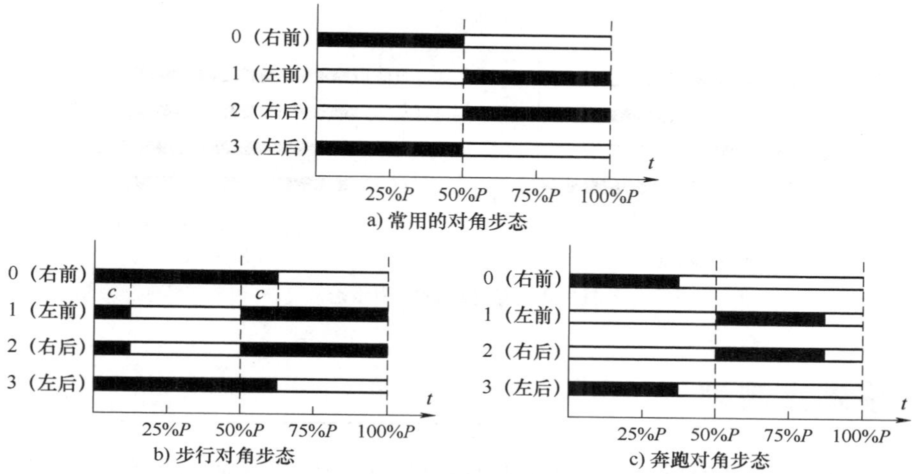

a) 常用的对角步态

b) 步行对角步态

c) 奔跑对角步态

图 9.2　对角步态

因此左前腿、右后腿的偏移时间 b 为

$$b=c+(1-r)P=rP-\frac{P}{2}+P-rP=\frac{P}{2} \tag{9.2}$$

可见对于步行对角步态，左前腿、右后腿的偏移时间 b 仍然是 $\frac{P}{2}$。同理，奔跑对角步态的触地系数 $r<0.5$，因此会出现四个足端同时腾空的状态，并且通过相同的计算可知，其左前腿、右后腿的偏移时间 b 也是 $\frac{P}{2}$。

图 9.3 所示为其他三种常用步态。在图 9.3a 所示的跃进步态（bound）中，两条前腿同步运动，两条后腿同步运动，同时触地系数 $r<0.5$，机器人会产生跃进的运动。在图 9.3b 所示的踱步步态（pace）中，两条左腿同步运动，两条右腿同步运动，同时触地系数 $r=0.5$，因此每个时刻都有两条腿触地，但是机器人会有比较明显的左右摆动。在图 9.3c 所示的弹跳步态（pronk）中，四条腿同步运动。

在控制程序中，机器人的步态并不固定，例如在机器人刚启动时，其处于固定站立的状态，此时四个足端都在稳定触地。而当机器人切换到行走模式时，就需要从稳定触地变为图 9.2 所示的交替触地。在行走模式下，如果用户提供的运动速度命令为 0，那么机器人也需要停止踏步，此时需要从交替触地再切换回稳定触地。既然需要频繁地切换步态，那么就必须保证步态切换时机器人的平衡。显然一个足端要稳定地切换步态，就需要在该足端处于稳定触地的阶段进行切换。如果在腾空阶段突然切换，就会导致支撑腿突然腾空抬起或摆动腿突然触地落下，这都会给机器人带来冲击，影响机器人的稳定。

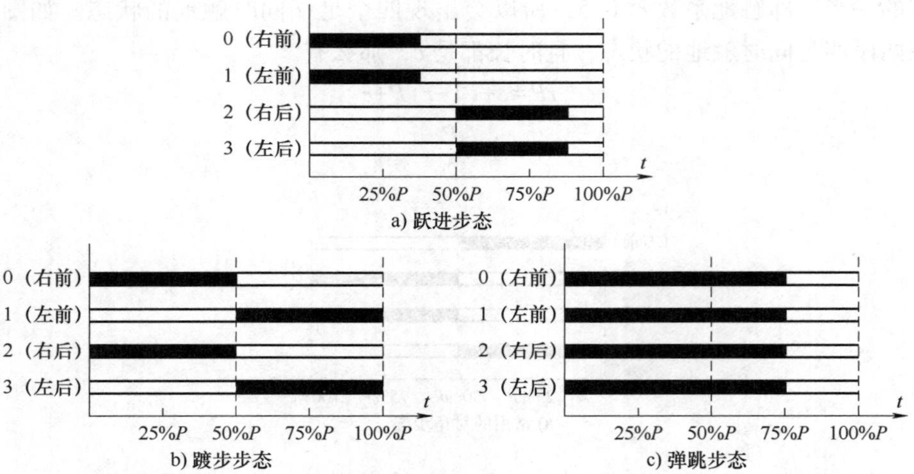

图 9.3　其他三种常用步态

9.2　落脚点规划

步态确定了触地和腾空状态在时间轴上的分布，在触地状态时，机器人的足端位置在世界坐标系下保持静止，但是在腾空状态时，机器人的足端在世界坐标系下是运动的。摆动腿的腾空足端总是从初始触地位置运动到落脚点，因此为了确定足端的运动轨迹，第一步就是确定落脚点的位置。

中性落脚点（neutral point）如图 9.4 所示，假设圆球通过一个质量为 0 的伸缩杆与地面上的 O 点接触，并且伸缩杆末端与地面之间没有滑移。将圆球和伸缩杆视为一个倒立摆，伸缩杆可以通过改变长度来保持圆球的高度不变。当该倒立摆竖直站立时，重力 G 的作用线穿过 O 点，因此对 O 点不产生力矩，倒立摆保持稳定，此时就认为 O 点是倒立摆的中性落脚点。如果落脚点在 O_1，即在中性落脚点的左侧，那么重力 G 就会对落脚点 O_1 产生沿顺时针方向的力矩，使得倒立摆沿顺时针方向旋转，进而让圆球产生向右的加速度。同理，如果落脚点在中性落脚点右侧的 O_2 点，那么圆球会产生向左的加速度。

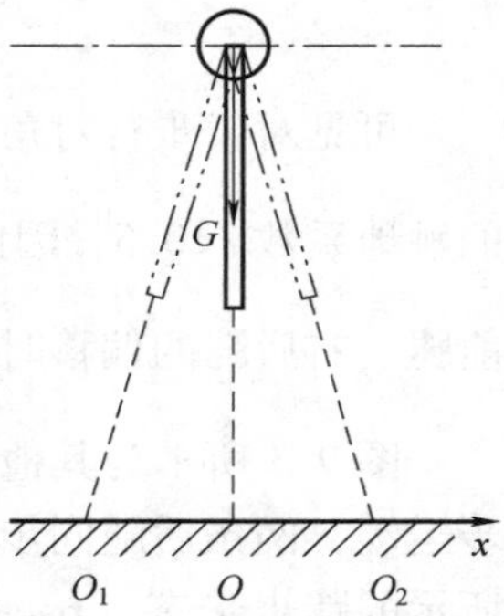

图 9.4　中性落脚点

对四足机器人来说，往往同时有多个足端触地，因此问题会复杂一些。由于 A1 机器人的重心大致位于躯干的形心，所以可以定义四足机器人各个足端的中性落脚点在大腿关节的正下方附近。这样，机器人重心在地面上的投影，就位于对角线上两个足端的中性落脚点连线的中点。

9.2.1　机器人平移时的落脚点

首先考虑机器人匀速平移时的落脚点选择，以图 9.5 为例，机器人以速度 v_x 匀速向前运动，取机器人的一条腿来研究，图中的①、②、③、④分别代表不同时刻腿的姿态。其中

①时刻时，该足端刚刚开始腾空，沿空中的虚线轨迹运动后，在②时刻触地，在③时刻足端处于机器人大腿关节正下方，即足端位于中性落脚点，在④时刻足端又开始腾空。由于机器人正在匀速运动，所以④时刻该腿的姿态与①时刻完全相同。

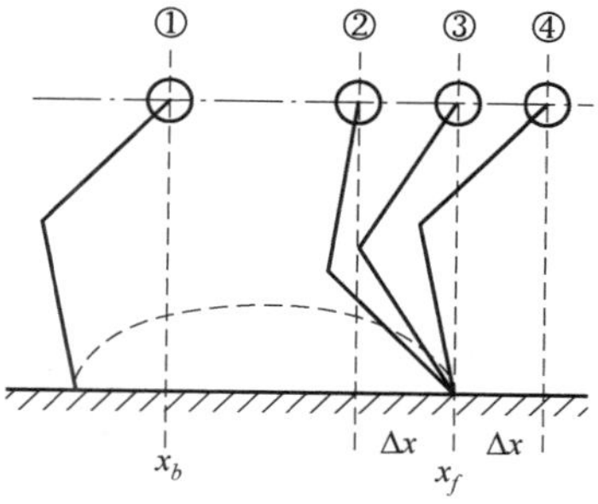

图 9.5　机器人匀速平移落脚点

考虑到足端在中性落脚点右侧会产生向左的加速度，在左侧会产生向右的加速度，为了让机器人保持匀速，希望②、④状态相对于中性落脚点（即③状态）对称。②、④状态之间的时间差就是该腿的触地时长，即 $T_{\text{stance}}=rP$，由于机器人以速度 v_x 匀速向前运动，所以图 9.5 中的 Δx 为

$$\Delta x=\frac{1}{2}v_xT_{\text{stance}} \tag{9.3}$$

其中，Δx 可以被视为②状态与③状态的大腿关节之间的距离。假设①状态时大腿关节位置的 x 坐标为 x_b，并且落脚点位置的 x 坐标为 x_f。由于落脚点就是③状态时的中性落脚点，所以 x_f 等于③状态时大腿关节的 x 坐标，那么可以计算得到 x_f 为

$$\begin{aligned}x_f&=x_b+v_xT_{\text{swing}}+\Delta x\\&=x_b+v_xT_{\text{swing}}+\frac{1}{2}v_xT_{\text{stance}}\end{aligned} \tag{9.4}$$

式中，T_{swing}为该腿的腾空时长。由于机器人在实际运动中不可能保持匀速运动，即 v_x 不可能是一个常数，这导致计算的 x_f 会积累误差，使得在②状态时落脚点到大腿关节的 x 坐标距离不等于 Δx。所以需要对式（9.4）进行优化，为了实现这个目标，引入一个新的变量，即步态的相位 p。由图 9.1 所示的步态条状图可见，假设触地或腾空状态的起始时刻为 t_0，结束时刻为 t_1，则这两个时刻之间的时刻 t 的相位 p_t 为

$$p_t=\frac{t-t_0}{t_1-t_0} \tag{9.5}$$

可见 $p\in[0,1]$，且在一个状态开始的时刻相位 $p=0$，结束时刻 $p=1$，在这两个时刻之间的时刻相位 p 与时间呈线性关系，可以认为是归一化的时间。假设机器人处于①到②状态之间，由于①状态是足端开始腾空的时刻，所以相位 $p_1=0$，②状态是足端结束腾空的时刻，所以相位 $p_2=1$。在①到②状态之间相位为 p 的时刻，可以通过估计器获得此时大腿关节的 x 坐标 $x_p(p)$ 以及速度 v_x，此时距离足端触地（即②状态）还有时间$(1-p)T_{\text{swing}}$，所以落脚点的 x_f 为

$$x_f=x_p(p)+v_x(1-p)T_{\text{swing}}+\frac{1}{2}v_xT_{\text{stance}} \tag{9.6}$$

这样就能保证在②状态，即 $p=1$ 时，落脚点与大腿关节的 x 坐标之差为 Δx。同时由之前的分析可知，落脚点位置的选择可以产生不同的机身加速度。仍然考虑图 9.5 中的情况，显然当机器人速度 v_x 高于目标速度 v_{xd}时，落脚点应该适当向右移动，同理当 v_x 低于 v_{xd}时，落脚点应该适当向左移动。上述分析可以拓展到 y 方向的运动，所以可以用式（9.7）来计算 x_f、y_f：

$$\begin{cases} x_f = x_p(p) + v_x(1-p)T_{\text{swing}} + \dfrac{1}{2}v_x T_{\text{stance}} + k_x(v_x - v_{xd}) \\ y_f = y_p(p) + v_y(1-p)T_{\text{swing}} + \dfrac{1}{2}v_y T_{\text{stance}} + k_y(v_y - v_{yd}) \end{cases} \tag{9.7}$$

其中的 k_x，k_y>0。式（9.7）中计算落脚点的方法最早由 Marc Raibert 提出，因此通常被称为 Raibert 启发落脚点（Raibert Heuristic Foot Step）。

9.2.2 机器人转动时的落脚点

除了平移之外，机身的旋转也会影响落脚点在 x、y 轴的坐标，这里可用相似的方法计算落脚点。图 9.6 是机器人的俯视图，假设机器人正在以角速度 ω 原地旋转，以机器人的右前腿为例，与图 9.5 中相同，①时刻该腿刚刚开始腾空，②时刻开始触地，③时刻时大腿关节运动到触地足端上方，④时刻时该腿又开始腾空。

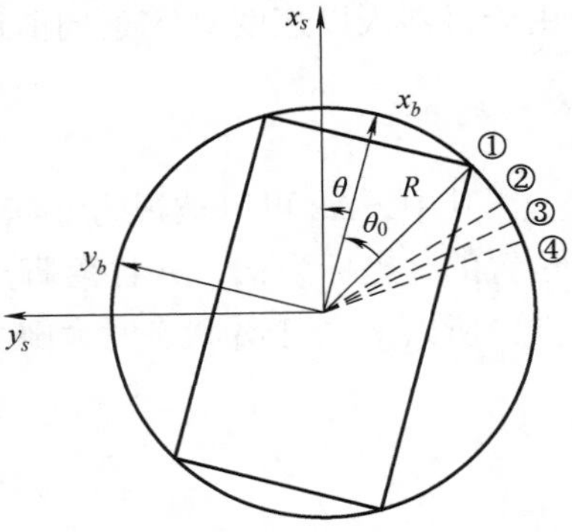

图 9.6　机器人匀速转动落脚点

当机器人在原地旋转时，它的中性落脚点会绕着机器人的中心以半径 R 旋转，其中的 θ 为机器人的偏航角（yaw），即机身坐标系 x_b 轴到世界坐标系 x_s 轴之间的夹角。θ_0 是大腿关节与机身中心连线到机身坐标系 x_b 轴的夹角，可见 θ_0 是一个常数，并不随运动而改变。和机器人的平移运动相同，可认为②与④状态相对于③状态对称。与式（9.7）同理，在①状态到②状态之间，相位为 p 时，机器人偏航角 $\theta=\theta_p$，此时目标落脚点与机身中心连线到世界坐标系 x_s 轴在 xy 平面的夹角 θ_f 为

$$\theta_f = \theta_p + \theta_0 + \omega(1-p)T_{\text{swing}} + \frac{1}{2}\omega T_{\text{stance}} + k_\omega(\omega - \omega_d) \tag{9.8}$$

式中，ω 为机身当前的旋转角速度；ω_d 为期望的机身旋转角速度。所以落脚点在世界坐标系$\{s\}$中的 x、y 坐标为

$$x_f = R\cos\theta_f, \quad y_f = R\sin\theta_f \tag{9.9}$$

综合机器人的平移与转动，可以获得机器人第 i 号足端落脚点的 x、y 坐标，即 x_i、y_i：

$$\begin{cases} x_i = x_b + R\cos\theta_f + v_x(1-p)T_{\text{swing}} + \dfrac{1}{2}v_x T_{\text{stance}} + k_x(v_x - v_{xd}) \\ y_i = y_b + R\sin\theta_f + v_y(1-p)T_{\text{swing}} + \dfrac{1}{2}v_y T_{\text{stance}} + k_y(v_y - v_{yd}) \end{cases} \tag{9.10}$$

9.3 摆动腿足端的轨迹规划

当足端腾空时，它会从图 9.5 中①状态所示的离地点开始，在空中划过一道轨迹，最后落到式（9.10）中计算的落脚点，因此需要规划摆动腿的足端在腾空时的轨迹。关于摆动腿足端的轨迹，有以下期望：

1）在足端刚开始离地和将要触地时，希望足端的速度很小，并且在 xy 平面没有滑动

趋势。

2）足端在轨迹的中段时运动迅速。

3）足端轨迹足够平滑，不存在波动。

目前常用的足端轨迹有多项式曲线、分段直线和摆线。其中多项式曲线可以画出光顺且复杂的轨迹，但是其中各个参数的计算比较复杂。分段直线轨迹虽然设计比较简单，但是轨迹不够光顺平滑。摆线轨迹虽然不能灵活地修改轨迹的形状，但是表达式简单且参数具有明确的几何意义，比较容易推导，所以在本书中选用摆线轨迹。

如图 9.7 所示，取半径为 R 的圆上一点 A，在初始状态时点 A 与地面接触，即 A_1 点，之后该圆在地面上向右滚动一圈，圆上的 A 点经过 A_2 点，最终运动到 A_3 点，A 点在空间中运动的轨迹就是摆线。

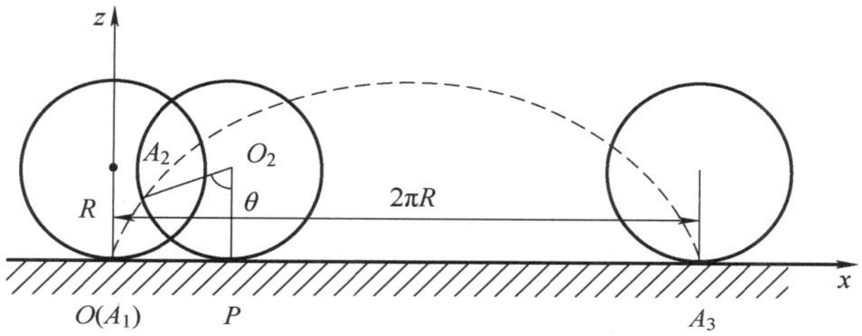

图 9.7　摆线轨迹

下面来计算摆线的表达式，首先以 A_2 点的坐标为例。当圆滚动 θ 角时，圆上的 A 点运动到 A_2，此时圆与地面的接触点为 P。由于圆是贴在地面上滚动的，所以线段 PA_1 与圆弧 $\widehat{PA}_2$ 长度相等，因此圆心 O_2 的坐标为 $(\theta R, R)$，A_2 点的坐标为

$$\begin{cases} x=\theta R-R\sin\theta=R(\theta-\sin\theta) \\ z=R-R\cos\theta=R(1-\cos\theta) \end{cases} \tag{9.11}$$

假设圆滚动一周的时间为 T，那么在 $t\in[0,T]$ 时刻，圆滚动的角度 $\theta=\dfrac{2\pi t}{T}$，所以在 t 时刻的摆线位置坐标为

$$\begin{cases} x=R\left(\dfrac{2\pi t}{T}-\sin\dfrac{2\pi t}{T}\right) \\ z=R\left(1-\cos\dfrac{2\pi t}{T}\right) \end{cases} \tag{9.12}$$

通过对时间 t 求导，可以得到 t 时刻的摆线速度为

$$\begin{cases} \dot{x}=\dfrac{\mathrm{d}x}{\mathrm{d}t}=R\left(\dfrac{2\pi}{T}-\dfrac{2\pi}{T}\cos\dfrac{2\pi t}{T}\right)=\dfrac{2\pi R}{T}\left(1-\cos\dfrac{2\pi t}{T}\right) \\ \dot{z}=\dfrac{\mathrm{d}z}{\mathrm{d}t}=\dfrac{2\pi R}{T}\sin\dfrac{2\pi t}{T} \end{cases} \tag{9.13}$$

如果考虑三维空间中的摆线，那么 y 轴的运动和 x 轴的形式一致，在此不再赘述。但是上面所述的摆线有一定的限制，从图 9.7 可见，摆线轨迹的最高点高度为 $2R$，而在 x 轴上的运动距离 A_1A_3 等于圆的周长，即 $2\pi R$，所以摆线轨迹的最高高度和运动距离都和圆的半径 R 绑定了，导致不能自由地调节轨迹的最高高度和运动距离。好在这个问题并不难解决，

假设希望轨迹的运动距离为 L，那么只需要对 x 和 $\dot{x}$ 等比例地缩放$\frac{L}{2\pi R}$倍即可。

下面来考虑在实际机器人应用中的摆线轨迹。假设足端从(x_0,y_0,z_0)点开始腾空，足端最大高度为 h，最终落脚点为(x_1,y_1,z_1)，显然 t 时刻的相位 $p=\frac{t}{T}$，并且根据最大高度 h 可以计算得到摆线圆的半径 $R=\frac{h}{2}$，考虑到 x、y 轴的缩放，可以得到足端的摆线轨迹位置为

$$\begin{cases} x_c=x_0+\dfrac{x_1-x_0}{2\pi}(2\pi p-\sin 2\pi p) \\ y_c=y_0+\dfrac{y_1-y_0}{2\pi}(2\pi p-\sin 2\pi p) \\ z_c=z_0+\dfrac{h}{2}(1-\cos 2\pi p) \end{cases} \tag{9.14}$$

同理，摆线轨迹的速度为

$$\begin{cases} \dot{x}_c=\dfrac{x_1-x_0}{T}(1-\cos 2\pi p) \\ \dot{y}_c=\dfrac{y_1-y_0}{T}(1-\cos 2\pi p) \\ \dot{z}_c=\dfrac{\pi h}{T}\sin 2\pi p \end{cases} \tag{9.15}$$

至此已经完成了摆线轨迹的位置与速度的推导。通过 5.4 节的方法，可以控制摆动腿按照摆线轨迹运动。但是需要注意的是，5.4 节中摆动腿的控制是在腿的基座坐标系$\{0\}$下进行的，而式（9.14）和式（9.15）给出的位置与速度都是在世界坐标系$\{s\}$下的，所以在计算过程中要注意坐标系之间的坐标变换。

9.4 实践：步态与轨迹规划相关代码

步态与轨迹规划相关代码比较简单，而且可以像 8.6.3 节中介绍的那样，在 src/test.cpp 文件中使用 PyPlot 类来绘制折线图，检查程序计算的轨迹是否正确。所以本章不提供用于测试的有限状态机中的状态，只介绍计算相关的几个类。

9.4.1 WaveGenerator 类

WaveGenerator 类位于 src/Gait/WaveGenerator.cpp 文件中，该类的主要作用是根据时间生成四条腿的步态和相位。WaveGenerator 类的成员函数如下：

1）WaveGenerator：WaveGenerator 类的构造函数，该构造函数有三个参数，其中 period 为步态周期 P，stancePhaseRatio 为触地系数 r，bias 分别为四条腿偏移时间 b 与步态周期 P 的比值。

2）calcContactPhase：计算当前时刻四个足端的相位 phaseResult 和接触状态 contactResult。该函数有三个参数，其中前两个分别是对四条腿相位和接触状态的引用，相

当于输出计算结果。在接触状态 contactResult 中，一般用 1 代表足端触地，0 代表足端腾空。第三个参数 status 代表的是当前机器人的步态状态，当 status 等于 STANCE_ALL 时，四条腿的接触状态始终为触地，同理当 status 等于 SWING_ALL 时，接触状态全部为腾空。如果 status 等于 WAVE_ALL，则机器人的足端会根据所设置的步态参数交替触地、腾空。需要注意的是，当程序切换步态状态 status 时，会根据 9.1 节中介绍的方法来实现步态的稳定切换。

3）getTstance：返回足端的触地时长 T_{stance}。

4）getTswing：返回足端的腾空时长 T_{swing}。

5）getT：返回步态周期 P。

在 CtrlComponents 结构体中调用 WaveGenerator 类的 calWave 函数：打开 include/control/CtrlComponents.h 文件，在 runWaveGen 函数中可见，当成员变量 startGait 为 true 时，就会调用 calWave 函数计算相位 phase 和接触状态 contact。所以当希望生成步态时，就可以运行 setStartWave 函数将成员变量 startGait 赋值为 true。而如果执行 setAllStance 函数，就会停止生成步态，并且将所有足端设置为触地状态，同理，setAllSwing 函数会将所有足端设置为腾空状态。

9.4.2 FeetEndCal 类

FeetEndCal 类的作用是计算当前机器人状态下目标落脚点坐标，也就是完成式（9.10）中的计算。在 FeetEndCal 类的构造函数中，可以修改与落脚点计算相关的三个系数：

1）_kx：式(9.10)中的 k_x。

2）_ky：式(9.10)中的 k_y。

3）_kyaw：式(9.8)中的 k_ω。

当需要计算落脚点坐标时，可以调用 FeetEndCal 类的成员函数 calFootPos。该函数的参数含义如下：

1）legID：要计算落脚点的腿的编号。

2）vxyGoalGlobal：二维向量，表示期望的机身平移速度，即式（9.10）中的 v_{xd}和 v_{yd}。

3）dYawGoal：期望的机身旋转角速度，即式（9.8）中的 ω_d。

4）phase：该腿的当前相位，即式（9.10）中的 p。

9.4.3 GaitGenerator 类

为了计算摆线轨迹，创建了 GaitGenerator 类，该类的成员函数如下：

1）cycloidXYPosition：参照式（9.14）中 x_c、y_c 的计算公式，计算摆线轨迹在 x、y 轴的位置坐标。

2）cycloidXYVelocity：参照式（9.15）中 $\dot{x}_c$、$\dot{y}_c$ 的计算公式，计算摆线轨迹在 x、y 轴的速度分量。

3）cycloidZPosition：参照式（9.14）中 z_c 的计算公式，计算摆线轨迹在 z 轴的位置坐标。

4）cycloidZVelocity：参照式（9.15）中 $\dot{z}_c$ 的计算公式，计算摆线轨迹在 z 轴的速度分量。

5）setGait：设置在世界坐标系$\{s\}$下期望的机身平移速度 vxyGoalGlobal、期望的机身旋转角速度 dYawGoal 以及抬腿高度 gaitHeight。

6）run：在控制器每轮运行中，都会调用 run 函数，该函数能够持续计算更新每个足端的目标落脚点。

7）getFootPos：获取对应足端在当前时刻的目标位置。

8）getFootVel：获取对应足端在当前时刻的目标速度。

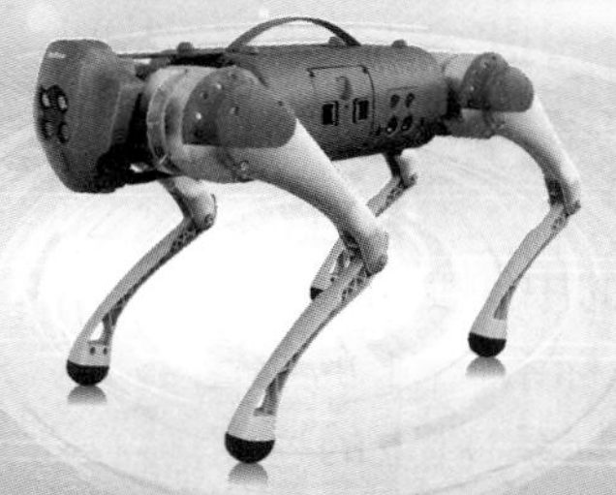

第 10 章 四足机器人的行走控制器

在前面的章节中，已经完成了四足机器人行走控制器所需的每一个部件，本章会将之前的所有部件组装成一个行走控制器，控制机器人在平地和不太陡峭的坡地上运动。本章不再新增理论知识部分，仅介绍与实践相关的技术细节。

10.1 行走控制器的控制逻辑

四足机器人的四条腿可以分为两组，一组是处于触地状态的支撑腿，另一组是处于腾空状态的摆动腿。支撑腿的作用是通过第 8 章中介绍的平衡控制器来维持机身平衡，并且驱动机身移动与转动。摆动腿的作用是沿着第 9 章中介绍的摆线轨迹运动到目标落脚点，为成为支撑腿做准备。四条腿交替担当支撑腿与摆动腿，就能够驱动机器人平稳运动。下面先以机器人对角步态行走为例，展示四足机器人的行走控制器。

10.2 State_Trotting 类简介

机器人的对角步态行走也是有限状态机中的一个状态，所以其代码位于 State_Trotting 类之中。首先来介绍 State_Trotting 类中的成员类：

1）_gait：GaitGenerator 类的指针，能够生成足端轨迹，用于计算足端的目标位置_posFeetGlobalGoal 和目标速度_velFeetGlobalGoal。

2）_est：Estimator 类的指针，能够估计机器人的状态，用于计算机身当前位置_posBody、当前速度_velBody、当前足端相对于机身的位置_posFeet2BGlobal、当前足端的位置坐标_posFeetGlobal 和当前足端的速度_velFeetGlobal，注意上述物理量都是在世界坐标系$\{s\}$下的坐标。

3）_robModel：QuadrupedRobot 类的指针，其中包含了机器人的运动学与静力学计算，以及速度限制。用于获取机身坐标系$\{b\}$下 x 轴的移动速度区间_vxLim、y 轴的移动速度区间_vyLim，以及绕 z 轴转动角速度的区间_wyawLim。同时还包含关节力矩命令_tau、关节角度命令_qGoal、关节角速度命令_qdGoal。

4）_balCtrl：BalanceCtrl 类的指针，四足机器人的平衡控制器，用于计算期望的足端力_forceFeetGlobal。

上述的四个类是四足机器人行走控制器的四个基本组件，下面来说明 State_Trotting 类中的成员变量，它们都是计算过程的中间变量：

1）_posBody：机身在世界坐标系{s}下的位置。

2）_velBody：机身在世界坐标系{s}下的速度。

3）_yaw：机身在世界坐标系{s}下的偏航角 yaw。

4）_dYaw：机身在世界坐标系{s}下的偏航角速度，即绕 z 轴转动的角速度。

5）_posFeetGlobal：足端在世界坐标系{s}下的位置坐标。

6）_velFeetGlobal：足端在世界坐标系{s}下的速度。

7）_posFeet2BGlobal：足端在世界坐标系{s}下相对于机身中心的位置坐标。

8）_B2G_RotMat：描述机身姿态的旋转矩阵 $\boldsymbol{R}_{sb}$。

9）_G2B_RotMat：$\boldsymbol{R}_{bs}$，_B2G_RotMat 的转置矩阵。

10）_q：各个关节的角度。

11）_pcd：机身在世界坐标系{s}下的目标位置。

12）_vCmdGlobal：机身在世界坐标系{s}下的目标速度。

13）_vCmdBody：机身在机身坐标系{b}下的目标速度。

14）_yawCmd：机身在世界坐标系{s}下的目标偏航角。

15）_dYawCmd：机身在世界坐标系{s}下的目标偏航角速度。

16）_wCmdGlobal：机身在世界坐标系{s}下的目标旋转角速度向量。

17）_posFeetGlobalGoal：足端在世界坐标系{s}下的目标位置。

18）_velFeetGlobalGoal：足端在世界坐标系{s}下的目标速度。

19）_posFeet2BGoal：足端在机身坐标系{b}下相对于机身中心的目标位置坐标。

20）_velFeet2BGoal：足端在机身坐标系{b}下相对于机身中心的目标速度。

21）_Rd：机身目标姿态的旋转矩阵。

22）_ddPcd：机身在世界坐标系{s}下的目标线加速度。

23）_dWbd：机身在世界坐标系{s}下的目标角加速度。

24）_forceFeetGlobal：足端在世界坐标系{s}下的目标足端力。

25）_forceFeetBody：足端在机身坐标系{b}下的目标足端力。

26）_qGoal：各个关节的目标角度。

27）_qdGoal：各个关节的目标角速度。

28）_tau：各个关节的前馈力矩。

29）_gaitHeight：摆动腿轨迹的抬腿高度。

30）_Kpp：用于机身平衡控制器，即式（8.17）中的 $\boldsymbol{K}_{\mathrm{p}}$。

31）_Kdp：用于机身平衡控制器，即式（8.17）中的 $\boldsymbol{K}_{\mathrm{d}}$。

32）_kpw：用于机身平衡控制器，即式（8.22）中的 k_{p}。

33）_Kdw：用于机身平衡控制器，即式（8.22）中的 $\boldsymbol{K}_{\mathrm{d}}$。

34）_KpSwing：摆动腿足端修正力的刚度系数，即式（5.48）中的 $\boldsymbol{K}_{\mathrm{p}}$。

35）_KdSwing：摆动腿足端修正力的阻尼系数，即式（5.48）中的 $\boldsymbol{K}_{\mathrm{d}}$。

36）_vxLim：机身坐标系{b}下 x 轴的移动速度区间。

37）_vyLim：机身坐标系{b}下 y 轴的移动速度区间。

38）_wyawLim：机身坐标系{b}下绕 z 轴转动角速度的区间。

10.3 实时进程

Linux 系统的计算机可以同时运行许多个程序，为了将计算机的计算资源分配给各个程序，就需要用到进程这一概念。一个程序可以将其计算任务分配到一个或多个进程中，然后 Linux 系统就可以对这些进程进行调度。如果当前计算机正在运行的进程较多，那么控制系统会让各个进程轮流运行一小段时间。对于普通的程序，暂停运行一小段时间并没有问题，可是对于机器人的控制程序来说，每个计算周期只有 2ms，如果 Linux 系统的进程调度优先计算了其他进程，则有可能导致机器人控制程序不能在规定的 2ms 时间内计算完成，甚至让机器人失去稳定。为了解决这个问题，需要将机器人的控制程序设置为实时进程。

Linux 支持两种进程，即普通进程和实时进程。相对于普通进程，实时进程的响应时间更短，并且对 Linux 系统的进程调度来说，这两种进程也是分别对待的。同时，Linux 会对进程设定优先级，实时进程的优先级范围为 1 到 99。对于实时进程，Linux 有两种调度策略，分别为 SCHED_FIFO 和 SCHED_RR。其中的 SCHED_FIFO 意味着先进先出，当进程调度程序给一个 SCHED_FIFO 的实时进程分配了一个 CPU 核心后，只要没有更高优先级的实时进程出现，该实时进程就能一直占用这个 CPU 核心。显然要做的就是将机器人控制程序设置为实时进程，并且分配最高优先级。

在 src/main.cpp 文件中，编写了 setProcessScheduler 函数：

```
void setProcessScheduler(){
    pid_t pid = getpid();
    sched_param param;
    param.sched_priority = sched_get_priority_max(SCHED_FIFO);
    if (sched_setscheduler(pid, SCHED_FIFO, &param) == -1){
        std::cout<<"[ERROR] Function setProcessScheduler failed."
        <<std::endl;
    }
}
```

其中 getpid 函数的作用是返回当前程序的进程号，sched_get_priority_max 函数的作用是返回当前系统下某一调度策略的最高优先级。在 Linux 系统中，SCHED_FIFO 策略的最高优先级为 99。最后调用 sched_setscheduler 函数将当前进程设置为 SCHED_FIFO 策略的实时进程，并且拥有最高优先级。如果 sched_setscheduler 函数运行失败，就会返回-1。需要注意的是，如果想要设置进程的调度策略和优先级，则必须在 root 权限下运行程序，即在执行程序的命令前面加上 sudo。但是在使用 rosrun 调用控制程序时，由于 ROS 的限制，并不能直接在命令前面添加 sudo，而是需要先切换到 root 用户：

```
sudo su
```

执行上述命令，并且输入密码后，就可以切换到 root 用户，在此终端中执行的命令都具有 root 权限。为了使 rosrun 能够找到机器人控制器的路径，需要手动执行 setup.bash 批处理文件：

```
source /home/(此处应该填写读者计算机的用户名)/catkin_ws/devel/setup.bash
```

在不同计算机上，setup.bash 文件的绝对路径并不一致，但是相对路径都是 ROS 的工作目录 catkin_ws 下面的 devel 文件夹。通常，直接在上述命令中填写所用计算机的用户名即可。在执行 setup.bash 批处理文件之后，rosrun 命令即可找到控制器程序 junior_ctrl：

```
rosrun unitree_guide junior_ctrl
```

可见在 root 权限下运行时，不会出现和进程设置相关的报错警告。一般在任意终端运行 top 命令均可查看控制器程序 junior_ctrl 的进程，在列表中 COMMAND 一栏中，可以找到 junior_ctrl，并且它对应在 PR 为 rt，即实时进程（real-time process）。由于在 ROS 中使用 root 权限执行程序较为复杂，所以一般程序调试不在 root 权限下运行，虽然偶尔会计算超时，但是并没有显著影响。然而在控制机器人行走时，就必须让控制程序在 root 权限下运行。如果不通过 rosrun 来运行 junior_ctrl，那么可以直接在 junior_ctrl 所在的路径下执行 sudo ./junior_ctrl，以使控制程序在 root 权限下执行。

10.4 行走控制器的运行流程

本节内容请配合实例代码中的 src/FSM/State_Trotting.cpp 文件来学习。当程序开始运行时，会生成 State_Trotting 类的一个实例，此时就会执行构造函数 State_Trotting。所以可在构造函数中对抬腿高度、各个控制器的系数、速度与角速度的取值范围进行赋值。

当切换到有限状态机下的 State_Trotting 状态时，第一步就是执行该类的 enter 函数。在 enter 函数中，首先令机器人机身的目标位姿等于当前位姿，且速度为 0，之后将命令信号清零，步态重新从起点开始，并且开始生成四条腿的步态。

执行完 enter 函数后，有限状态机就会循环执行 run 函数。在 run 函数的最开始，首先读取从_posBody 到_dYaw 的所有机器人运动状态，之后再读取用户通过键盘或手柄发送的控制命令_userValue。

在读取用户发送的控制命令_userValue 后，就可以计算得到对机身的控制目标。在 calcCmd函数中可计算得到目标位置_pcd 和目标速度_vCmdGlobal，需要注意的是，通过键盘或手柄发送的前后左右运动命令都是在机身坐标系 $\{b\}$ 下的，所以要通过旋转矩阵将其变换为世界坐标系 $\{s\}$ 中的坐标。同时为了防止目标位置、速度和当前位置、速度偏差过大，一般用 saturation 函数将目标位置、速度约束到当前位置、速度附近。saturation 函数有两个参数，即输入值 a 和约束范围 limits。如果 a=1，limits=Vec2(0,2)，可见 a 并没有超过范围，则 saturation 函数的返回值仍然为 1。而如果 a=3，超出了最大范围 2，则 saturation 函数的返回值为约束值 2。同理可调用 calcCmd 函数来计算机身的目标姿态_Rd 和目标角速度_wCmdGlobal。

在获得目标速度、角速度以及抬腿高度后，就可以通过 setGait 函数将这三个参数发送给负责计算足端轨迹的_gait，然后调用_gait 的 run 函数来计算得到各个足端的目标位置和目标速度。其中摆动腿的目标位置与速度是跟随规划的摆线轨迹，而支撑腿是固定在当前的触地位置。

calcTau 函数可计算各个足端的足端力，其中支撑腿的足端力是由平衡控制器_balCtrl 计算得到的，这个足端力可帮助机身保持平衡，而摆动腿的足端力是由式（5.48）计算得到的修正力，这个修正力可驱使摆动腿的足端沿着目标轨迹运动。在计算得到每一条腿的足端力后，就可以根据腿的逆向静力学近似计算得到每个关节的前馈力矩。函数 calcQQd 的作用是根据足端的目标位置和速度计算得到该腿各个关节的旋转角度与角速度。

当用户发送给机器人的速度命令为 0 时，机器人会原地踏步。但是原地踏步时机器人会发生飘移，即逐渐偏离初始位置，尤其是在第 11 章中使用导航功能时，机器人的飘移会严重影响定位功能。为了解决这个问题，采取的方法就是让机器人在原地踏步时切换为四足站立。一般使用 checkStepOrNot 函数来判断应该踏步还是四足站立，在 checkStepOrNot 函数中，如果发现运动速度、机器人位置误差、速度误差或旋转角速度中的任意一项大于阈值，则返回 true，即保持踏步，否则返回 false，即四足站立。关于切换踏步与四足站立的步态，其方法就是 9.1 节中所介绍的切换方法，通过调用 CtrlComponents 类下的成员函数 setStartWave 即可切换为踏步，调用 setAllStance 即可切换为四足站立。

下面将计算得到的关节力矩、角度、角速度赋值给机器人的控制命令_lowCmd。同时需要注意的是关节的位置刚度和速度刚度，对于摆动腿来说，其主要目的是让足端跟随目标轨迹，所以它各个关节的控制模式应该是位置模式。对摆动腿执行 setSwingGain 函数，将该腿各个关节的位置刚度和速度刚度都设置为一个较大的数值，从而让各个关节能够跟随目标位置转动。而对于支撑腿，只需要对其足端进行力控制，所以理论上只需要给关节发送目标力矩，并且让关节在力矩模式下运行即可。但是机器人行走控制器程序的运行频率远低于机器人关节控制板的运行频率，对于数字控制系统来说，控制器的运行频率越高越稳定，如果运行频率过低，则可能导致抖动甚至失去稳定。所以也给支撑腿发送了目标位置、目标速度，并且通过 setStableGain 函数将其位置刚度、速度刚度设置为一个较小的数值。这样就能在不过分影响足端力控制的前提下，防止支撑腿产生抖动。

至此已经完成了四足机器人行走控制器的全部内容，在完成编译后即可在仿真或实机上测试这个行走控制器。执行控制程序之后，首先按<2>键或<L2+A>组合键将机器人切换到固定站立（FixedStand）模式，然后按<4>键或手柄右下角的<START>键就可以切换到对角步态（Trotting）模式，这样机器人就可根据控制命令开始对角步态行走。由于在仿真环境下一般用键盘来模拟手柄的摇杆，并不能像手柄那样松开摇杆自动回归零位，所以增加了空格键，只需要按下空格键，就能够让键盘模拟摇杆的数值归零，机器人也就会停止行走。如果机器人实机在行走过程中摔倒，控制程序中的自动保护机制就会立刻将机器人切换到阻尼模式，让机器人缓慢停止运行。如果自动保护机制没有成功触发，那么就需要操作者手动按下<L2+B>组合键将机器人手动切换到阻尼模式。

同时，在 9.1 节中已介绍过多种不同的步态，只需要简单地修改几个步态相关的参数，就能够让机器人根据其他步态行走。在 src/main.cpp 文件的 main 函数中，创建了 waveGen，而 waveGen 的作用就是生成步态与相位，因此不同的参数可让机器人根据不同的步态行走。

在示例代码中，已给出了常用对角步态（trot）、步行对角步态（walking trot）、奔跑对角步态（running trot）、踱步步态（pace）和弹跳步态（pronk）的例子，读者可以尝试这些不同的步态，但是这些步态的稳定性通常不如常用对角步态，所以出于安全性考虑，最好不要用最高速度运动。

10.5 行走控制器的调试

在之前的章节，每完成一个模块的功能，都会对其进行测试和调试。正因为这样的逐步调试，行走控制器才避免了很多底层的程序错误，同时也大大减轻了调试工作量，这里只对少数几个可能的调试方向进行说明。

首先调整的是机器人简化模型的质量和重心，如 8.5 节所述，如果发现机器人在行走时出现机身高度过高或过低，则可以调整简化模型中机器人的质量。如果发现机器人的姿态存在压低头部或抬高头部的现象，就需要调节简化模型中的机器人重心位置。由 8.5 节可知，简化模型的质量和重心位置与机器人的运动状态有关，所以用户最好在机器人的行走状态下调节简化模型的质量和重心位置。

其次调整的是 src/FSM/State_Trotting.cpp 文件下平衡控制器的位置刚度_Kpp、位置阻尼_Kdp、姿态刚度_kpw、位置阻尼_Kdw。调节的原则是在保持平衡的前提下，尽量地缩小位置刚度_Kpp 和姿态刚度_kpw，因为如果这两个刚度过大，就会给平衡控制器的二次规划（QP）求解器发送一个很大的期望线加速度和角加速度，从而影响二次规划求解器的求解精度，产生不可预料的错误。

最后调整的是摆动腿的关节刚度与阻尼，以及摆动腿足端的刚度与阻尼。由于没有建立机器人的完整动力学模型，无法计算机器人摆动腿克服重力和惯性力所需的前馈力矩，所以对机器人摆动腿的控制完全依赖反馈控制。既然只使用了反馈控制，那么摆动腿往往都会有滞后，即跟不上规划的摆动腿轨迹，导致其不能准确地落在规划的落脚点。此时通常会观测到机器人在每次触地时都会有明显的弹跳，并且在快速前进时会由于步幅不够大而摔倒。为了解决这一问题，调整方向就是增大摆动腿的关节刚度和足端的刚度，减小摆动腿的关节阻尼和足端的阻尼。其中摆动腿的关节刚度与阻尼可以在 include/message/LowlevelCmd.h 中的 setSwingGain 函数下修改，而足端的刚度与阻尼则分别为 src/FSM/State_Trotting.cpp 文件中的_KpSwing 和_KdSwing。对反馈控制系统有了解的读者可能会有疑问，因为增大刚度、减小阻尼可能会导致摆动腿的足端发生超调和振荡，应该如何解决这个问题呢？事实上是利用了摆动腿的超调。以摆动腿足端在机身坐标系{b}下的 x 坐标为例，如图 10.1 所示，图中的虚线为计算得到的足端 x 坐标命令，为了简化，让命令在 0 时刻从 0 位置出发，在 t_1 时刻到达 x_1。实线 c_1 为刚度较小、阻尼较大时的足端实际 x 坐标的响应曲线，c_2 为刚度较大、阻尼较小时的响应曲线。

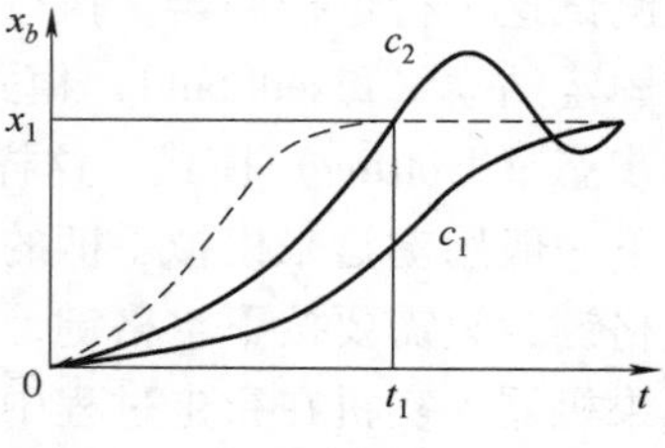

图 10.1　摆动腿 x 方向坐标值

由图 10.1 可见，曲线 c_1 由于刚度小、阻尼大，所以没有发生振荡，但是存在很大的滞后，所以在 t_1 时刻触地时，足端没有移动到期望的位置。曲线 c_2 刚度大、阻尼小，确实会发生超调和振荡，但是摆动腿在 t_1 时刻已经触地了，所以未来发生的超调和振荡并不会实际出现，反倒是因为超调，在 t_1 时刻足端才能运动到指定位置 x_1。建议用户在调试时使用 8.6.3 节中介绍的 PyPlot 类绘制足端位置和命令位置的折线图，通过调整刚度与阻尼使得机器人足端能够到达目标落脚点。这种简单地纯粹依靠反馈的摆动腿控制方法的优点是理论简单，缺点是普适性差，需要调节的参数多。因此在有条件之后，建议尽量使用后面 10.7.3 节介绍的 WBC 等考虑机器人动力学的控制方法。

10.6 在机器人上编译控制程序

在前面的测试中，一直都是在用户计算机上使用 ROS 下的 catkin_make 来编译程序。然后通过网线将机器人连接在计算机上，只要在计算机上运行控制程序，机器人就能根据用户计算机发出的命令来运动。其优势是可以快速地在仿真和实机之间切换，方便调试代码，但是弊端就是需要连一根网线，导致机器人的移动范围有限，无法在大范围内行走测试。解决这个问题的方法就是让控制程序不在用户计算机上运行，而是迁移到机器人的计算机上运行。

10.6.1 关闭机器人计算机上的运动模式

A1 和 Go1 机器人上都有一台负责运行机器人运动程序的计算机，即控制计算机，在 A1 机器人中，控制计算机为 UP Board，而在 Go1 机器人上则是树莓派。在导入已编写的机器人行走控制器之前，主控计算机上一直运行着机器人的运动模式。运动模式也是一个机器人的控制程序，并且运动模式的程序会开机自启动。当机器人开机后，首先按下手柄上的 <L2+B>组合键让机器人进入阻尼模式，平稳地趴在地上，然后按下<L1+START>组合键让机器人进入运动模式。为了防止两个控制程序之间发生冲突，需要先关闭运动模式的开机自启动。

根据图 3.12 或图 3.13，将显示器的 HDMI 线以及鼠标、键盘连接到用户机器人的控制计算机后，再打开机器人的电源，就能够进入控制计算机的桌面。需要注意的是，由于 UP Board 本身的限制，需要先连接 HDMI 再开机，否则界面没有显示。

进入控制计算机的桌面后，首先查看当前机器人的运动模式程序是否正在运行。根据机器人型号，在任意终端窗口输入并执行以下两条命令中的一条：

```
ps aux |grep A1_sport |grep -v grep          # 适用于 A1 机器人
ps aux |grep Legged_sport |grep -v grep      # 适用于 Go1 机器人
```

其中，ps aux 的作用是显示当前的进程；| grep A1_sport 的作用是从这些进程中筛选出与 A1_sport 相关的项目；| grep -v grep 的作用是去掉和 grep 筛选相关的项目。如果执行之后没有任何显示，则说明机器人的运动模式并没有在执行，否则证明机器人的运动模式仍然在开机自启动。

对于 A1 机器人，如果运动模式仍然开机自启动，那么在任意终端输入并执行如下命令：

```
gnome-session-properties
```

这时会出现一个窗口，其中列出了各个开机自启动程序。将其中“A1-Sport”的勾选框取消勾选，单击右下角的“close ”关闭窗口，然后重启控制计算机 UP Board，就会发现运动模式的程序已经关闭了开机自启动。

对于 Go1 机器人，采用了一种更加方便的开机自启动方式。首先打开任意终端，进入开机自启动脚本文件夹：

```
cd Unitree/autostart
```

执行 ls 命令可以看到，该路径下有许多以数字开头的文件夹，并且这些文件夹下都有一个与文件夹同名的 . sh 批处理文件。所谓批处理文件，就是将终端中的命令写在一个文件中一起执行。每次开机时，这些文件夹下的批处理文件都会依照数字顺序执行。Go1 机器人的运动模式程序就在 02sportMode 之中，关闭开机自启动的方法也很简单，只需要将文件夹开头的数字去掉即可：

```
mv 02sportMode/ sportMode/
```

10. 6. 2 编译行走控制器

在机器人的控制计算机上编译行走控制器，首先将整个 unitree_guide 文件夹复制到控制计算机上，推荐直接放在 Home 文件夹下。考虑到 A1 机器人的 UP Board 上没有 ROS 和 Python，不能使用 ROS 的 catkin_make 命令来编译程序，也不能使用 PyPlot 类来绘制折线图，因此需要修改 CMakeLists. txt 中的如下属性：

```
set(PLATFORM amd64)                 # A1 设置为 amd64,Go1 设置为 arm64
set(CATKIN_MAKE OFF)
set ( SIMULATION OFF )
set ( REAL_ROBOT ON )
set ( DEBUG OFF )
set ( MOVE_BASE OFF )
```

关于 PLATFORM 变量，它表示的是计算机的架构，例如常用的 64 位个人计算机就是 amd64 架构，A1 上的 UP Board 也是 amd64 架构，而 Go1 的控制计算机是树莓派，它是 arm64 架构。

完成 CMakeLists.txt 文件的修改之后，用 3. 6. 4 节介绍的 scp 命令将 unitree_guide 文件夹发送到机器人控制计算机 Home 目录下，对于 A1 机器人的 UP Board，其 Home 目录为/home/unitree，对于 Go1 机器人的树莓派则是/home/pi。当然读者也可以使用 U 盘将 unitree_guide 文件夹手动复制到 Home 目录。

打开任意终端，将路径移动到 unitree_guide 文件夹，然后创建 build 和 bin 两个文件夹：

```
mkdir build bin
```

其中 build 文件夹内存放编译的中间文件，而编译完成的可执行文件会输出到 bin 文件夹。进入 build 文件夹，依次执行以下两条命令：

```
cmake ..
make
```

其中 cmake ..的含义为使用 CMake 来进行预编译，并且 CMakeLists.txt 文件在上一层文件夹，即..。之后执行 make 命令开始编译行走控制器，由于已在 CMakeLists.txt 文件设定了可执行文件的输出路径为 bin 文件夹，所以需要打开 bin 文件夹才能看到可执行文件 junior_ctrl。进入 bin 文件夹后，执行如下命令来运行四足机器人控制程序：

```
sudo ./junior_ctrl
```

因为控制程序为实时进程，需要在 root 权限下运行，所以要添加 sudo。在开始运行 junior_ctrl 后，就可以拔掉机器上的网线、HDMI 线等所有线缆，使用遥控器让机器人自由地奔跑；还可以将 junior_ctrl 加入开机自启动，这样就可以在打开机器人之后，自动运行控制程序。添加开机自启动的方法和 10.6.1 节介绍的方法类似，读者可以自行添加。

笔记　需要注意的是，如果后面还希望用个人计算机通过网线控制机器人，那么必须将 junior_ctrl 取消开机自启动，否则两个控制器之间会产生冲突。

10.7　行走控制器的改进方向

虽然现在的机器人已经可以顺畅地行走，但是这只是一个比较简单入门的四足机器人行走控制器，在此基础上还有很大的改进空间。目前四足机器人的控制算法处于高速发展的阶段，近年来有了很多新的突破。本节将从步态轨迹、估计器、机器人动力学模型以及平衡控制器四个方向来介绍行走控制器的研究改进。但限于理论基础和篇幅，这里不详细介绍新的控制方法，仅提供其改进方向。

10.7.1　步态轨迹

对于足端在空中的轨迹，一般使用比较简单的摆线轨迹。不过在爬楼梯或越障时，摆线轨迹往往会碰到障碍物，此时就需要用到多项式或样条曲线来作为足端轨迹。同时，本书对落脚点的规划也很粗略，实际上可以通过深度相机等传感器识别机器人附近的高度信息，建立局部地图，然后选择可行的落脚点位置。并且可在控制程序中加入与触地检测相关的机制，通过足端力传感器、各个关节的力矩或专门的足端力估计器来判断机器人的腿是否处于触地状态，如果触地则按照支撑腿的逻辑进行控制，否则视为处于摆动状态。

10.7.2　估计器

本书的估计器原理比较简单，将非线性的姿态估计部分完全交给了 IMU，并没有考虑足端的信息。这样虽然可以保证估计器的模型是线性模型，大大简化了估计器的原理和编程实现难度，但是会影响估计器的精度。Bloesch 等人设计了一种融合了关节编码器与 IMU 的估计器，该估计器的模型考虑了非线性的机身姿态，因此使用了扩展卡尔曼滤波器。在此基础上，Camurri 等人为估计器增加了视觉与激光雷达的辅助，使估计器能够修正位置上的偏移。

10.7.3 机器人动力学模型

严格来说，本书并没有对机器人的多刚体动力学展开讨论，只研究了机器人整体的单刚体动力学与单腿的多刚体静力学。机器人动力学研究了机器人运动对其各个关节产生的力矩，它的方程有如下形式：

$$\boldsymbol{\tau}=\boldsymbol{M}(\boldsymbol{\theta})\ddot{\boldsymbol{\theta}}+\boldsymbol{h}(\boldsymbol{\theta},\dot{\boldsymbol{\theta}}) \tag{10.1}$$

式中，$\boldsymbol{\tau}$ 代表各个关节的力矩；$\boldsymbol{\theta}$ 代表各个关节的角度；$\boldsymbol{M}(\boldsymbol{\theta})$ 是一个对称且正定的 $n\times n$ 质量矩阵，可以认为 $\boldsymbol{M}(\boldsymbol{\theta})\ddot{\boldsymbol{\theta}}$ 是惯性力产生的惯性力矩；$\boldsymbol{h}(\boldsymbol{\theta},\dot{\boldsymbol{\theta}})$ 是一个 $n\times 1$ 的列向量，其中包含了向心力、科里奥利力、重力、摩擦力等。

在本书和示例代码中，并没有推导机器人动力学模型。因此在已知支撑腿足端力，求解各个关节力矩时，即使该腿并不是静止状态，也只能用单腿的静力学作为低速运动时的近似。并且在摆动腿跟随轨迹运动时，也不能计算得到各个关节的前馈力矩。当机器人在高速运动时，这部分误差会大得无法接受，导致机器人难以保持平衡，并且摆动腿的足端无法准确落在目标落脚点。

为了得到式（10.1）中机器人动力学方程，有两种常用的方法，即拉格朗日法（Lagrangian formulation）和牛顿-欧拉法（Newton-Euler formulation）。拉格朗日法在机器人自由度较少时十分简便，但是在自由度较多时非常烦琐。在使用计算机进行计算时，Roy Featherstone 提出了一套非常高效的基于牛顿-欧拉法的算法，还可以直接调用基于该算法的开源库 RBDL，因此在四足机器人实际控制时通常使用牛顿-欧拉法。

在机器人动力学的基础上，Khatib 提出了 WBC 方法来计算各个关节的命令，后来该方法在四足机器人上获得了成功的应用。Kim 在 WBC 的基础上提出了 kinWBC（kinematic WBC，运动学全身控制）和 WBIC（Whole-Body Impulse Control，全身脉冲控制），并且通过 kinWBC 和 WBIC 使 Mini-Cheetah 机器人获得了良好的高速性能。

10.7.4 平衡控制器

本书中使用二次规划（QP）的方法计算得到了各个足端期望的足端力，从而控制了机身的运动与平衡。这样做的不足之处是，控制器只能考虑机器人的当前状态，并不能预测未来时刻机器人运动的影响。为了解决这个问题，需要用到模型预测控制（Model Predictive Control，MPC）。MPC 能够通过对未来一段时间机器人运动的预测，使用二次规划等优化算法来计算机器人下一瞬间的目标位姿和足端力。除此之外，近年来还出现了许多基于机器学习（machine learning）的四足机器人控制方法，如 Lee 等人使用增强学习（reinforcement learning）方法在 ANYmal 机器人上获得了很好的控制效果。

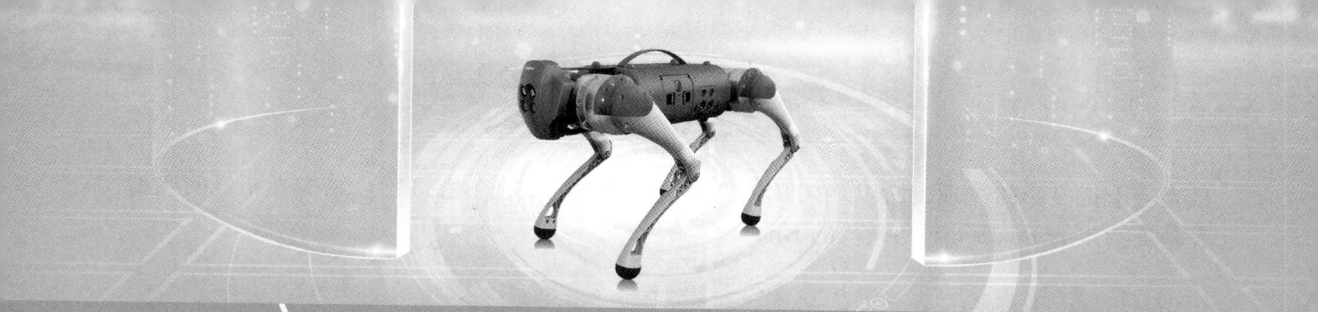

第 11 章 四足机器人的感知与导航

与固定在基座上的机械臂不同，四足机器人可以在环境中自由运动，因此四足机器人属于一种移动机器人。对于移动机器人，为了适应不同的环境，避免发生碰撞，通常会安装传感器来感知周围的障碍，然后通过导航算法生成路径来安全地移动到目标位置。

宇树科技的 Go1 教育版机器人上安装了双目视觉深度相机与超声波测距传感器，在本章中将实现一个简单的避障功能。该功能使用了双目视觉深度相机，并且算法部分完全基于 ROS 导航功能包（ROS navigation stack）。如果用户没有 Go1 机器人，那么可以在本书提供的仿真环境下尝试运行相关控制程序。

11.1 机器人距离传感器

机器人的距离传感器（range sensor）能够测量机器人到周围环境障碍的距离，在导航避障、物体抓取等领域发挥了重要作用。下面简要介绍机器人常用的几种距离传感器。

11.1.1 双目视觉深度相机

双目视觉深度相机拥有两个独立的相机，由于两个相机之间存在间距，因此这两个相机获取的图像具有略微的差别。双目视觉深度相机就是通过比对这两个图像中特征点之间位置的差别，来计算特征点到机器人的距离。最常见的双目视觉深度相机就是人类的双眼，人类的大脑就是通过对比左右眼图像的差别来获得空间距离感。在宇树科技 Go1 机器人上也采用双目视觉深度相机来测量机器人到周围环境障碍物的距离。双目视觉深度相机的成本较低，并且可以在室外使用，但是因为双目视觉深度相机是通过图像中的特征点来判断距离的，所以对于纯色的障碍物，由于其表面缺乏特征，双目视觉深度相机往往不能获得满意的测量结果。而且两个摄像头之间的距离决定了最大测量范围，当摄像头间距较小时，双目视觉深度相机就只能测量近距离的障碍物。

11.1.2 结构光相机

为了解决双目视觉深度相机难以测量纯色障碍物的问题，结构光相机应运而生。结构光相机包含一个投影设备，该投影设备可以向环境中的障碍物投影标记点，使得障碍物表面出现纹理，这样就可以通过接收到的纹理来测量障碍物到机器人的距离。结构光相机对于纯色的障碍物检测效果较好，而且原理简单，对计算机的计算资源消耗较低。但是因为环境中的日光会干扰投影的纹理，所以结构光相机在室外环境的表现不够理想。结构光相机的典型代表是英特尔的 RealSense 和微软的 Kinect。

11.1.3 激光雷达

激光雷达（laser radar，LADAR）采用的测距原理是飞行时间法（time-of-flight，TOF），激光雷达会首先发射激光，然后激光会被环境中障碍物阻挡并反射回激光雷达，通过测量从发射到接收的时间差，就可以计算得到障碍物到雷达间的距离。为了获得一个范围内的障碍物距离，激光雷达可以在一个范围内进行扫描，最简单的激光雷达是单线激光雷达，其测量结果就是在其扫描平面内的障碍物距离，通常也称之为 2D 激光雷达。为了获得更多的信息，目前还有 16 线、32 线乃至 64 线激光雷达，它们能够获得多个扫描平面内的障碍物距离，即障碍物的三维信息。激光雷达的优点是测量距离很远，适用于大范围地构建地图与机器人定位，缺点则是对近距离的障碍物测量效果不好。

11.1.4 超声波测距传感器

超声波测距传感器（ultrasonic sensor）同样使用飞行时间法（TOF）测量障碍物距离，传感器首先通过探头向正前方发射一个或多个超声波脉冲，超声波在向前传播过程中，如果被障碍物阻挡，就会产生反射的回声，传感器接收到回声后，通过计算发射与接收的时间差就可以推断出障碍物的距离。超声波测距传感器的价格十分低廉，并且重量轻、功耗低，几乎不消耗计算资源，因此在机器人上应用十分广泛。但是超声波测距传感器也存在一些缺点：①因为超声波是以一个圆锥的形状向前传播，而不像激光是一条直线，这就导致超声波不能准确得到障碍物所在的方向；②超声波的传播速度远低于激光，每次测量都需要等待更长的时间才能接收到反射回来的信号，所以超声波的测量频率也低于激光；③超声波对于窗帘、海绵、泡沫、塑料等吸声材料的探测效果很差，对于人腿等小圆柱形障碍的探测效果也不如正对的墙体等大面积平板。

正是因为传感器有不同的优缺点，所以在实际应用中通常也会将不同的传感器搭配使用。例如对于 Go1 机器人，为了保证在室外活动时能够准确感知障碍，一般采用双目视觉深度相机，但是双目视觉深度相机对于没有特征的平面障碍感知效果不好，因此会搭配超声波测距传感器对这类障碍进行感知。

11.2 ROS 导航功能包

为了展示 Go1 机器人双目视觉深度相机的使用方法，下面会基于 ROS 导航功能包实现一个简单的避障功能。

11.2.1 导航功能包的简介与安装

ROS 导航功能包可以在 2D 平面地图上对机器人进行导航，为机器人指定一个目标位置后，根据 2D 地图、距离传感器测量的障碍物数据和足端里程计数据，导航功能包就能够生成机器人 x、y 轴方向的线速度以及绕 z 轴转动的角速度（偏航角速度或 yaw 角速度）命令。将上述三个控制命令发送给前面已完成的四足机器人行走控制器之后，机器人就能够在不碰撞障碍物的前提下移动到目标位置。

在对机器人导航时，首先需要对机器人进行定位，即确定机器人在世界坐标系$\{s\}$中的位置和姿态。在第 7 章中，已经构建了一个状态估计器，该估计器通过足端位置和 IMU 数据，就能够估计机器人在世界坐标系$\{s\}$下的位置与姿态。在 ROS 导航功能包中，也有一个模块能够起到定位的作用，即 amcl（adaptive Monte Carlo localization，自适应蒙特卡罗定位）。该模块通过对比距离传感器的数据与已知的地图，就能够估计出机器人的位置与姿态。但是 Go1 机器人上的双目视觉深度相机探测距离较短，导致 amcl 难以计算出稳定的结果，因此在本章的实践中并没有使用 amcl，而是使用第 7 章中给出的状态估计器来提供机器人的定位。

除了定位之外，导航功能也需要路径规划。路径规划能够生成一条从当前位置到目标位置的路径，该路径能够避开障碍物，同时该路径也会尽量地缩短距离，在不超过机器人极限速度与加速度的前提下减少行走时间。在 ROS 导航功能包中，完成这一任务的是 move_base 模块，该模块能够根据距离传感器得到的障碍物信息，生成代价地图（costmap），然后基于代价地图和目标点生成机器人的行动路径。机器人只需要沿着这一条路径，就能够在不发生碰撞的基础上，平稳地运动到目标点。因此在本章的实践中，只需要使用与 move_base 模块相关的功能。

导航功能包的安装十分简单，对于 melodic 版本的 ROS，只需要运行如下命令：

```
sudo apt-get install ros-melodic-navigation
```

本书提供了与 move_base 相关的示例代码，即 unitree_move_base，用户可以到宇树科技的 GitHub 主页（https://github.com/unitreerobotics）下载，复制到 catkin_ws/src/文件夹下。unitree_move_base 中的示例代码使用了一些新的依赖项，用户需要运行以下命令来完成安装：

```
sudo apt-get install joint-state-publisher
sudo apt-get install ros-melodic-openni-*
sudo apt-get install ros-melodic-pointcloud-to-laserscan
```

然后在 catkin_ws/路径下运行 catkin_make 命令即可完成编译。

11.2.2　RViz 可视化

在之前的 Gazebo 仿真中，已经体会到了可视化的重要性。通过 Gazebo 的可视化界面，可以清晰地查看到机器人的运行状态，如果没有可视化界面，只是将仿真器计算得到的机器人位姿以及关节角度以数据的形式呈现，那么调试工作将会变得极为痛苦。不过 Gazebo 的可视化界面只能服务于机器人的动力学仿真，并不能显示与导航相关的点云、激光雷达、障碍地图、路径等信息。ROS 提供了一个通用的 3D 可视化平台，即 RViz。RViz 支持多种多样的数据，所以可利用 RViz 来实现导航过程中的数据可视化。更加实用的是，RViz 不但可以在仿真环境下显示导航的状态，还可以在实际机器人运行时进行可视化，并且也可以通过 RViz 上的交互功能给机器人设置目标点，进而控制机器人的运动。关于 RViz 的具体操作，将会在后文中详细介绍。

11.2.3 距离传感器信号

既然使用了 ROS 下的 move_base 模块，那么后续信号的通信传输也都基于 ROS 的话题（topic）进行。Go1 上共有 5 个深度相机，因此也会有 5 个 topic 来发布深度相机生成的点云数据。在仿真和实机上这 5 个 topic 的名字相同，分别为：

```
/cam1/point_cloud_face        机器人头部，正前方深度相机
/cam2/point_cloud_chin        机器人头部，正下方深度相机
/cam3/point_cloud_left        机器人躯干，左侧深度相机
/cam4/point_cloud_right       机器人躯干，右侧深度相机
/cam5/point_cloud_rearDown    机器人躯干，正下方深度相机
```

在 move_base 模块中，需要使用距离传感器的信息来生成代价地图。关于距离传感器发送的信息格式，move_base 支持 LaserScan 和 PointCloud 两种格式，其中 LaserScan 是适合 2D 激光雷达的格式，而 PointCloud 是适合 3D 深度相机的数据格式。由于 Go1 机器人的双目视觉深度相机提供的是较新的 PointCloud2 格式，所以需要对数据格式进行转换。考虑到部分用户还可能为机器人加装 2D 激光雷达，而且 move_base 只能在 2D 地图中进行导航，所以要将深度相机产生的 PointCloud2 格式数据转换为 2D 激光雷达的 LaserScan 格式。

ROS 中的 pointcloud_to_laserscan 模块就能够完成从 PointCloud2 格式数据到 LaserScan 格式的转换。在 unitree_move_base/launch/pointCloud2LaserScan.launch 文件中，将面向机器人正前方、左侧和右侧三个深度相机的 PointCloud2 格式数据转换为 LaserScan 格式，而另外两个向下的深度相机对 2D 平面导航没有帮助，因此没有进行处理。

pointcloud_to_laserscan 模块中有一些参数可以配置，故对其中的部分参数进行调整。其中 min_height 和 max_height 两个参数限制了点云的高度范围，该模块只会将从 min_height 到 max_height 高度范围的点云数据转换为激光雷达数据。如果深度相机测量到的地面噪声较大，则这些噪声会干扰到生成的激光雷达数据，此时就可以适当提高 min_height 的高度。angle_min 和 angle_max 两个参数限制了生成的激光雷达数据的扇面角度，因为相机的边缘画质通常低于中心画质，所以双目视觉深度相机在视野边缘的点云精度往往较差，此时就可以缩小 angle_min 到 angle_max 的扇面范围，虽然会牺牲一部分视野，但是能够减少数据噪声。

在对上述三个深度相机的点云进行格式转换后，可以得到如下三个 2D 激光雷达 LaserScan 格式的 topic：

```
/faceLaserScan     机器人头部,正前方
/leftLaserScan     机器人躯干,左侧
/rightLaserScan    机器人躯干,右侧
```

11.2.4 costmap 参数

当 move_base 收到上述三个 LaserScan 格式的障碍物数据后，就会生成两个代价地图

（costmap）。其中的全局代价地图（global_costmap）负责全局路径规划（global_planner），本地代价地图（local_costmap）负责本地路径规划（local_planner）。这两个代价地图需要一些配置文件，其中两个地图共用的参数位于 unitree_move_base/config/costmap_common_params.yaml 文件中，除此之外，全局代价地图的参数位于 unitree_move_base/config/global_costmap_params.yaml 文件中，本地代价地图的参数位于 unitree_move_base/config/local_costmap_params.yaml 文件中。

在通用配置文件 costmap_common_params.yaml 中有如下配置参数：

1）obstacle_range：传感器探测障碍物距离，在该距离内探测到的障碍物将会被添加到代价地图之中。

2）raytrace_range：传感器探测无障碍物距离，如果在该范围内没有发现障碍物，则在代价地图中清空这一范围的障碍。

3）footprint：表示机器人在 xy 二维平面的碰撞范围，对于 Go1 机器人，将其碰撞范围视为长方形，因此给出了这个长方形四个角的坐标。

4）inflation_radius：机器人碰撞体积与障碍物之间的安全距离。

5）max_obstacle_height：障碍物最大高度。

6）min_obstacle_height：障碍物最小高度。

7）observation_sources：传感器列表，每一项都需要在下面详细说明。

8）data_type：该传感器的数据类型，由于已将数据转换为 LaserScan 格式，所以此处应该为 LaserScan。

9）topic：该传感器发送信号的 topic 名。

10）marking：是否允许该传感器向代价地图中添加障碍。

11）clearing：是否允许该传感器从代价地图中清除障碍。

12）expected_update_rate：该传感器 topic 的发送频率。

由于 Go1 机器人的双目视觉深度相机探测距离明显短于激光雷达，所以没有必要区分全局代价地图与本地代价地图，这两个地图的参数基本相同。如果用户自行加装激光雷达，那么可以修改全局代价地图，使之能够发挥激光雷达探测距离远的优势。这里以本地代价地图为例介绍各个参数的物理意义：

1）global_frame：绘制代价地图的坐标系，由于没有使用预先生成好的房间地图，所以需要填写机器人状态估计器的坐标系，即 odom（odometer，里程计）。

2）robot_base_frame：机器人本体的坐标系，通过查看 unitree_ros/robots/go1_description/xacro/robot.xacro 可知，Go1 机器人模型中的机身坐标系为 base。

3）update_frequency：地图更新频率。

4）publish_frequency：地图可视化发布频率。

5）static_map：是否有预先生成好的地图用于初始化，在本例中没有，因此设置为 false。

6）rolling_window：在机器人移动时是否滚动窗口，以保持机器人始终处于地图正中央。

7）width：地图宽度。

8）height：地图高度。

9）resolution：地图分辨率。

10）transform_tolerance：由于传感器的延迟，move_base 中可能会出现坐标系变换的位置误差，transform_tolerance 即为最大允许的误差。

11）map_type：地图类型，显然为 costmap。

11.2.5 base_local_planner 参数

move_base 下的 base_local_planner 模块负责根据代价地图生成机器人的速度命令，该模块使用 Trajectory Rollout 算法和 Dynamic Window Approaches（DWA）算法，其相关参数设置于 unitree_move_base/config/base_local_planner_params.yaml 文件：

1）recovery_behavior_enabled：是否允许机器人使用脱困动作。

2）clearing_rotation_allowed：是否允许机器人使用原地旋转的脱困动作。

3）controller_frequency：发布控制命令的频率。

4）max_vel_x：机器人 x 轴方向的最大速度。

5）min_vel_x：机器人 x 轴方向的最小速度。

6）max_vel_y：机器人 y 轴方向的最大速度。

7）min_vel_y：机器人 y 轴方向的最小速度。

8）max_vel_theta：机器人绕 z 轴旋转的最大角速度。

9）min_vel_theta：机器人绕 z 轴旋转的最小角速度。

10）min_in_place_vel_theta：最小原地旋转速度。

11）escape_vel：机器人从障碍中脱离的速度，必须为负值。

12）acc_lim_x：机器人 x 轴方向的最大线加速度。

13）acc_lim_y：机器人 y 轴方向的最大线加速度。

14）acc_lim_theta：机器人绕 z 轴旋转的最大角加速度。

15）holonomic_robot：机器人是否为完整约束，轮式小车是非完整约束，而四足机器人是完整约束，所以此处应该为 true。

16）y_vels：对于完整约束的机器人，可以向侧向平移，在 y_vels 中列出的是备选的侧移速度。

17）yaw_goal_tolerance：机器人允许的偏航角误差。

18）xy_goal_tolerance：机器人允许的 x、y 坐标误差。

19）latch_xy_goal_tolerance：允许机器人在无法到达目标 x、y 坐标时原地旋转。

其余参数均与导航算法相关，在此不再一一解释，有兴趣的读者可以到 base_local_planner 模块的官方网页查看。

11.3 机器人控制程序接口

为了实现机器人的导航功能，还需要对之前设计的行走控制器进行修改。这些修改包括估计器发布机器人位姿、控制器接收速度命令以及发布各个关节角度。如果想要应用这些改动，则一定要在 unitree_guide/CMakeLists.txt 文件中将前面的设置项改为 set(MOVE_BASE ON)，这样 CMakeLists.txt 就能定义 COMPILE_WITH_MOVE_BASE 宏，使得源文件中对应的代码得到编译。因此，如果读者想要了解控制器中的哪里做了改动，则可以直接在源文件中搜索 COMPILE_WITH_MOVE_BASE。

11.3.1 估计器发布机器人位姿

在 ROS 中，许多功能都依赖于坐标变换，ROS 也提供了针对坐标变换的 TF 功能。例如希望在 RViz 中将真实机器人的运动可视化，就需要有机身坐标系 base 和估计器使用的世界坐标系 odom 之间的坐标变换。而且 move_base 也需要收到机器人的位姿信息，因此在估计器的源代码 unitree_guide/src/control/Estimator.cpp 中增加了对坐标变换 TF 和机器人位姿的发布功能。需要注意的是，为了防止位姿发送频率过高，增大导航功能包的计算量，一般应限制位姿的发送频率。

11.3.2 控制器接收速度命令

为了让机器人能够执行 base_local_planner 模块生成的命令，为机器人控制器的有限状态机新增了一个状态，即 move_base 状态，它在程序中对应的是 State_move_base 类。打开源文件 unitree_guide/src/FSM/State_move_base.cpp 及其头文件 State_move_base.h 可见，State_move_base 类是 State_Trotting 类的子类，继承了 State_Trotting 类的行走功能，同时增加了对名为/cmd_vel 的 topic 的订阅，/cmd_vel 就是 base_local_planner 模块发布速度命令的 topic。在接收命令后，重写覆盖了原先 State_Trotting 类的 getUserCmd 函数，之前是根据用户摇杆的命令来控制机器人运动，现在改为根据/cmd_vel 发布的命令来运动。最后将 State_move_base 类加入有限状态机，按下键盘上的<5>键或手柄上的<L2+Y>组合键即可由 FixedStand 状态切换到 move_base 状态。

11.3.3 发布关节角度

当在 RViz 中查看机器人的运动时，不但需要上面提到的机器人位姿，还需要机器人各个关节的角度和角速度，这样机器人才能自然地在 RViz 中移动四腿行走起来，不然就只能固定四条腿“漂浮”运动。当运行 Gazebo 仿真时，在 launch 文件中会调用 robot_state_publisher 功能将各个关节的状态以 topic 的形式发送出来，这样 RViz 中的机器人就可以根据这个 topic 来运动四条腿。

但是当使用真实机器人时，就不能通过 robot_state_publisher 功能来获得机器人每个关节的状态。解决这个问题的方法是，在与真实机器人通信获得各个关节状态后，将其以 ROS topic 的形式发送出来。因此，unitree_guide/src/interface/IOSDK.cpp 中增加了将关节状态发送到 ROS topic 的步骤。

至此，已经完成了机器人控制程序的修改。

11.4 实践：在 ROS 中仿真导航功能

为了方便没有 Go1 机器人的读者实践，也为了方便验证算法的有效性，这里提供了一套测试导航功能的仿真环境。在这套仿真环境中，仍然使用 Gazebo 负责动力学仿真，同时增加了一个带有墙体障碍的室内场景。而且在 Go1 机器人的仿真模型中加入了深度相机，因此能够在仿真环境下获得每个深度相机的点云数据。将主要的操作都以 launch 文件的形式给出，读者只需要依次运行 launch 文件即可，后面将会介绍 launch 文件中各个操作的含义。

11.4.1 操作流程

首先打开 Gazebo 仿真，因为这次使用了新的室内环境仿真场景，所以要运行新的 launch 文件：

```
roslaunch unitree_move_base gazebo_move_base.launch
```

Gazebo 室内环境仿真如图 11.1 所示。

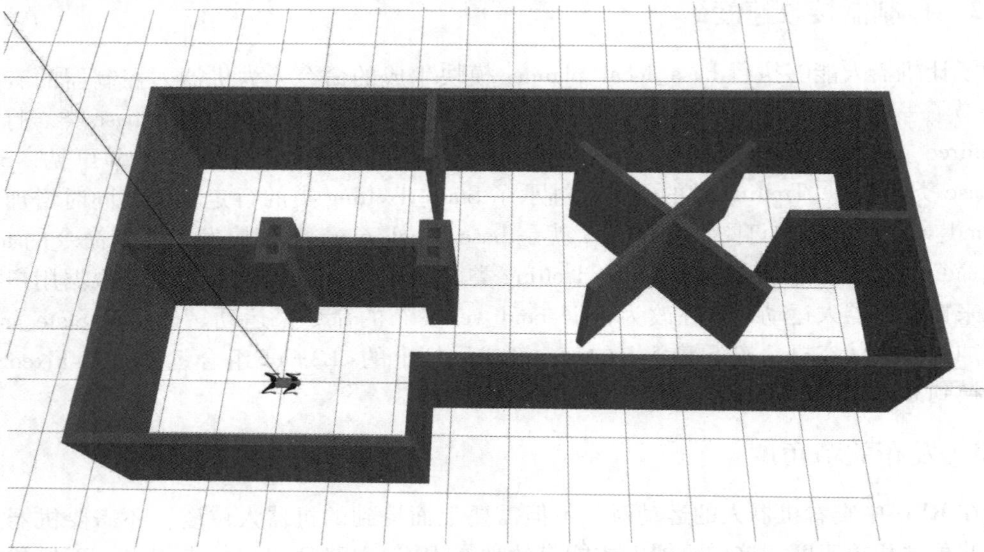

图 11.1 Gazebo 室内环境仿真

其次启动机器人的控制程序 junior_ctrl，由于在后面还要运行与导航相关的程序，计算机的计算压力比较大，因此必须在 root 权限下运行 junior_ctrl。切换到 root 权限的方法可以参照 10.3 节，切入 root 权限后运行：

```
rosrun unitree_guide junior_ctrl
```

在开启控制程序 junior_ctrl 后，首先按下键盘上的<2>键让机器人进入固定站立（Fixed-Stand）模式，然后按下<5>键让机器人进入导航（move_base）模式。进入导航模式后，在一个新的终端运行导航程序：

```
roslaunch unitree_move_base rvizMoveBase.launch
```

执行后会出现一个 RViz 可视化界面，如图 11.2 所示。在界面中可以看到俯视视角下的机器人，如果距离墙面较近，则可以看到像素点组成的障碍物图像。此时单击 RViz 上方工具栏的“2D Nav Goal”图标，再单击地图上的某一点来确定机器人的目标位置，按住鼠标左键并移动鼠标来确定机器人的目标角度，松开鼠标后机器人就能够向着目标位姿移动。

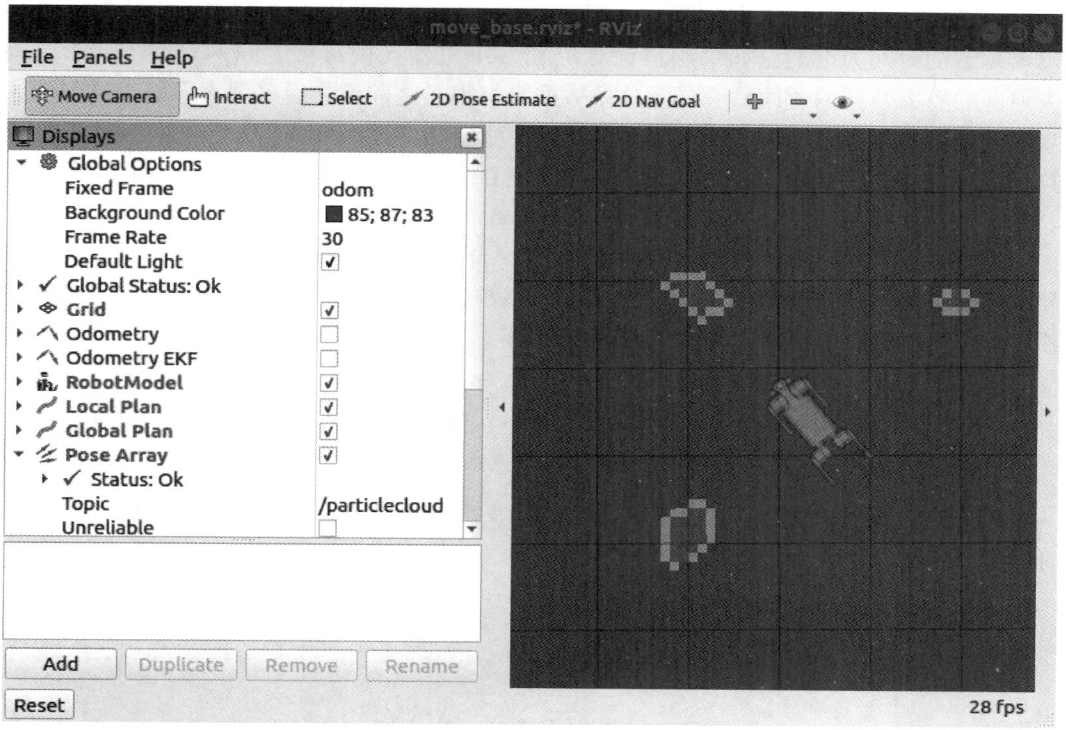

图 11.2　RViz 可视化界面

在选择机器人目标位姿时，建议不要距离机器人太远，以免目标位姿处于障碍物上。如果周围的障碍物太多，那么机器人会原地旋转来寻找可能的路径。

11.4.2　launch 文件解析

下面来解析运行 rvizMoveBase.launch 之后分别进行了哪些操作。打开 unitree_move_base/launch/rvizMoveBase.launch 文件可以看到，程序首先调用了 pointCloud2LaserScan.launch 文件，在 11.2.3 节中已经介绍了这个文件，它能够将 PointCloud2 格式的点云数据转换为 LaserScan 格式的 2D 激光雷达格式；然后调用了 move_base.launch 文件，该文件会开始运行 move_base，并且将之前介绍的代价地图、base_local_planner 的配置参数导入 move_base；最后打开了 RViz，按照 unitree_move_base/config/move_base.rviz 配置文件来进行可视化显示。

11.5　实践：在实机中实现导航功能

在 ROS 下开发机器人的一大优势就是可以很方便地从仿真环境切换到实机环境，所以只需要在之前仿真的基础上稍做修改即可在实机上实现导航功能。

11.5.1　时间同步

在 ROS 框架下，许多信息都有时间戳。例如机器人返回的点云数据，每一帧都包含一个时间戳，记录了测量这一帧数据的时间。这个时间戳记录的时间依赖于计算机的系统时间，由于已经在 Go1 机器人内部实现了时间同步，所以可以认为机器人返回数据的时间戳是以树莓派的时间为准的。如果用户计算机和 Go1 机器人树莓派之间的时间不同步，则机器人返回的点云数据的时间戳会显示这条数据来自很久之前或之后，那么导航工具包就认为在规定的时间范围内没有收到数据，进而报错。因此需要保证 Go1 机器人的树莓派和用户计算机之间的时间是同步的，并且同步精度达到百毫秒级别。为了实现这么高精度的时间同步，需要用到网络时间协议（Network Time Protocol，NTP）。

使用 NTP 同步功能时，通常以互联网中的一台 NTP 服务器为时间基准，然后将计算机设置为这台 NTP 服务器发布的时间。在 Linux 系统中，可以简单方便地实现 NTP 时间同步，以用户计算机为例，在保证互联网连接的情况下，首先安装 ntp 和 ntpdate 两个功能，打开任意终端并运行如下命令：

```
sudo apt-get install ntp ntpdate
```

安装完成之后，就可以与互联网中的 NTP 服务器之间进行时间校准。分别运行以下两条命令：

```
sudo /etc/init.d/ntp stop
sudo ntpdate ntp.ubuntu.com
```

其中 ntp. ubuntu. com 就是 NTP 服务器的域名，这个域名并不是唯一的，用户也可以选择其他 NTP 服务器。完成用户计算机的时间校准后，还需要利用 3. 6. 4 节介绍的 ssh 方法远程登录到机器人的树莓派上，使用相同的方法完成机器人上树莓派的时间同步。

在完成时间同步后，可以分别在用户计算机和机器人的树莓派上运行 timedatectl 命令来查看时间，输出结果如图 11. 3 所示。

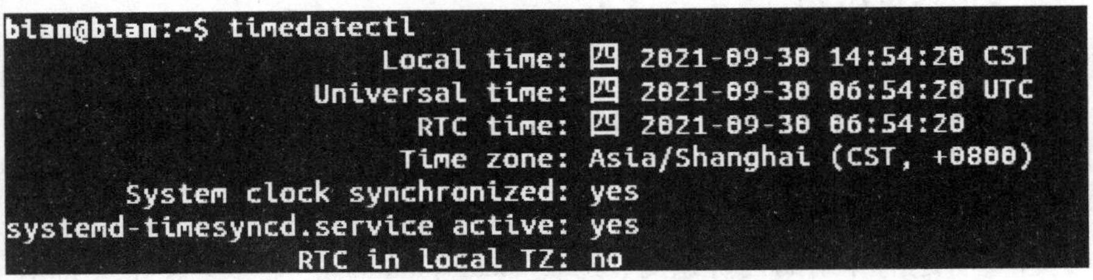

图 11. 3　timedatectl 输出结果

由图 11. 3 可知，在完成用户计算机和树莓派的时间同步后，两台计算机的协调世界时间 Universal time 是一致的，但是这两台计算机的系统当地时间 Local time 并不一定一致，原因就在于两台计算机所在位置的时区 Time zone 不同。ROS 的时间戳是基于系统当地时间 Local time 的，因此需要将机器人上树莓派的时区修改为用户计算机的时区，例如在图 11. 3 中，时区为 Asia/Shanghai，那么就需要在树莓派上修改时区：

```
sudo timedatectl set-timezone "Asia/Shanghai"
```

现在已经校准了计算机的系统时间，但是在计算机关机之后，CPU 停止运转，此时系统时间就会停转。为了让机器人下次开机时也能有正确的时间，为其增加了一个硬件时钟。当计算机关机后，计算机主板电池会继续为硬件时钟供电，持续计时，这个时间就是硬件时间。等到计算机重新开机时，就能够从硬件时钟读取硬件时间，从而保证开机后的时间也是正确的。因此在与 NTP 服务器之间时间同步之后，就需要将当前的系统时间写入硬件时钟：

```
sudo hwclock -w
```

由于主板电池电量有限，所以如果长时间没有启动机器人，则可能导致主板电池电量过低，无法使用硬件时钟。此时需要将机器人开机一段时间，为主板电池充电，这样才可以使用硬件时钟。

11.5.2　让机器人开始发送点云数据

在仿真中，当运行 Gazebo 仿真器时，机器人模型上的深度相机就开始发送点云数据。在真实的机器人上，这一过程需要手动操作。首先用户需要在宇树科技的 GitHub 主页（https://github.com/unitreerobotics）下载程序包 unitree_pointCloud_publisher，然后按照程序包内的 readme.txt 说明进行操作，将程序包安装到机器人的各个 Jetson Nano 上。

11.5.3　ROS 下的局域网通信

当在仿真下进行导航时，所有相关的程序节点都运行在同一台计算机上，它们之间的通信并不存在问题。但是在实机上运行导航算法时，情况则不同，此时会在用户计算机上运行主节点，并且 move_base 也运行在用户计算机上。而点云数据则分别来自于机器人的头部以及左右两侧的 Jetson Nano 计算机，这意味着需要让这四台计算机上的 ROS 节点之间互相通信，即可以在用户计算机上订阅机器人上 Jetson Nano 的 topic。

ROS 的优势之一就是可以轻松地实现多台计算机之间的局域网通信，这里只需声明两个环境变量：ROS_IP 和 ROS_MASTER_URI。

在 Ubuntu 系统下，通常会在用户目录的隐藏文件.bashrc 下声明环境变量。在每次打开新的终端时，Ubuntu 系统都会自动执行.bashrc 文件下的命令，这样就能够自动声明环境变量。首先打开.bashrc 文件：

```
gedit ~/.bashrc
```

上面命令中的~符号位于键盘左侧<Tab>键上方，代表当前用户的 home 文件夹路径。以用户计算机为例，在.bashrc 文件中增加两行命令：

```
export ROS_MASTER_URI=http://192.168.123.162:11311
export ROS_IP=192.168.123.162
```

其中，ROS_IP 表示当前计算机的 IP 地址；ROS_MASTER_URI 表示运行 ROS 主节点的计算机 IP 与端口，由于仍然在用户计算机上运行 ROS 主节点，所以这里的 IP 需要改为 192.168.123.162，后面的 11311 是 ROS 主节点的默认端口。

笔记　使用USB外接网口的用户需要注意，如果拔掉USB外接网口，即计算机上没有了上述ROS_MASTER_URI对应的IP地址，那么在启动ROS时就会卡住。解决方法就是，重新插上USB外接网口或将.bashrc文件中的这两行命令去掉，再新开终端打开ROS。

同理，在机器人的各个Jetson Nano上也配置了这两个环境变量，不过不是在.bashrc文件下配置的，而是在发送点云脚本文件startNode.sh中，并且需要将ROS_IP的值改为该Jetson Nano的真实IP地址。有了这些配置之后，ROS就能够与用户计算机之间建立通信。

11.5.4　启动导航功能

在运行任何一个ROS节点前，必须要有主节点。之前的程序中没有手动启动主节点，原因在于launch文件会自动启动。在发送机器人上各个Jetson Nano的点云数据前，需要先在用户计算机上启动ROS主节点：

```
roscore
```

启动主节点之后，就可以使用3.6.4节介绍的ssh方法远程登录到机器人的各个Jetson Nano上，运行startNode.sh文件来发送点云数据。执行之后，在用户计算机上运行如下命令来查看点云是否发送成功：

```
rostopic list
```

该命令的作用是显示当前所有的ROS topic，如果能看到以下5个点云的topic，则说明点云已经发送成功：

```
/cam1/point_cloud_face
/cam2/point_cloud_chin
/cam3/point_cloud_left
/cam4/point_cloud_right
/cam5/point_cloud_rearDown
```

在完成点云的发送后，就可以运行机器人的控制程序。首先检测unitree_guide下的CMakeLists.txt，条件编译部分必须做出如下修改：

```
set(CATKIN_MAKE ON)
set(SIMULATION OFF)
set(REAL_ROBOT ON)
set(MOVE_BASE ON)
```

完成修改之后使用catkin_make命令重新进行编译，然后采用10.3节的方法，在root权限下运行控制器junior_ctrl。运行控制器之后，与仿真环境下一样，首先按下<L2+A>组合键进入固定站立模式，然后按下<L2+Y>组合键进入导航模式。

为了让 Rviz 正确地显示机器人的位姿以及各个关节的角度，需要发布上述信息。在仿真环境下，这些工作都由 gazebo_move_base.launch 文件完成，但是在实机运行时，需要手动启动：

```
roslaunch unitree_move_base robotTF.launch
```

最后的操作与仿真环境下一样，只需要运行如下命令打开 Rviz 可视化界面，就可以控制真实的机器人在现实环境中导航运动。

```
roslaunch unitree_move_base rvizMoveBase.launch
```

参考文献

[1] LYNCH K M, PARK F C. 现代机器人学：机构、规划与控制 [M]. 于靖军，贾振中，译. 北京：机械工业出版社，2019.

[2] RAIBERT M H. Legged robots that balance [M]. Cambridge：The MIT Press，1985.

[3] BLEDT G，POWELL M J，KATZ B，et al. MIT cheetah 3：design and control of a robust，dynamic quadruped robot [C] //2018 IEEE/RSJ International Conference on Intelligent Robots and Systems (IROS). New York：IEEE，2018.

[4] RAIBERT M H. Hopping in legged systems—modeling and simulation for the two-dimensional one-legged case [J].IEEE Transactions on Systems，Man，and Cybernetics，1984，14 (3)：451-463.

[5] RAIBERT M H，BROWN H B，CHEPPONIS M. Experiments in balance with a 3D one-legged hopping machine [J]. The International Journal of Robotics Research，1984，3 (2)：75-92.

[6] RAIBERT M H. Trotting，pacing and bounding by a quadruped robot [J]. Journal of Biomechanics，1990，23：79-98.

[7] DYNAMICS B. Atlas [EB/OL]. [2021-07-01]. https://www.bostondynamics.com/atlas.

[8] DYNAMICS B. Stretch [EB/OL]. [2021-07-01]. https://www.bostondynamics.com/stretch.

[9] DYNAMICS B. Spot [EB/OL]. [2021-07-01]. https://www.bostondynamics.com/spot.

[10] KATZ B，DI CARLO J，KIM S. Mini cheetah：A platform for pushing the limits of dynamic quadruped control [C] //2019 International Conference on Robotics and Automation (ICRA). New York：IEEE，2019.

[11] KATZ B G. A low cost modular actuator for dynamic robots [D]. Cambridge：Massachusetts Institute of Technology，2018.

[12] KATZ B. bgkatz [EB/OL]. [2021-07-01]. https://github.com/bgkatz.

[13] MIT Biomimetics.Cheetah-software [EB/OL]. [2021-07-01]. https://github.com/mit-biomimetics/Cheetah-Software.

[14] 王兴兴. 新型电驱式四足机器人研制与测试 [D]. 上海：上海大学，2016.

[15] LIPPMAN S B，LAJOIE J，MOO B E. C++ Primer：原书第5版 [M]. 王刚，杨巨峰，译. 北京：电子工业出版社，2013.

[16] 胡春旭. ROS机器人开发实践 [M]. 北京：机械工业出版社，2018.

[17] 户根勤. 网络是怎样连接的 [M]. 北京：人民邮电出版社，2017.

[18] AXLER S. 线性代数应该这样学：原书第3版 [M]. 杜现昆，刘大艳，马晶，译. 2版. 北京：人民邮电出版社，2009.

[19] MURRAY R M，LI Z，SASTRY S S，et al. A mathematical introduction to robotic manipulation [M]. Boca Raton：CRC Press，1994.

[20] FEATHERSTONE R. Rigid body dynamics algorithms [M]. New York：Springer，2014.

[21] FELIS M. rbdl/rbdl [EB/OL]. [2021-07-01]. https://github.com/rbdl/rbdl.

[22] DING Y R, PANDALA A, LI C Z, et al. Representation-free model predictive control for dynamic motions in quadrupeds [J]. IEEE Transactions on Robotics, 2021, 37 (4): 1154-1171.

[23] CHIGNOLI M, WENSING P M. Variational-based optimal control of underactuated balancing for dynamic quadrupeds [J]. IEEE Access, 2020, 8: 49785-49797.

[24] SIMON D. 最优状态估计：卡尔曼、H∞及非线性滤波 [M]. 张勇刚，李宁，奔粤阳，译. 北京：国防工业出版社，2013.

[25] FOCCHI M, PRETE A D, HAVOUTIS I, et al. High-slope terrain locomotion for torque-controlled quadruped robots [J]. Autonomous Robots, 2017, 41 (1): 259-272.

[26] GASPERO L. liuq/quadprogpp [EB/OL]. [2021-07-01]. https://github.com/liuq/QuadProgpp.

[27] EVERS B. lava/matplotlib-cpp [EB/OL]. [2021-07-01]. https://github.com/lava/matplotlib-cpp.

[28] 朱文伟，李建英. Linux C 与 C++ 一线开发实践 [M]. 北京：清华大学出版社，2018.

[29] KERRISK M. Linux/UNIX 系统编程手册 [M]. 孙剑，许从年，董健，等译. 北京：人民邮电出版社，2014.

[30] BLOESCH M, HUTTER M, HOEPFLINGER M A, et al. State estimation for legged robots-consistent fusion of leg kinematics and IMU [J]. Robotics, 2013, 17: 17-24.

[31] CAMURRI M, RAMEZANI M, NOBILI S, et al. Pronto: A Multi-Sensor State Estimator for Legged Robots in Real-World Scenarios [J/OL]. [2021-07-01]. https://www.frontiersin.org/article/10.3389/frobt.2020.00068.

[32] KHATIB O, SENTIS L, PARK J, et al. Whole-body dynamic behavior and control of human-like robots [J]. International Journal of Humanoid Robotics, 2004, 1 (1): 29-43.

[33] BELLICOSO C D. Optimization-based planning and control for multi-limbed walking robots [D]. Zurich: ETH Zurich, 2019.

[34] KIM D, JORGENSEN S J, LEE J, et al. Dynamic locomotion for passive-ankle biped robots and humanoids using whole-body locomotion control [J]. The International Journal of Robotics Research, 2020, 39 (8): 936-956.

[35] DI CARLO J, WENSING P M, KATZ B, et al. Dynamic locomotion in the MIT cheetah 3 through convex model-predictive control [C] //2018 IEEE/RSJ International Conference on Intelligent Robots and Systems (IROS). New York: IEEE, 2018.

[36] LEE J, HWANGBO J, WELLHAUSEN L, et al. Learning quadrupedal locomotion over challenging terrain [J]. Science Robotics, 2020, 5 (47): eabc5986.

[37] SICILIANO B, KHATIB O, KRÖGER T. Springer Handbook of Robotics [M]. Berlin: Springer, 2016.

[38] 陈荣. 永磁同步电机控制系统 [M]. 北京：中国水利水电出版社，2009.

[39] 高翔，张涛. 视觉 SLAM 十四讲：从理论到实践 [M]. 2 版. 北京：电子工业出版社，2019.

[40] ZHENG K. ROS Navigation Tuning Guide [M] //Robot Operating System (ROS). Berlin: Springer, 2021: 197-226.